Nanotechnologie

von
Prof. Michel Wautelet (Kapitel 1, 2, 3, 10)

Dr. David Beljonne, Prof. Jean-Luc Brédas, Dr. Jérôme Cornil,
Dr. Roberto Lazzaroni, Dr. Philippe Leclère (Kapitel 4, 5, 6, 7)

Dr. Michael Alexandre, Prof. Philippe Dubois (Kapitel 8)

Prof. Pierre Gillis, Dr. Yves Gossuin, Prof. Robert Muller,
Dr. Assia Ouakssim, Dr. Alain Roch (Kapitel 9, Anhang 3)

Damien Duvivier, Johnny Robert (Kapitel 10)

Dr. Rachel Gouttebaron, Prof. Michel Hecq (Anhang 2)

Dr. Fabien Monteverde (Anhang 1)

Mit einem Vorwort von Jean-Marie Lehn,
Nobelpreis für Chemie 1987

Übersetzt von Prof. Dr. Bernhard Hoppe, Darmstadt

Oldenbourg Verlag München

Die Autoren:

Dr. David Beljonne, Dr. Jérôme Cornil, Prof. Philippe Dubois, Damien Duvivier, Prof. Pierre Gillis, Dr. Yves Gossuin, Prof. Michel Hecq, Dr. Roberto Lazzaroni, Prof. Robert Muller, Dr. Assia Ouakssim, Johnny Robert, Dr. Alain Roch, Prof. Michel Wautelet
(Université de Mons-Hainaut, Belgien)
Dr. Michael Alexandre, Dr. Rachel Gouttebaron, Dr. Philippe Leclère, Dr. Fabien Monteverde
(Kompetenzzentrum Materia Nova, Mons, Belgien)
Prof. Jean-Luc Brédas (Georgia Institute of Technology, USA)

Übersetzt von Prof. Dr. Bernhard Hoppe

Autorisierte Übersetzung der französischsprachigen Originalausgabe, erschienen bei Dunod Éditeur S.A., Paris, unter dem Titel „Les nanotechnologies" herausgegeben von Michel Wautelet

Copyright © Dunod, Paris 2003

Die Korrekturen und Ergänzungen der 2. französischen Auflage wurden bereits berücksichtigt.

Bibliografische Information der Deutschen Nationalbibliothek

Die Deutsche Nationalbibliothek verzeichnet diese Publikation in der Deutschen Nationalbibliografie; detaillierte bibliografische Daten sind im Internet über <http://dnb.d-nb.de> abrufbar.

© 2008 Oldenbourg Wissenschaftsverlag GmbH
Rosenheimer Straße 145, D-81671 München
Telefon: (089) 4 50 51-0
oldenbourg.de

Das Werk einschließlich aller Abbildungen ist urheberrechtlich geschützt. Jede Verwertung außerhalb der Grenzen des Urheberrechtsgesetzes ist ohne Zustimmung des Verlages unzulässig und strafbar. Das gilt insbesondere für Vervielfältigungen, Übersetzungen, Mikroverfilmungen und die Einspeicherung und Bearbeitung in elektronischen Systemen.

Lektorat: Kathrin Mönch
Herstellung: Anna Grosser
Coverentwurf: Kochan & Partner, München
Gedruckt auf säure- und chlorfreiem Papier
Druck: Grafik + Druck, München
Bindung: Thomas Buchbinderei GmbH, Augsburg

ISBN 978-3-486-57960-4

Vorwort des Herausgebers der deutschen Ausgabe

Nanotechnologie ist nach Mikroelektronik in den 70er und 80er und der Mikrosystemtechnik und der Biotechnologie in den 90er Jahren *das* Technologie-Schlagwort des neuen Jahrzehnts oder gar des Jahrhunderts. Diese Wissenschaft bringt Erkenntnisse aus allen Natur- und Ingenieurwissenschaften zusammen. Hier werden Materie nanometergenau strukturiert und Maschinen Atom für Atom zusammengesetzt. Mit 322,3 Millionen Euro hat 2006 allein die Bundesrepublik Deutschland diese innovative Technologie gefördert. Auch die Industrie investiert Millionen für neue Produkte im Bereich Nanotechnologie. Das Weltmarktvolumen für Produkte der Nanotechnologie wird für das Jahr 2015 auf bis zu eine Billionen US-Dollar geschätzt. Nanotechnologie ermöglicht innovative Produkte, Materialien und Geräte, die neue Anwendungsmöglichkeiten eröffnen oder Prozesse verbessern, und das in fast allen technischen und wissenschaftlichen Gebieten. Der technische und kommerzielle Durchbruch steht nach einem Jahrzehnt der Forschung kurz bevor und hat in bestimmten Teilgebieten schon stattgefunden.

Als Erster hat bereits 1959 der Nobelpreisträger Richard Feynman auf die zahlreichen Möglichkeiten der Nanotechnologie in seinem berühmten Vortrag „There's Plenty of Room at the Bottom" hingewiesen. In diesem Vortrag stellte er unter anderem die zukunftsweisende Frage, „Warum können wir die vierundzwanzigbändige Encyclopedia Britannica nicht auf den Kopf einer Stecknadel drucken?" Dort gebe es nämlich genug Platz. Es ist faszinierend, dass Feynman bereits vor fast 50 Jahren gegen den Zeitgeist, der damals auf Gigantismus setzte (immer größere Maschinen, Autos, Flugzeuge usw.), den Blick auf mikroskopische Techniken lenkte. Aber erst als die Mikroelektronik gezeigt hatte, dass durch konsequentes Ausnutzen und Züchten von physikalischen Phänomenen auf der Mikrometerskala auch kommerzielle Erfolge möglich sind, bekam die Nanotechnologie den nötigen Schub.

Die Nanotechnologie definiert sich selbst als konsequente Fortsetzung der Mikroelektronik sowohl in Hinsicht auf Verkleinerung der Systemabmessungen von der Mikro- zur Nanometerskala als auch im Hinblick auf die Erweiterung der involvierten wissenschaftlichen Disziplinen. Nutzt die Mikroelektronik im Wesentlichen die Physik kristalliner Halbleiter als Basis, so verbreitern sich in der Nanotechnologie die wissenschaftlichen Grundlagen und umfassen die Atom-, Molekül- und Festkörperphysik mit der Polymerchemie und den Neuro- und Biowissenschaften. Deshalb ist es auch nicht einfach, eine Einführung in dieses neue Gebiet aus Sicht eines potentiellen Anwenders zu schreiben, denn für das Verständnis sind detaillierte Vorkenntnisse aus den genannten wissenschaftlichen Disziplinen Vorraussetzung.

In diesem Buch meistern die Autoren diese Aufgabe vorbildlich und geben einen gelungenen umfassenden Überblick über die wissenschaftlichen Grundlagen, die nötigen Analysemethoden und die wichtigsten Anwendungsfelder. Sie zeigen, wie qualitativ neuartige Phänomene mit der Verkleinerung der Systemabmessungen entstehen, und wiederholen die relevanten Grundlagen der in atomaren Dimensionen relevanten Quantenmechanik. Danach fächern sie die Nanotechnologie nach ihren Anwendungsgebieten auf. Der Bogen spannt sich dabei von der Neuro- und Molekularelektronik, über leitfähige und halbleitende Kunststoffe, hybride Werkstoffe und Nanokompositen bis zum Nanomagnetismus. Mit Fußnoten wurde versucht, einige Begriffe die dem erfahrenen Naturwissenschaftler geläufig sind, auch für Studierende zugänglicher zu machen.

Das besondere an diesem Buch ist der kompakte Umfang, der nicht auf Kosten der Vollständigkeit oder übertriebener Vereinfachung erreicht wurde. Es ist faszinierend, wie sich bei der Nanotechnologie verschiedenste Wissensgebiete verzahnen und auf unerwartete Ergebnisse führen. Der Leser profitiert von der Kompetenz der Autoren, die alle in der aktuellen Forschung verwurzelt sind und denen es gelingt, ihre Begeisterung für das neue Gebiet weiterzugeben. Lassen Sie sich anstecken, denn „There is plenty of room at the bottom!"

Frankfurt   Prof. Dr. Bernhard Hoppe

Inhalt

Vorwort des Herausgebers der deutschen Ausgabe		V
Geleitwort		XI
Vorwort		XIII
1	**Die Revolution der Nanotechnologie**	**1**
1.1	Von der Mikro- zur Nanotechnologie	3
1.2	Aus der Makrowelt in die Nanowelt	5
1.3	Von Grundlagen zur Anwendung	7
1.4	Eine andere Physik?	8
1.5	Einige Beispiele	19
1.6	Anwendungsspektrum	20
1.6.1	Nanoelektronik	21
1.6.2	Biotechnologie	22
1.6.3	Biomedizin	23
1.6.4	Raumfahrtanwendungen	24
1.6.5	Nachhaltigkeit	24
2	**Die atomare Struktur und die Kohäsion**	**27**
2.1	Oberflächen und Grenzflächen	29
2.1.1	Die Oberflächenspannung	29
2.1.2	Kristallstruktur	30
2.1.3	Tropfen und Kontaktwinkel	32
2.1.4	Schichtwachstum auf einem Trägermaterial	33
2.1.5	Adhäsion	34
2.1.6	Die Adhäsionsarbeit	36
2.2	Thermodynamik von Nanopartikeln	37
2.2.1	Die thermodynamische Beschreibung	38
2.2.2	Die Definition der Temperatur	38
2.2.3	Die Energie von Nanoteilchen	40
2.2.4	Das Schmelzen von sphärischen Nanoteilchen	41

2.2.5	Schmelzen von nichtsphärischen Nanopartikeln	43
2.2.6	Phasendiagramme von Nanoteilchen	43
2.2.7	Randeffekte	47
2.2.8	Stabilität von Nanoteilchen	48
2.3	Vom Einzelatom zum Nanoteilchen	49
2.3.1	Cluster aus Atomen	49
2.3.2	Nanopartikel	52
2.3.3	Magische Zahlen	52
2.3.4	Die Fullerene	52
2.3.5	Nanoröhren	54
2.3.6	Gefüllte Nanoröhren	56
2.3.7	Geometrische Formen von gefüllten Clustern	57
2.3.8	Fluktuationen der Formen von Nanoteilchen	59

3 Die elektronische Struktur der Nanosysteme 61

3.1	Elektronen in der Materie	62
3.1.1	Das Elektron im eindimensionalen Potentialtopf	62
3.1.2	Das Elektron im sphärischen Potentialtopf	64
3.1.3	Das Elektron in der Wasserstoffatomhülle	66
3.1.4	Das Elektron im periodischen Potential	66
3.1.5	Elektron, Loch und Exziton	70
3.1.6	Null- bis dreidimensionale Quantengitter	72
3.2	Vom Festkörper zum Nanoteilchen	73
3.2.1	Schwache Lokalisierung	74
3.2.2	Starke Lokalisierung	75
3.3	Optische Eigenschaften von metallischen Nanopartikeln	77
3.4	Elektrische Eigenschaften: Coulomb-Blockade	78
3.5	Elektrische Leitfähigkeit	79

4 Molekulare Elektronik 81

4.1	Molekulare elektrische Verbindungsleitungen	82
4.1.1	Mechanische Verbindungen	82
4.1.2	Einsatz hoch auflösender Mikroskope	84
4.1.3	Der Stromfluss durch ein Molekül	85
4.1.4	Die Coulomb-Blockade	88
4.2	Molekulare Gleichrichtung	89
4.3	Molekulare Transistoren	91
4.3.1	Molekulare Dioden und der resonante Tunneleffekt	94
4.3.2	Molekulare Informationsspeicher	96
4.4	Auf dem Weg zum molekularen Computer	98

5	**Neuroelektronik**	**99**
5.1	Elektronik und Biologie kommen zusammen	99
5.1.1	Kommunikation zwischen Transistoren und Neuronen	100
5.1.2	Neuronen in integrierten Schaltungen	100
5.1.3	Elektronische Schaltung mit zwei Neuronen	102
5.2	Rechenwerke auf Basis der DNA-Doppelhelix	103
6	**Verformbare elektronische Werkstoffe**	**107**
6.1	Konjugation von Polymeren	107
6.2	Elektronische Struktur und Elektron-Phonon-Kopplung	109
6.3	Ladungstransport	111
6.4	Elektronische Anregungen und optische Eigenschaften	116
6.5	Plastik-Elektronik	120
6.5.1	Organische Leuchtdioden	120
6.5.2	Lichtdetektoren und organische Solarzellen	125
6.5.3	Kunststofftransistoren und Plastikelektronik	129
6.5.4	Biochemische Sensoren aus Polymeren	135
6.6	Foto-Lumineszenz der konjugierten Polymere	136
6.6.1	Chemische Sensoren	138
6.6.2	Biologische Sensoren	139
6.7	Strom-Spannungskennlinien für organische Feldeffekttranistoren	141
6.8	Dotierte konjugierte Polymere	142
7	**Herstellung von Nanostrukturen**	**145**
7.1	Die Problemstellung	146
7.2	Der Beitrag der supramolekularen Chemie	147
7.3	Halbleitende Nano-Bänder	149
7.4	Herstellung von Nanostrukturen	151
7.4.1	Natürlich oder künstlich strukturierte Oberflächen	154
7.4.2	Mikrokontakt-Stempeldruck-Technologie	156
7.4.3	Tintenstrahldruck	158
7.4.4	Die kontrollierte Benetzung	158
7.5	Hybride Techniken	160
7.6	Strukturierung mit lokalen mikroskopischen Sonden	161
7.7	Entwurf und Realisierung von molekularen Schaltungen	164

8	**Nanoverbundwerkstoffe mit organischer Matrix**	**167**
8.1	Aufbau von Nanopartikeln	168
8.1.1	Partikel mit drei nanometrischen Dimensionen	168
8.1.2	Partikel mit zwei nanometrischen Dimensionen	169
8.1.3	Partikel mit einer nanometrischen Dimensionen	169
8.2	Herstellung von Nanoverbundwerkstoffen	171
8.2.1	Dispersion von Nanopartikeln in einer Polymermatrix	173
8.2.2	Polymersynthese in Anwesenheit von Nanopartikeln	174
8.2.3	Präparation von Nanopartikeln in der organischen Matrix	176
8.3	Charakterisierung und Eigenschaften	177
8.3.1	Bestimmung der Morphologie: Werkzeuge und Techniken	177
8.3.2	Eigenschaften	179
8.4	Anwendungen	183
8.4.1	Nanoverbundwerkstoffe aus Nylon-6 und Smektit für Lebensmittelfolien	183
8.4.2	Nanoverbundwerkstoffe aus Ethylen/Vynil-Azetat für Isolationen elektrischer Kabel	183
8.5	Ausblick	184
9	**Nanomagnetismus**	**185**
9.1	Der Magnetismus der Materie	185
9.1.1	Diamagnetismus und Paramagnetismus	185
9.1.2	Ferromagnetismus und Weisssche Bezirke	187
9.1.3	Der Superparamagnetismus	190
9.1.4	Der Antiferromagnetismus	190
9.2	Superparamagnetische Kolloide	192
9.2.1	Eigenschaften	192
9.2.2	Synthese	194
9.2.3	Magnetoliposome	195
9.2.4	Charakterisierung von superparamagnetischen Kolloiden	195
9.3	Nanomagnete in der Wärmetherapie	197
9.3.1	Thermische Zerstörung von Tumorgewebe	197
9.3.2	Absorption von Radiowellen durch Nanomagnete	198
9.3.3	Ergebnisse	202
9.4	Der Biomagnetismus	203
9.4.1	Eisen in biologischen Systemen	203
10	**Die Nanotechnologie im Ausblick**	**211**
10.1	Gesundheitsrisiken und Umweltfragen	214
10.2	Militärische Aspekte	216

10.3	Medienethik	217
10.4	NBIC	218
10.5	Bildung und Ausbildung	221
A	**Anhang**	**223**
Literatur		**235**
Stichwortverzeichnis		**239**

Geleitwort

Die Nanowissenschaften und die Nanotechnologie sind grundlegende Forschungsgebiete von besonderer Bedeutung, die zahlreiche Anwendungsmöglichkeiten eröffnen. Es handelt sich um fachübergreifende Gebiete, in denen sich die Disziplinen Physik, Chemie und Biologie treffen und vereinigen. Hier werden die technisch-wissenschaftlichen Herausforderungen auf die Struktur, die Funktion und die Herstellungstechnik übertragen, für die die Chemie in besonderem Maße gefordert ist. Die Struktur implementiert die Funktion, und das verschiebt die technischen Herausforderungen auf die Herstellprozesse.

Die supramolekulare Chemie bietet einen besonderen Zugang in die Nanowelt, der die Fähigkeit der Materie zur Selbstorganisation ausnutzt. Dieser Zugang beruht darauf, dass spezielle chemische Systeme autonom Strukturen auf Molekülebene bilden, die bestimmte Funktionen übernehmen können. Die Strukturbildung läuft spontan ab und der Bauplan ist in den spezifischen verwendeten molekularen Komponenten bereits enthalten. So können im Prinzip komplexe und teure Prozesse der Nanofabrikation und Nanomanipulation vermieden werden, indem man Vorgehensweisen zur Herstellung von Nanosystemen durch Selbstorganisation entwickelt, die molekulare Einheiten mit inhärenter Information über die zu erstellende Struktur als Basis verwenden.

Wir müssen den Autoren des vorliegenden Werkes über Nanotechnologien dankbar sein, dass sie die Grundlagen für das Verständnis dieses aktuellen Gebietes vermitteln. Nur auf diesen Grundlagen können zukünftige Entwicklungen, die auf der Selbstorganisation beruhen, vorangetrieben werden. Bei diesen Entwicklungen wird man über die Problematik der Herstellung und immer präziseren Adressierung von immer kleineren Strukturen hinausgehen, um neue Dimensionen in der Funktion und im Verhalten zu erschließen. So öffnet sich jenseits der Miniaturisierung das Zeitalter der Komplexifizierung!

Jean-Marie Lehn
Nobelpreis für Chemie 1987
Professor am College de France
und der Louis Pasteur Universität in Strassburg

Vorwort

Eine der wesentlichen aktuellen Tendenzen in Wissenschaft und Technik ist die Miniaturisierung. Fortschreitende Verkleinerung ist das Schlüsselwort in vielen Wissenschaften und Industrien. Immer kleiner werden bedeutet, die grundlegenden Gesetze des Verhaltens der Materie besser zu erkennen und zu nutzen. Immer kleiner werden bedeutet, technische Prozesse zu beschleunigen. Immer kleiner werden bedeutet, Herstellkosten zu senken usw.

Technologisch gesehen bedeutet immer kleiner werden, dass auf atomarer Ebene gearbeitet werden muss. Atome werden manipuliert und ihr Verhalten technisch genutzt. Zwar haben Physiker, Chemiker, Biologen und Ingenieure schon lange die Eigenschaften von Atomen genutzt, aber erst 1980 ließen sich erstmalig einzelne Atome kontrolliert handhaben. Diese bahnbrechende Möglichkeit löste eine Welle von wissenschaftlichen Arbeiten aus, sowohl in der Grundlagenforschung wie auch in der angewandten Wissenschaft, die großen Einfluss in vielen Bereichen haben können.

Nach der Definition der britischen Royal Society ist die *Nanowissenschaft* die Erforschung von Erscheinungen der Materie und die Entwicklung von Technologien zur Handhabung von Werkstoffen auf der Längenskala von Atomen, Molekülen oder Makromolekülen. Dabei unterscheiden sich sowohl die Eigenschaften der Materie wie auch die Technologien deutlich von denen, die wir von Systemen mit größeren Abmessungen gewohnt sind. Die *Nanotechnologien* befassen sich also mit der Entwicklung, der Charakterisierung und der Anwendung von Strukturen und Systemen mit *Nanoabmessungen* (1 nm = 10^{-9} m) im Hinblick auf technische Anwendungen, indem Aufbau, Form und Größe von Nanosystemen gezielt beeinflusst werden. Die Arbeiten auf diesen Längenskalen sind nicht Physikern oder Chemikern, Biologen oder Ingenieuren alleine vorbehalten. Alle diese Disziplinen müssen vielmehr interdisziplinär zusammenarbeiten! In den Nanotechnologien können die physikalischen Eigenschaften der Materie nicht mehr getrennt von den chemischen oder biologischen behandelt werden, sondern alle Aspekte tragen gleichwertig dazu bei, wie sich diese System verhalten und wie sie synthetisiert und präpariert werden müssen.

Waren die Nanotechnologien zunächst nur für Wissenschaftler und Ingenieure von Interesse, sind Wirtschaft und Gesellschaft heute ebenfalls in gleichem Maße eingebunden – Führungskräfte wie auch die Politik und die Bürger. Das Thema ist so neu, die möglichen Anwendungen der Technologie sind so vielfältig und das Gebiet entwickelt sich so rasch, dass das allgemeine Bedürfnis nach genaueren Informationen über das Gebiet vorhanden ist.

Die Nanotechnologien sind ein echtes interdisziplinäres Fachgebiet, man kann deshalb hier nur dann klare Vorstellungen gewinnen, wenn man jede involvierte Fachdisziplin einbezieht.

Genau wie in anderen neuen Gebieten, stützt sich die Nanotechnologie auf die Grundlagen der Naturwissenschaften und des Ingenieurwesens.

Da es sich um ein neues und wichtiges Gebiet handelt, ist es nötig, alle Lehrende und Studierende für die Nanotechnologien zu begeistern. Alle Verfasser dieses Buches unterrichten an Universitäten angehende Physiker, Chemiker, Biologen, Ingenieure und Mediziner in den wissenschaftlichen Grundlagen der Nanotechnologie. Als Spezialisten in den verschiedenen Teilgebieten der Nanotechnologie führen sie in die Grundlagen ein und zeigen den aktuellen Stand der Forschung und ihrer Entwicklung. Das ist das Ziel dieses Buches.

Das Feld der Nanotechnologie ist weit und zeigt vielfältige Aspekte. Einige Beispiele wie die Nanoröhren aus Kohlenstoff oder molekulare Rechenwerke sind den Studierenden, der Öffentlichkeit und den Entscheidungsträgern bekannt, da bereits allgemeinverständliche Artikel über diese Themen erschienen sind. Obwohl es kaum möglich ist, das gesamte Gebiet erschöpfend zu behandeln, werden auch weniger bekannte Aspekte der Nanotechnologie in diesem Buch aufgegriffen, denn deren wirtschaftliche Nutzung und kulturellen Auswirkungen sind nicht weniger wichtig. Sie betreffen uns genauso und sollten daher zukünftigen Naturwissenschaftlern und Ingenieuren bekannt sein.

Das erste Kapitel dieses Buches ist überschrieben mit „Die Revolution der Nanotechnologie" und gibt einen historischen Überblick über die Arbeiten in der Nanotechnologie. Bei den Größenverhältnissen, mit denen wir es in der Nanotechnologie zu tun haben, werden bestimmte physikalische Effekte, die wir aus dem Alltag kennen, vernachlässigbar, während andere Phänomene in den Vordergrund treten. Deshalb ist unsere Intuition, die auf Erfahrungen aus Wissenschaft und dem Alltag resultiert, nicht mehr viel wert. Um diese Unterschiede besser zu verstehen, wird auf das Skalenverhalten verschiedener Gesetzmäßigkeiten der klassischen Physik eingegangen. Die möglichen Anwendungsgebiete der Nanotechnologie werden kurz vorgestellt, damit vor allem das wirtschaftliche Potential der Nanotechnologie verständlich wird.

Das zweite Kapitel „Die atomare Struktur und die Kohäsion" behandelt das Verhalten von Nanopartikeln, bei denen die Zahl der Atome an der Oberfläche ungefähr so groß ist, wie die der im Volumen der Partikel befindlichen. Bei diesen Partikeln können verschiedene Eigenschaften ganz anders sein als in einem festen Körper, wie z.B. die, die mit der Kohäsion zusammenhängen. Nach einer Wiederholung der Oberflächeneffekte werden die Haftphänomene (Adhäsion) erläutert. Wenn man die Eigenschaften von Nanopartikeln analysiert, gibt es für den Forscher zwei Möglichkeiten. Die erste wird als *Top-down-Verfahren* (zergliedernde Methode) bezeichnet. Hier beginnt man beim festen Aggregatzustand und untersucht die Veränderungen der Eigenschaften in Abhängigkeit von der Größe der Partikel. Beim *Bottom-up-Zugang* (aufbauende Methode) startet man beim einzelnen Atom und studiert die Bildung von Clustern und komplexeren Strukturen (Fullerene, Nanoröhren usw.).

Die elektronische Struktur der Nanopartikel unterscheidet sich ebenfalls von der fester Körper. Diese Unterschiede eröffnen zahlreiche Anwendungsmöglichkeiten. Darüber berichtet das dritte Kapitel, „Die elektronische Struktur der Nanosysteme". Nach einer wiederholenden Einführung in die Quantentheorie (insbesondere in das Verhalten der Elektronen in der

Materie), wird die Auswirkung von Veränderungen der Abmessungen der behandelten Systeme diskutiert.

Die Elektronik ist eines der aktivsten Anwendungsgebiete der Nanotechnologie. Das vierte Kapitel behandelt daher die „Molekulare Elektronik".

Eine der Besonderheiten der Nanotechnologie ist, dass hier wissenschaftliches Fachwissen aus unterschiedlichen Bereichen gefordert ist. Wenn sich die Elektronik mit der Biologie verbindet, entstehen erstaunliche Möglichkeiten. Ein Beispiel ist die „Neuroelektronik", das Thema von Kapitel 5.

Die meisten elektronischen und optischen Anwendungen basieren bis heute vor allen Dingen auf festen anorganischen Materialien. Plastische Kunststoffe können aber ihre Form leicht und häufig ändern. Versteht man das Verhalten der Kunststoffe ebenso gut wie das der anorganischen Festkörper, ergeben sich echte alternative Realisierungsmöglichkeiten für Elektroniken. Dies ist der Inhalt des Kapitels 6, „Verformbare elektronische Werkstoffe".

Nur dank der Entwicklung unterschiedlicher Techniken zur „Herstellung von Nanostrukturen" gibt es überhaupt die Nanotechnologie und entwickelt sie sich weiter. Diese Techniken werden in Kapitel 7 präsentiert.

Außer den elektronischen Eigenschaften sind auch die mechanischen Aspekte der Nanopartikel und bestimmte Eigenschaften von zusammengesetzten Werkstoffen von Interesse. Bei letzteren handelt es sich um Materialien, die aus nicht mischbaren Ausgangsstoffen aufgebaut sind und die Eigenschaften zeigen, die keiner der Ausgangsstoffe alleine hat. Unter diesen bilden die „Nanokompositen auf organischen Trägermaterialien" eine besonders interessante Gruppe, die im gleichnamigen Kapitel 8 behandelt werden. Nach einer Darstellung der nötigen Präparationsmethoden werden ihre mechanischen Eigenschaften und ihr Verhalten als Membran zwischen Flüssigkeiten diskutiert und ihre feuerhemmende Wirkung untersucht. Hier zeigt sich die Vielfalt der Anwendungsmöglichkeiten der Nanotechnologien besonders deutlich.

Nanopartikel aus magnetischen Stoffen haben Eigenschaften, die gerade in den biomedizinischen Wissenschaften interessieren. Von diesem „Nanomagnetismus" handelt das neunte Kapitel. Nach einer Wiederholung der verschiedenen Formen des magnetischen Verhaltens werden die magnetischen Kolloide vorgestellt. Die Anwendungen von Nanomagneten in der medizinischen Wärmetherapie werden danach beschrieben. Magnetische Nanopartikel findet man auch in der Biologie. Verschiedene Fälle des Biomagnetismus werden abschließend dargestellt.

Kapitel 10 gibt einen Ausblick auf die Perspektiven und zukünftigen Entwicklungsmöglichkeiten der Nanotechnologie.

1 Die Revolution der Nanotechnologie

„Stellen Sie sich eine Maschine vor, die derartig klein ist, dass sie mit bloßem Auge nicht zu erkennen ist. Stellen Sie sich eine Maschine vor, mit Zahnrädern von der Größe eines Pollenkorns. Stellen Sie sich weiterhin vor, dass diese Maschinen gleichzeitig zu Tausenden auf einmal gefertigt werden und jede nur einige zehn Euro kostet. Stellen Sie sich eine Welt vor, in der die Schwerkraft keine Rolle spielt und die interatomaren Kräfte dominieren ..." (nach Paul McWorther).

Kurz vor dem Jahr 2000 gehörte die Vorstellung von derartigen Maschinen in das Reich der Zukunftsliteratur. So hat Richard Fleischer 1966 in seinem Film „Die phantastische Reise" die Entsendung eines Teams von fünf miniaturisierten Chirurgen in den Körper eines tschechischen Wissenschaftlers dargestellt. Dort sollten sie mit Hilfe eines U-Boots ein Blutgerinnsel im Hirn auflösen. Andere Autoren haben sich vorgestellt, dass kleinste Maschinen unsere von Cholesterin verstopften Venen frei räumen und dort mit Mini-Bulldozern herumfahren, oder dass ein feindlicher Agent mit Hilfe eines Flugzeugs im Format einer Mücke ausspioniert und überwacht wird und ihm schließlich durch den Stich einer künstlichen Wespe ein tödliches Gift injiziert wird.

Zur gleichen Zeit träumten die Wissenschaftler davon, einzelne Atome gezielt zu beeinflussen. Im Jahre 1959 hielt der Nobelpreisträger Richard Feynman auf der Tagung der American Physical Society einen Vortrag mit dem Titel: „There is plenty of room at the bottom". (Unten [auf der Längenskala] ist viel Platz [für praktische Anwendungen]). In diesem Vortrag stellte er seine Vision vor, dass wenn in Zukunft Materie auf der Nanometerskala beeinflusst werden kann, viele neue technische Möglichkeiten entstehen werden. Als Theoretischer Physiker wusste er zwar nicht, wie dies praktisch zu tun wäre, skizzierte aber viele potentielle Anwendungen. Feynmans Vortrag wurde zu einer Zeit gehalten, in der noch nicht einmal die Mittel und Verfahrensweisen bereitstanden, die heutigen elektronischen Mikrochips herzustellen. Aber das konnte ihn nicht vom Träumen abhalten. So hat er berechnet, dass man durch gezielte Verschiebung und Anordnung von einzelnen Atomen die gesamte Encyclopedia Britannica auf einer Nadelspitze drucken könnte. Die Chemie sollte anstatt komplexe chemische Reaktionen zu nutzen sich auf die mechanische Anordnung von einzelnen Atomen konzentrieren. Er stellte sich vor, dass es so möglich werden könnte, Fäden und Werkzeuge Atom für Atom auf mikroskopischer Skala herzustellen und hatte noch viele weitere Vorschläge.

Diese theoretischen Vorstellungen begannen Anfang der 80er Jahre des zwanzigsten Jahrhunderts Wirklichkeit zu werden. 1981 wurde das Rastertunnelmikroskop erfunden (STM: *Scanning Tunneling Microscopy*). Die Erfinder, G. K. Binnig und H. Rohrer erhielten dafür 1986 den Physiknobelpreis. In einem STM wird eine feine Metallspitze, die nur aus einem oder wenigen Atomen besteht, einen Bruchteil eines Nanometers über der Oberfläche eines festen Körpers positioniert. Aufgrund des quantenmechanischen Tunneleffektes können Elektronen aus der Spitze auf die Oberfläche wandern oder umgekehrt. Verschiebt man die Spitze auf kontrollierte Art und Weise, kann man die Oberflächenatome maßstabsgetreu abtasten und sichtbar machen. Der Durchmesser eines Atoms liegt in der Größenordnung eines Zehntelnanometers.

Eine weiterer Meilenstein wurde 1990 erreicht, als es D. Eigler und E. Schweizer gelang, einzelne Xenonatome gezielt auf einer Nickeloberfläche zu verschieben und in Form des IBM-Logos anzuordnen. Dies zeigte, dass es möglich ist, Materie Atom für Atom zu manipulieren. Das war der Startpunkt für eine neue Fachdisziplin: die Nanotechnologie.

Im gleichen Zeitraum förderte auch die Entdeckung von neuen Werkstoffen die Forschung in der Nanotechnologie. 1986 entdeckten Wissenschaftler der Universitäten Tucson und Heidelberg im Ruß, der sich zwischen den Kohlenstoffelektroden bei einer Lichtbogenentladung bildet, Moleküle, die aus 60 Kohlenstoffatomen bestehen. Sie konnten zeigen, dass das C_{60}-Molekül eine Kugelform wie ein Fußball aufweist. Jedes der 60 Atome sitzt an den Schnittpunkten von drei Kanten, die die Ecken von 12 Fünfecken und 20 Sechsecken darstellen. 1996 brachte diese Entdeckung R. Smalley, H. Kroto und R. Curl den Chemienobelpreis ein. In der Folge haben zahlreiche wissenschaftliche Arbeiten sich mit den erstaunlichen physikalischen und chemischen Eigenschaften dieser und anderer ähnlicher Moleküle beschäftigt, die heute zusammenfassend als *Fullerene* bekannt sind (siehe Kapitel 2).

Etwas später, 1991, wurde in Japan von S. Ijima im gleichen Ruß das Vorhandensein von Röhrengebilden festgestellt, die dann als *Kohlenstoffnanoröhren* bekannt werden sollten. Die Wände bestehen aus einer dünnen Graphitschicht, die zu einer Röhre aufgerollt ist. Der Durchmesser einer solchen Röhre liegt bei nur 1,5 Nanometer, während die Länge einige Mikrometer erreichen kann (siehe Kapitel 2). Bemerkenswert sind ihre elektrischen Eigenschaften. Je nach Art und Weise, wie die Graphitschichten zu Röhren geformt sind, können Nanoröhren metallisch oder nur halbleitend sein. Auch ihre mechanischen Eigenschaften sind bemerkenswert. Die mechanische Widerstandsfähigkeit ist wesentlich besser als die von Stahldrähten!

Diese Entdeckungen haben selbstverständlich zu zahlreichen Spekulationen geführt. Obwohl manche dieser Erwartungen übertrieben sind, haben sie doch die Forschung nach neuen Materialien vorangebracht und im Bewusstsein der Bevölkerung und der Entscheidungsträger eine neues Interessensgebiet geschaffen: die Nanotechnologie.

1.1 Von der Mikro- zur Nanotechnologie

Während sich die Wissenschaft den Atomen zuwendet, ist in der Technik ein Bereich in voller Blüte: die Mikroelektronik. Um die Eigenschaften der Computer zu verbessern, ist es nötig, immer kleinere elektronische Strukturen einzusetzen. Eine der dafür nötigen grundlegenden Technologien ist die Photolithographie. Um eine Struktur auf Mikrometerskala zu übertragen und zu erzeugen und das mehrfach auf dem gleichen Wafer[1], wird vorab eine Maske für die Lithografie mit makroskopischen Abmessungen hergestellt. Die makroskopischen Strukturen der Maske werden danach wieder mit photografischen Methoden verkleinert.[2] Zur verkleinernden Abbildung wird die Maske in den Lichtstrahl eines geeigneten optischen Belichtungssystems gebracht, das auf das Zentrum des Wafers fokussiert ist. Für diese Abbildung feinster Strukturen sind geeignete, speziell angepasste, präzise optische Komponenten notwendig (Linsensysteme, Blenden, Halterungen usw.). Auf den belichteten Flächen des Wafers finden bei der Strukturübertragung und der anschließenden Strukturerzeugung komplexe physiko-chemische Prozesse statt, die im Endergebnis Strukturen mit den gewünschten Eigenschaften entstehen lassen.

Die physikalischen Grenzen für die minimalen Strukturgrößen resultieren aus den elementaren Gesetzen der Optik. Licht ist nichts anderes als elektromagnetische Wellen. Wenn Licht also durch ein optisches Gitter oder ein Linsensystem geht, wird es gebeugt. Im günstigsten Fall können aufgrund der Beugung Lichtflecken erzeugt werden, die mindestens einen mit der Wellenlänge des verwendeten Lichtes vergleichbaren Durchmesser haben. Sichtbares Licht hat Wellenlängen zwischen 0,4 µm und 0,8 µm. Deshalb kann man mit sichtbarem Licht keine Strukturen übertragen, die viel kleiner sind als 0,5 µm. Für kleinere Strukturen muss man kurzwelligere elektromagnetische Wellen verwenden, wie etwa ultraviolettes Licht oder andere Methoden (Röntgenstrahlung), was aber zu neuen technischen Problemen führt. Trotzdem wird in der Mikroelektronik ständig an der Strukturverkleinerung gearbeitet.

Die Entwicklung der Mikroelektronik scheint einem Gesetz zu folgen, das nach Gordon Moore benannt ist (*Mooresches Gesetz*). Es wird berichtet, dass er 1965 beim Vorbereiten einer Rede über die zu erwartende Entwicklung der Mikroelektronik eine wichtige Feststellung machte: Trägt man den Anstieg der Leistungsfähigkeit von Mikrochips als Kurve über der Zeit auf, dann stellt man fest, dass jeder neue Schaltkreis die doppelte Leistungsfähigkeit aufweist, wie der vorhergehende und die Entwicklungsdauer für eine neue Chipgeneration zwischen 18 und 24 Monaten beträgt. Wenn sich dieser Trend verfestigen sollte, dann war zu erwarten, dass die Leistungsfähigkeiten von Mikrochips wie Mikroprozessoren und damit auch für PCs exponentiell wachsen sollte, und zwar mit einer relativ kleinen Zeitkonstante. Bislang wurde das Mooresche Gesetz nicht widerlegt. In einem Zeitraum von 30 Jahren hat

---

[1] Ein Wafer ist eine runde Scheibe aus einkristallinem Silizium, dessen Durchmesser heute bis zu 300 mm betragen kann. Auf dieser Scheibe werden schachbrettartig die (identischen) Mikrochips produziert, deren Größe bis zu 200 mm² erreichen kann.

[2] Übliche Verkleinerungsfaktoren sind 1:10 oder 1:5. Verkleinernde Masken heißen *Reticles* und auf diesen sind nicht mehr die zu übertragenden Strukturen für den ganzen Wafer enthalten, sondern nur noch für einige oder sogar nur einen einzelnen Chip!

sich die Zahl der Transistoren, die auf einem Chip integriert sind, von 2250 beim ersten Mikroprozessor (Intel 4004 aus dem Jahr 1971) auf 125 Millionen beim Pentium Prescott im Jahr 2004 gesteigert. Dieser Trend dürfte sich nach Meinung einiger Fachleute bis zum Jahr 2015 fortsetzen. Die Entwicklungsaussichten bis 2010 sind in Tabelle 1.1 dargestellt.

Tabelle 1.1: Zeitliche Entwicklung der Kenngrößen integrierter mikroelektronischer Schaltungen

Jahr	1995	1998	2001	2007	2010
Minimale Strukturbreite in nm	150	130	100	70	50
Transistoren pro Chip (in Millionen)	40	76	200	520	1400
Taktfrequenz in GHz	1,5	2,1	3,5	6,0	10,0

Gegen 2015 kommt die Entwicklung nach dem Mooreschen Gesetz voraussichtlich zum Stillstand. Die Grenzen werden vor allem von physikalischen Gesetzen gesetzt. Wie soll es weitergehen? Die Halbleiterindustrie hat zwei komplementäre Optionen:

Die erste Möglichkeit besteht darin, neue Anwendungen für die vorhandene Technologie zu erschließen. Die wissenschaftlichen und technologischen Arbeiten auf dem Gebiet der Mikroelektronik haben technische Prozesse hervorgebracht, mit denen man Strukturen mit Abmessungen im Mikrometerbereich fertigen kann. Warum sollte man folglich nicht diese Fertigungsgeräte und Methoden auch für andere Zwecke einsetzen? So werden ohne Mehrkosten die vorhandenen Fabrikationsanlagen stärker genutzt und sind dadurch rentabler. Einige Forscher haben daran gedacht, die Technologien zur Herstellung beweglicher Systeme einzusetzen. Im Jahr 1994 haben John Hunn und seine Mitarbeiter in Großbritannien Mikro-Zahnräder aus Diamant hergestellt. Dies war der Ausgangspunkt für ein weiteres wissenschaftliches Fachgebiet, das als Mikrosystemtechnik oder als MEMS (*Micro-Elektro-Mechanical-Systems*) bezeichnet wird. Diese Disziplin beschäftigt sich mit der Herstellung kleinster Gerätschaften und Maschinen mit Abmessungen, die zwischen einigen Mikrometern und einigen zehn Mikrometern liegen, und die mit Verfahren produziert werden, die aus der Mikroelektronik stammen (Photolithografie usw.). In diesen Systemen sind bewegliche mechanische Bestandteile mit elektronischen integrierten Schaltkreisen monolithisch zusammengefasst, also auf einem gemeinsamen Siliziumplättchen als Substrat realisiert. Damit können die Systeme nicht nur verschiedene physikalische Größen messen oder chemische Substanzen nachweisen (Kräfte, Bewegungszustände, Lichteinfall, chemische Verbindungen etc.), sondern auch mit Hilfe der Elektronik selbständig interpretieren und dann gegebenenfalls bestimmte Aktionen auswerten. Es handelt sich also um echte intelligente Systeme. Das Gebiet der MEMS ist in voller Entwicklung und die Anwendungsgebiete reichen von der Automobiltechnik und Raumfahrtanwendungen bis zur Kommunikationstechnik, wobei die biomedizinischen Anwendungsfelder noch im Forschungsstadium sind.

Der zweite Weg besteht in der Weiterentwicklung der Nanotechnologien. Dabei geht es um die Verwirklichung des Traums von Richard Feynman: Die Herstellung von Systemen, die auf der Grundlage von Bestandteilen mit Abmessungen von einigen zehn Nanometern arbeiten. Die Nanotechnologien und Nanowissenschaften können somit als Wissenschaften und Technologien von nanoskopischen Systemen definiert werden. Die Vorsilben „Nano" beziehen sich auf den Nanometer (nm), das ist ein Tausendstel eines Mikrometers. Die betrachteten Systeme besitzen in einer oder mehreren Dimensionen Abmessungen, die zwischen einigen und einigen zehn Nanometern liegen. Zur Erinnerung, der Durchmesser eines Atoms beträgt etwa ein Zehntel eines Nanometers (0,1 nm). Wenn Partikel Dimensionen in der Größenordnung von Nanometern oder darunter aufweisen, werden diese als Nanopartikel bezeichnet. Die Nanotechnologien und Nanowissenschaften untersuchen und beeinflussen das Verhalten von Systemen wie Nanopartikeln, die nur einige Atome groß sind, oder nutzen deren Eigenschaften aus.

Auch wenn erste industrielle Anwendungen dieses Wissensgebiets ihren Weg in die Praxis schon gefunden haben, sind doch noch große Anstrengungen in der Nanotechnologie nötig. Auf den ersten Blick sind die Nanotechnologien und Nanowissenschaften nur Erweiterungen der Technologien auf Mikrometerskalen, die uns die Mikroelektronik und die Informatik gebracht haben, nur auf kleinerer Längenskala und folglich mit einem weiteren Schub in Richtung Miniaturisierung. In der Tat handelt es sich aber um einen wichtigen Sprung in der Entwicklung, vergleichbar mit dem Übergang von den Fluggeräten der Gebrüder Wright zur Apollo-Rakete. Zur Verdeutlichung dieses Sachverhalts betrachten wir die Änderungen der Eigenschaften der Materie, wenn wir uns von unserer gewohnten makroskopischen Längenskala zu nanometrischen Abmessungen hin begeben.

1.2 Aus der Makrowelt in die Nanowelt

Wenn die charakteristischen Abmessungen der Bestandteile sich vom makroskopischen Maßstab in Richtung mikroskopische Größen (einige Mikrometer) verkleinern, werden die physikalischen Phänomene die unsere Alltagserfahrungen prägen, vernachlässigbar, während andere Effekte immer wichtiger werden. Während zum Beispiel in makroskopischen Systemen die Gravitationskräfte dominieren, spielen diese kaum noch eine Rolle, wenn wir uns mit Systemen mit Mikrometerabmessungen beschäftigen. Hier sind die Kräfte der Oberflächenspannung (genauer die Wechselwirkungen zwischen Oberflächenatomen) mit Abstand am stärksten. Wir werden dies weiter unten genauer diskutieren. Diese Abweichungen von der Alltagserfahrung zeigen, dass klassische „Überlegungen", die unsere Erfahrungen verallgemeinern, abgeändert werden müssen. Es ist entscheidend, zu verstehen, was sich im Einzelnen abspielt. Auf unsere Intuition kann man sich nicht immer verlassen. Die Grenze zwischen Systemen mit makroskopischem und mikroskopischem Verhalten ist nicht scharf, sondern liegt im Bereich von Systemgrößen zwischen einigen Mikrometern und einigen hundert Mikrometern.

Wenn man die Abmessungen noch weiter verkleinert, um die Nanometerskala zu erreichen, stößt man auf eine weitere Grenze. Während oberhalb von Mikrometern die makroskopischen Eigenschaften der Materie erhalten bleiben, gilt das nicht mehr auf der Nanometerskala. Die Zahl der Oberflächenatome kann nicht mehr im Vergleich zur Menge der Atome im Volumen vernachlässigt werden. Das Verhalten der Materie gibt Anlass zu neuen physikalischen, chemischen und sogar biologischen Eigenschaften. Der hier gewählte Zugang der kontinuierlichen Verkleinerung (*top-down*) erlaubt auch die Weiterentwicklung der aktuellen

Methoden der Mikroelektronik zu kleineren Dimensionen hin. Die meisten Produkte, die bisher auf den Markt gekommen sind und das Attribut *Nano* in Namen tragen, sind solche Weiterentwicklungen der mikroelektronischen Technologie.

Beim Übergang vom Makroskopischen zum Nanoskopischen wird ein unscharf abgegrenzter Bereich durchquert, in dem weder die klassische Physik noch die Quantenmechanik streng gültig ist. Diese Domäne mit weniger klar definierten Gesetzmäßigkeiten wird seit etwa 1976 als Bereich der *mesoskopischen* Physik bezeichnet. Aus diesem neuen physikalischen Bereich beziehen seit mehreren Jahrzehnten die Mikro- und die Nanotechnologien den Schwung.

Die aufbauende Betrachtungsweise beim Übergang von der atomaren Skala in die Welt der Nanosysteme (*bottom-up*) erlaubt es, die Änderungen in den physikalischen Gesetzmäßigkeiten zu verstehen. Wenn sich die Atome zu mehr oder weniger komplexen Molekülen zusammenschließen, die sich dann zu Clustern zusammenlagern, dann nehmen diese häufig die Form eines Polyeders an. Wenn diese Cluster mehrere hundert Atome umfassen, oder noch mehr, dann liegen Nanopartikel vor, deren Durchmesser bis in die Größenordnung von einem Mikrometer anwachsen können.

Im Bereich von Atomen oder Molekülen reichen die Gesetze der klassischen Physik nicht mehr aus, um die Eigenschaften der Partikel zu verstehen. Hier muss die Quantentheorie angewendet werden. Das ist einer der Gründe, die die Untersuchung von Nanosystemen besonders interessant, verwirrend (besonders für Ingenieure) und schwierig machen. Die Theoretischen Chemiker bewegen sich schon lange in diesem Grenzbereich, wenn sie in der Quantenchemie die Eigenschaften von Molekülen berechnen. Dazu sind aber leistungsfähige Computer nötig, denn solche molekularen Berechnungen sind langwierig und komplex. Je größer die Zahl der betrachteten Atome ist, desto größer ist die Zahl der Computer, die man für die Berechnungen zusammenschalten muss. Die Eigenschaften von Nanopartikeln mit mehreren hundert Atomen können so aber untersucht werden.

Am anderen Ende der Längenskalen liegt der Grenzfall der Festkörper. Sind die Festkörper kristallin, so bieten sich mathematische Methoden zur Analyse an: In einem Festkörper sind die Atome regelmäßig im Raum angeordnet und diese räumliche Periodizität schafft Symmetrien, die die Berechnungen vereinfachen. Diese Berechnungen werden im Rahmen der Festkörperphysik durchgeführt.

Hinsichtlich der Nanosysteme ist festzustellen, dass hier die „intermediären" Eigenschaften der Materie zwischen den molekularen bzw. atomaren Abmessungen und den makroskopischen Dimensionen der Festkörper maßgeblich sind. Unglücklicherweise sind rechnerische Vereinfachungen, die in den Extremfällen Molekül und Festkörper möglich sind, hier nicht anwendbar. Deshalb handelt es sich bei den Nanowissenschaften um ein neues und eignständiges Forschungsgebiet, das sich der wissenschaftlichen Welt öffnet.

1.3 Von Grundlagen zur Anwendung

In der Vergangenheit wurden in den Wissenschaften stets erst die Grundlagen und dann die Anwendungen zeitlich versetzt erforscht. In den Nanotechnologien hingegen finden grundlegende Erkenntnisse viel rascher praktische Anwendungen. Selbstverständlich untersuchen Wissenschaftler schon lange Objekte von der Größe eines Atoms oder Moleküls. In der Atom- und Molekülphysik, der Spektroskopie, der Chemie, Biochemie und Biologie spielen atomare oder molekulare Eigenschaften eine wichtige Rolle. Jedoch werden in diesen Disziplinen keine so kleinen Systeme verschoben oder sonst wie manipuliert und erst recht nicht in isolierter Form. Es war vor 1980 auch gar nicht möglich, einzelne Nanopartikel gezielt zu beeinflussen und zu studieren.

In Nanodimensionen ist es nicht mehr möglich, physikalische und chemische Eigenschaften voneinander zu trennen. Diese Eigenschaften hängen zudem stark von der Art der und Weise der Herstellung, der Anordnung und den Einsatzbedingungen des Nanosystems ab. Folglich müssen Physiker, Chemiker, Materialwissenschaftler, Ingenieure und sogar Biologen zusammenarbeiten, um die Eigenschaften dieser Nanostrukturen zu verstehen und zu nutzen. Außerdem erfordert die Herstellung von Nanosystemen für streng wissenschaftliche Zwecke schon komplexe Fertigungsgeräte, die in die Domäne der angewandten Wissenschaften oder des Ingenieurwesens gehören. Die kollektiven Anstrengungen unterschiedlicher Wissenschaftsgebiete sind daher zu verstärken. Grundlagenforschung und anwendungsbezogene Entwicklung sind zeitlich parallel durchzuführen. An dieser Zusammenarbeit sollten sich alle Akteure aus den unterschiedlichen betroffenen Fachgebieten beteiligen. Sie sollten sich jedoch nicht so weit der Kooperation verpflichtet fühlen, dass sie ihre wissenschaftliche Eigenständigkeit einbüßen. Ein Physiker, ein Chemiker oder ein Ingenieur haben jeder für sich bestimmte charakteristische Kompetenzen und Denkweisen, deren Summe sich realistischerweise nicht in einem Individuum wiederfinden kann. Es ist viel produktiver, verschiedene Fachdisziplinen zusammenzuführen und an gemeinsamen Fragestellungen arbeiten zu lassen. Dies ist einer der Gründe, warum in den Nanotechnologien die Forscherteams interdisziplinär besetzt sein sollten.

Aus dem vorher gesagten wird deutlich, dass eine Unterscheidung zwischen Nanotechnologie und Nanowissenschaften kaum sinnvoll ist. Deshalb wird meistens bei der Bezeichnung *Nanotechnologie* auch die Nanowissenschaft mit einbezogen.

Das Interesse an der Nanotechnologie hängt auch damit zusammen dass die möglichen Anwendungsgebiete über die Elektronik hinausgehen. Es wird erwartet, dass in den kommenden Jahrzehnten die Nanotechnologien nicht nur die Wissenschaften grundlegend verändern, sondern auch die Technik, die Wirtschaft und insgesamt die Gesellschaft. Wirtschaftswissenschaftler schätzen, dass zwischen 2010 und 2015 die jährlichen Umsätze, die dann weltweit mit Nanotechnologie erzielt werden, eine Billion Euro betragen. Es ist daher nicht erstaunlich, dass die Nanotechnologien in der gesamten Welt als wirtschaftsstrategisch bedeutsames Gebiet angesehen werden.

Außerdem hat sich gezeigt, dass das Gebiet der Mikrosysteme (MEMS) nicht von dem der Nanotechnologie zu trennen ist. Denn bei der fortschreitenden Größenverkleinerung in der

Mikrosystemtechnik erreichen einige Komponenten bereits Abmessungen, die im Größenbereich der Nanotechnologie liegen. So hat sich schon die Nanosystemtechnik (NEMS, *NanoEMS*) als neues wissenschaftlich-technisches Gebiet herausgebildet. Es scheint, dass sich die Gebiete der Nanotechnologie und der Mikrosystemtechnik mehr und mehr ergänzen, statt in Konkurrenz zu stehen.

1.4 Eine andere Physik?

Um zu verstehen, wie das Verhalten der Materie sich auf atomarer Skala von dem unterscheidet, das wir aus der makroskopischen Welt kennen, untersuchen wir im Folgenden, wie sich die Eigenschaften der Materie verändern, wenn man die Systemabmaße systematisch von makroskopischen zu nanoskopischen Dimensionen reduziert.

Auf dem Weg vom makroskopischen System zu nanotechnologischen Längenskalen werden wie erwähnt zwei physikalische Grenzen durchschritten. Dabei kommt erschwerend hinzu, dass

1. diese Grenzen unscharf und graduell sind,
2. die Lage der Grenzen vom betrachteten physikalischen Phänomen abhängen und
3. die Grenzen von dem oder den beteiligten Stoffen mit bestimmt werden.

Entscheidend für alle Arbeiten über Nanotechnologien ist das Verständnis dafür, wie sich die physikalischen Eigenschaften mit der Systemgröße verändern. Dafür ist eine Wiederholung der physikalischen Skalengesetze sehr hilfreich.

Im Folgenden werden wir nacheinander die Skalengesetze durchgehen, die für die Mechanik, in Flüssigkeiten, für den Elektromagnetismus, in der Thermodynamik und der Optik von Bedeutung sind. Die wichtigsten Gesetzmäßigkeiten sind in Tabelle 1.2 zusammengestellt.

Mechanik
Betrachten wir Elemente mit linearen Abmessungen der charakteristischen Länge L. Im Folgenden nehmen wir implizit an, dass sich alle Abmessungen der betrachteten mechanischen Systeme proportional zu L verändern. Also wächst oder schrumpft die Oberfläche, S, proportional zu L^2:

$$S \sim L^2, \qquad (1.1)$$

während das Volumen V und die Masse m wie L^3 variieren:

$$V \sim L^3 \text{ bzw.} \qquad (1.2)$$

$$m \sim L^3. \qquad (1.3)$$

1.4 Eine andere Physik?

Untersuchen wir nun zuerst, wie sich die wirkenden Kräfte mit der Dimension L des mechanischen Systems verändern. Eine der bekannteren Kräfte ist die Schwerkraft. Auf der Erdoberfläche ist Gravitationskraft durch das Newtonsche Gesetz $F_{gr} = m \cdot g$ gegeben, wobei g die Gravitationskonstante ist. Also gilt

$$F_{gr} \sim L^3 \,. \tag{1.4}$$

Der Druck, p_{gr}, den ein Körper auf seine Unterlage ausübt, ist durch den Quotienten

$$p_{gr} = F_{gr} / S$$

gegeben. Der Druck skaliert folglich wie:

$$p_{gr} = \frac{F_{gr}}{S} \sim \frac{L^3}{L^2} = L \,. \tag{1.5}$$

Auf der mikroskopischen Größenskala dominieren die Kräfte der Adhäsion[3], wie wir später noch sehen werden. Betrachten wir zunächst die Haftkräfte zwischen zwei Oberflächen im Abstand x. Die Adhäsion zwischen zwei Körpern kommt durch Wechselwirkungen der Atome und Moleküle an diesen Oberflächen zustande. Die wichtigste Wechselwirkung, die für die Adhäsion sorgt, ist die Van-der-Waals-Kraft, deren Reichweite circa 2 bis 10 nm beträgt. Da umso mehr Oberflächen-Moleküle beteiligt sind, je größer die Kontaktflächen sind, ist klar, dass die $F_{vdw}(x)$ proportional mit der Fläche der Kontaktzone zwischen den beteiligten Körpern wächst:

$$F_{vdw} \sim L^2 \tag{1.6}$$

Da nun die Gravitationskraft eines Körpers und die Van-der-Waals-Kraft unterschiedlich skalieren, ist das Verhältnis beider Größen umgekehrt proportional zu L:

$$\frac{F_{vwd}}{F_{gr}} \sim L^{-1} \tag{1.7}$$

Das bedeutet, dass die Adhäsionskräfte stärker sind als die Erdanziehungskraft, wenn Systeme mit geringen Ausdehnungen L untersucht werden. Die kritischen Systemabmessungen, bei denen die Gravitation und die Adhäsionskräfte gleich groß sind, hängen vom Abstand x der betrachteten Körper und dem Medium zwischen den Kontaktflächen ab.

---

[3] Adhäsion bezeichnet das Haften eines festen oder flüssigen Körpers auf einem anderen festen oder flüssigen Körper aufgrund von molekularen Kräften an den Kontaktflächen.

Tabelle 1.2 Allgemeine Skalengesetze. In der dritten Spalte sind die charakteristsichen Exponenten angegeben, die zeigen, wie die physikalischen Größen mit der Systemgröße wachsen.

Größe	Formel	L^n	Bemerkungen
Gravitationskraft	$F_{gr} = m \cdot g$	L^3	
Druck am Boden	$p_{gr} = F_{gr}/S$	L	
Adhäsionskraft	F_{vdw}	L^2	Van der Waals, Casimir
Reibungskraft	$F_r = \mu \cdot F_{gr} = \mu \cdot m \cdot g$	L^3	
Haftkraft	F_{str}	L^2	
Kinetische Energie	$E_{kin} = \frac{1}{2} m \cdot v^2$	L^3	v konstant
		L^5	$v \sim L$
Potentielle Energie	$E_{pot} = m \cdot g \cdot h$	L^3	v konstant
		L^4	$h \sim L$
Trägheitsmoment	$I = K \cdot m \cdot L^2$	L^5	
Rotationsenergie	$E_{rot} = \frac{1}{2} I \cdot \omega^2$	L^5	ω konstant
Auslenkung	ζ	L^2	durch eigenes Gewicht
Resonanzfrequenz	ν	L^{-1}	Röhren, Plättchen, Federn ...
Grenzgeschwindigkeit	$v_{\lim} = \dfrac{4\rho g r^3}{18\eta r}$	L^2	Fall in flüssige Medien
Zeitkonstante	τ	L^2	
Reynoldszahl	$Re = \rho \cdot v \cdot L / \eta$	L^2	$v \sim L$
Diffusionszeit	$\tau_{diff} = L^2/\alpha D$	L^2	
Elektrischer Widerstand	$R_{el} = \rho_{el} \cdot L / A$	L^{-1}	
Elektrischer Strom	I_{el}	L	V_{el} konstant
Joulesches Gesetz	$W = R_{el} I_{el}^2$	L	V_{el} konstant
Leistungsflächendichte	W_{un}	L^{-1}	V_{el} konstant
Feldstärke	E_{el}	L^{-1}	V_{el} konstant
Kapazität	$C = \varepsilon_0 A / d$	L	Plattenkondensator
Ladung	$Q = C \cdot V_{el}$	L	V_{el} konstant
Feldenergie (Kondensator)	$E_{cap} = Q^2 / 2C$	L	V_{el} konstant
		L^3	Ladungsdichte konstant
Plattenanziehungskraft	F_{cap}	L^2	
Magnetfeld einer Spule	$B = \dfrac{\mu I_{el} n}{L}$	L	Windungszahl n konstant Stromdichte konstant $I_{el} \sim L^2$
Magnetische Kraft	F_{mag}	L^4	
Wärmeenergie	E_{th}	L^3	
Wärmeverluste	P_{diss}	L^2	Konvektion, Wärmestrahlung
Zeit für Temperaturausgleich	τ_{th}	L^2	

1.4 Eine andere Physik?

Unterhalb von Systemgrößen von etwa $L = 1$ mm ist die Schwerkraft schon viel kleiner als F_{vdw}. Folglich kann die Gravitation bei Systemen mit Mikrometerausdehnung und darunter ohne Probleme vernachlässigt werden.

Gleitet ein Körper auf der Oberfläche eines anderen, treten Reibungskräfte auf. Die Reibungskraft, die die Bewegung abbremst, ist durch die Formel

$$F_r = \mu \cdot F_{gr} = \mu \cdot m \cdot g \qquad (1.8)$$

gegeben, wobei μ als Reibungskoeffizient bezeichnet wird. Wenn μ konstant ist, dann gilt

$$F_r \sim L^3 . \qquad (1.9)$$

Interessanterweise hängt die Reibungskraft nicht von der Größe der Kontaktfläche zwischen Körper und Unterlage ab. Dies liegt daran, dass sich Körper und Unterlage nur in einigen (wenigen) Punkten berühren. Sobald Systeme mit mikroskopischen Abmessungen betrachtet werden, spielen interatomare Kräfte eine wichtige Rolle und damit werden andere Phänomene wichtig, wie die erwähnten Adhäsionskräfte. Haftkräfte, F_{str}, die durch Zusammenwirkung von Adhäsion und Reibung zu Formänderungen führen (*Striktionen*), sind ebenfalls zu berücksichtigen. Diese variieren proportional mit der Größe der in Berührung befindlichen Oberfläche der betrachteten Körper:

$$F_{str} \sim L^2 . \qquad (1.9)$$

Die Striktion ist aufgrund ihres kleineren Exponenten dann relevant, wenn L in der Größenordnung von einigen Nanometern liegt, während die Formel (1.8) bei makroskopischen Systemgrößen gilt. Damit stellt sich die Frage, bei welchen Körperausdehnungen L beide Kräfte relevant sind, also Bewegungshemmung durch Reibung und Verformungen gleichzeitig auftreten. Dies ist aber mit dem heutigen Wissensstand nicht zu beantworten, denn es sind hier viele Parameter von Bedeutung, wie etwa die Rauhigkeit der Oberflächen, die in Kontakt stehen oder der mechanische Widerstand der beteiligten Materialien gegen Druck. Gleichwohl stellt sich diese Frage nur bei Mikrosystemen, auf der Nanometerskala ist die Beziehung (1.9) entscheidend.

Befassen wir uns nun mit den Federkräften. Die Rückstellkraft F_{rst} einer um die Strecke δL gedehnten Feder ist nach dem Hookeschen Gesetz durch

$$F_{rst} = -k \cdot \delta L$$

gegeben, wobei k die Federkonstante ist. Da sich diese Konstante nicht mit der Auslenkung ändert, erhalten wir:

$$F_{rst} \sim L . \qquad (1.10)$$

Versetzt man die Feder durch anfängliche Auslenkung in Schwingung, dann ist die Frequenz dieser periodischen Bewegung gegeben durch

$$v_{rst} = \frac{1}{2\pi}\sqrt{\frac{k}{m}} \sim L^{-\frac{3}{2}}. \tag{1.11}$$

Die Periode T_{rst} als Kehrwert der Frequenz verhält sich damit wie:

$$T_{rst} \sim L^{\frac{3}{2}}. \tag{1.12}$$

Die kinetische Energie E_{kin} eines Körpers ist durch die Beziehung $E_{kin} = \frac{1}{2}\,m\cdot v^2$ gegeben. Folglich gilt bei konstanter Geschwindigkeit

$$E_{kin} \sim L^3. \tag{1.13}$$

Da die Geschwindigkeit die Dimension Länge pro Zeit aufweist, gilt $v \sim L$ und damit bei variabler Geschwindigkeit

$$E_{kin} \sim L^5. \tag{1.14}$$

Die potentielle Energie im Gravitationsfeld ist durch die Formel $E_{pot} = m\cdot g\cdot h$ gegeben, wobei h die Höhe über dem Erdboden angibt. Ist h konstant, gilt

$$E_{pot} \sim L^3 \tag{1.15}$$

und mit $h \sim L$ folgt bei variabler Höhe

$$E_{pot} \sim L^4. \tag{1.16}$$

Die potentielle Energie einer Feder ist durch $E_{pot\_feder} = k\cdot \delta L^2$ gegeben und daher gilt

$$E_{pot\_feder} \sim L^2. \tag{1.17}$$

Die Eigenschaften eines rotierenden Körper sind durch sein Trägheitsmoment $I = K\cdot m\cdot L^2$ gekennzeichnet. K ist hier eine Konstante. Also finden wir

$$I \sim L^5. \tag{1.18}$$

Die Rotationsenergie eines Körpers mit dem Trägheitsmoment I und der Winkelgeschwindigkeit ω ist durch die Beziehung $E_{rot} = \frac{1}{2}\,I\cdot\omega^2$ gegeben und damit hängt die Rotationsenergie mit der Systemgröße über

$$E_{rot} \sim L^5 \tag{1.19}$$

zusammen.

Diese Beziehung impliziert, dass bei konstanten Drehgeschwindigkeiten die Rotationsenergie rasch mit der Systemgröße abnimmt und folglich die Bewegungsenergie, die in einem rotierenden Körper wie in einem Schwungrad gespeichert werden kann, bei kleinen Systemen viel geringer ist als bei makroskopischen Körpern.

In der Natur findet man viele schwingfähige Gebilde, wie Blättchen, Federn oder Hohlräume (Röhren), die charakteristische Resonanzen aufweisen. Die niedrigste Resonanzfrequenz ν tritt auf, wenn das betrachtete Gebilde Abmessungen hat, die einem Viertel oder der Hälfte der Wellenlänge λ der sich einstellenden Schwingung entsprechen. Mit Hilfe der Phasengeschwindigkeit $v = \lambda \nu$, die als Produkt aus Frequenz ν und Wellenlänge λ definiert ist, erhalten wir die Skalenbeziehung für die Frequenz

$$\nu \sim L^{-1}. \tag{1.20}$$

Dies bedeutet, dass die Resonanzfrequenzen in kleinen Systemen sehr hoch liegen.

In natürlicher oder künstlich hergestellter Materie finden wir häufig frei hängende Bestandteile. Die Auslenkung (Verbiegung) ζ eines Blättchens, das an seinem Schwerpunkt aufgehängt ist, verhält sich aufgrund seines Eigengewichts wie

$$\zeta \sim L^2. \tag{1.21}$$

Feste Körper können unter Druck eine bestimmte Belastung aushalten, zeigen also eine Druckfestigkeit T_{br}, bevor sie brechen. Wenn z. B. die Knochen von Tieren ihrem Eigengewicht $m \cdot g$ ausgesetzt sind, dann gilt $T_{br} \sim m \cdot g / S$, wobei S die Querschnittsfläche bezeichnet. Die Abhängigkeit von L liest sich damit wie folgt:

$$T_{br} \sim \frac{L^3}{L^2} = L. \tag{1.22}$$

Für ein bestimmtes Material ist die Bruchfestigkeit konstant. Wenn sich die Abmessungen ändern, ist der minimale Durchmesser d des tragenden Materials wie $d^2 \sim L^3$, oder

$$d \sim L^{\frac{3}{2}}. \tag{1.23}$$

Strömungslehre

Außer im Vakuum bewegen sich alle Körper in einem flüssigen oder gasförmigen Medium (Luft, Wasser etc.). Daher ist es wichtig, den Einfluss der einen Körper umströmenden Medien auf dessen Bewegung zu verstehen.

Fällt ein Körper *senkrecht* in eine Flüssigkeit, dann wirkt die viskose Reibung so, dass der Körper nach einer gewissen Zeit auf eine konstante (Grenz-)Geschwindigkeit, v_{lim}, abgebremst wird. Die charakteristische Zeit τ, die vergeht, bis v_{lim} erreicht wird, ist zur Grenzgeschwindigkeit proportional. Wenn der betrachtete Körper eine Kugel mit dem Radius r ist, dann erhalten wir für die Grenzgeschwindigkeit die Beziehung

$$v_{\lim} = \frac{4\rho g r^3}{18\eta r}.$$

Hier gehen die Viskosität η und das spezifische Gewicht ρ ein. Folglich skalieren die Größen v_{lim} und τ wie

$$v_{\lim} \sim L^2 \qquad (1.24)$$

und

$$\tau \sim L^2. \qquad (1.25)$$

Diese Proportionalitäten zeigen, dass die viskosen Reibungskräfte sehr schnell die Bewegung dämpfen, gerade wenn die Körper kleine Maße haben. Ein kleines Partikel bleibt sogar in Luft unbeweglich, wenn es windstill ist.

Bei großen Geschwindigkeiten werden die Strömungen instabil und es kommt zu Turbulenzen. Wann der Übergang von der laminaren zur turbulenten Strömung auftritt, hängt von der Reynoldzahl $Re = \rho \cdot v \cdot L / \eta$ ab. Da $v \sim L$ gilt, folgt

$$Re \sim L^2. \qquad (1.26)$$

Für Strömungen in Röhren, wie in der Kanalisation, findet der Übergang zur Turbulenz bei $Re \approx 1000$ statt. Offensichtlich tritt Turbulenz daher in Mikrosystemen nicht auf.

Ein Partikel legt bei Diffusionsvorgängen die Entfernung L in der in der Zeit $\tau_{diff} = L^2/\alpha D$ zurück. Hier ist α eine geometrieabhängige feste Größe und D die Diffusionskonstante. Also gilt

$$\tau_{diff} \sim L^2. \qquad (1.27)$$

Dieses Skalengesetz beschreibt sowohl die Diffusion von Teilchen als auch die Wärmeleitung.

Elektrodynamik
Ein elektrischer Leiter der Länge L mit der Querschnittsfläche A ist durch seinen elektrischen Widerstand $R_{el} = \rho_{el} \cdot L / A$ gekennzeichnet. ρ_{el} ist der spezifische Widerstand des Leitermaterials. Also gilt

$$R_{el} \sim L^{-1}. \qquad (1.28)$$

Wird längs eines Leiters ein elektrisches Potentialgefälle, die Spannung V_{el}, gemessen, dann fließt durch den Leiter nach dem ohmschen Gesetz ein Strom I_{el}, der proportional zur Länge des Leiters ist:

1.4 Eine andere Physik?

$$I_{el} \sim L \, . \tag{1.29}$$

Die elektrische Leistung, W, die aufgrund des Spannungsabfalls längs eines Leiters verbraucht wird und von der Spannungsquelle (Batterie) bereitgestellt werden muss, kann nach dem Jouleschen Gesetz, $W = R_{el} I_{el}^2$, berechnet werden. Wir finden als Skalenverhalten für W

$$W \sim L \, . \tag{1.30}$$

Da die Zahl der Leitungen, die als elektrische Verbraucher auf einer gegebenen Fläche untergebracht werden können, mit der Fläche zunimmt, ist es sinnvoll, mit der Leistungsflächendichte W_{un} zu arbeiten:

$$W_{un} = \frac{W}{L^2} \sim L^{-1} \, . \tag{1.31}$$

Dieses Anwachsen der Leistungsdichte bei Strukturverkleinerungen ist bereits aus der Mikroelektronik bekannt. Dem ständig mit der Strukturverkleinerung einhergehenden Zuwachs an elektrischer Leistung kann mit einer Verringerung der angelegten Spannung entgegengewirkt werden.

Besteht eine konstante Spannung zwischen zwei Punkten, dann ist das elektrische Feld E_{el} zum Abstand der beiden Punkte umgekehrt proportional:

$$E_{el} \sim L^{-1} \, . \tag{1.32}$$

Wächst die Feldstärke in einem Halbleiter kontinuierlich an, dann wird oberhalb von einer Feldstärke von ca. 10^7 V/m ein Bereich erreicht, in dem das ohmsche Gesetz nicht mehr gilt.[4]

In Mikrosystemen werden Kondensatoren als Ladungsspeicher eingesetzt. In den folgenden Kapiteln werden wir sehen, dass die Ladung, die ein Nanoteilchen trägt, entscheidenden Einfluss auf die Bewegung von Elektronen durch das Partikel (also dessen Leitfähigkeit) hat. Betrachten wir einen Plattenkondensator, der aus zwei parallel orientierten leitfähigen Platten mit der Fläche A in Abstand d besteht. Dessen Kapazität $C = \varepsilon_0 A / d$ skaliert mit den Abmessungen L wie

$$C \sim L \, . \tag{1.33}$$

Wird an die Anschlüsse des Kondensators eine Spannung V_{el} angelegt, dann fließt eine Ladung $Q = C \cdot V_{el}$ auf die Kondensatorplatten. Diese Ladung verhält sich wie

---

[4] Dies liegt daran, dass die Ladungsträgergeschwindigkeit nicht mehr wie bei kleineren Feldstärken proportional zur elektrischen Feldstärke zunimmt. Die Proportionalitätskonstante heißt Beweglichkeit und gibt an, wie leicht Elektronen als Ladungsträger dem Feld folgen können. Bei hohen Feldstärken kommt es zur *Geschwindigkeitssättigung*. Der fließende Strom, der proportional zur Geschwindigkeit der Ladungsträger ist, wächst folglich in diesem Bereich nicht mehr linear mit der Feldstärke und damit auch nicht mehr linear mit der Spannung an, wenn diese weiter erhöht wird. Ohms Gesetz gilt hier dann nicht mehr!

$$Q \sim L. \tag{1.34}$$

Im geladenen Kondensator ist die Energie $E_{cap} = Q^2 / 2C$ gespeichert, und diese Größe wächst ebenfalls proportional mit den Kondensatorabmessungen

$$E_{cap} \sim L. \tag{1.35}$$

Gelegentlich werden Kondensatoren eingesetzt, bei denen die Ladungsdichte auf den Platten konstant ist. Dann gilt $Q \sim L^2$ und unter diesen Bedingungen wächst die gespeicherte Energie wie das Volumen des Kondensators

$$E_{cap} \sim L^3. \tag{1.36}$$

Die Kraft zwischen den Kondensatorplatten, F_{cap}, die durch das elektrische Feld verursacht wird, kann aus der Ableitung der gespeicherten Energie nach dem Plattenabstand berechnet werden. Also gilt

$$F_{cap} \sim L^2. \tag{1.37}$$

Das magnetische Feld B im Inneren einer Zylinderspule mit n Windungen und der Länge L, die vom Strom I_{el} durchflossen wird, beträgt

$$B = \frac{\mu I_{el} n}{L}.$$

Wird eine Spule mit konstanter Windungszahl verkleinert, dann schrumpfen der Leiterquerschnitt der Spulendrähte und damit der Strom, der durch die Spule geschickt werden kann. Es ist plausibel anzunehmen, dass bei der Verkleinerung der Abmessungen und Stromstärken die Stromdichte in den Drähten konstant gehalten werden kann, d. h. $I_{el} \sim L^2$. Daher wird

$$B \sim L. \tag{1.38}$$

Im Magnetfeld der Spule wird elektrische Energie E_{mag} gespeichert. Die Feldenergie ist gegeben durch

$$E_{mag} = \frac{B^2 \cdot V_{ol}}{2\mu}.$$

Hier bezeichnet V_{ol} das Volumen des felderfüllten Raums[5]. Da das Volumen der Spule proportional zu L^3 ist, erhalten wir

---

[5] Das Feld erfüllt im Prinzip den gesamten Raum und ist unendlich ausgedehnt. Bei der Spule ist aber die wesentliche Feldstärke im Inneren des Zylinders, um den die Spule gewickelt ist, konzentriert und daher wächst die gespeicherte Energie wie das Spulenvolumen.

$$E_{mag} \sim L^5 \qquad (1.39)$$

und mit der gleichen Vorgehensweise wie beim Kondensator als der Feldkraft

$$F_{mag} \sim L^4. \qquad (1.40)$$

Wenn man zu kleineren Dimensionen übergeht, sollte man aber nicht die damit verbundenen technischen Schwierigkeiten übersehen. Beispielsweise kann man bei kleinen L-Werten nicht mehr jede gewünschte Zahl von Windungen aufbringen, denn es ist u. U. nicht möglich, hinreichend dünne Drähte herzustellen. In der Praxis sind Spulen mit einem Volumen von weniger als 1 mm³ nur noch mit großen Schwierigkeiten zu produzieren. Weiterhin wird die Stromdichte durch die thermische Belastbarkeit der Drähte begrenzt, weil diese sich aufgrund der ohmschen Verluste aufheizen und so thermische Verlustwärme abzuführen ist. Dafür ist aber eine bestimmte Größe des Systems nötig. Folglich ist die Stromdichte zwar auch bei genauerer Betrachtung von L linear abhängig, aber die Proportionalitätskonstanten hängen von der Art und Weise ab, wie die Spule aufgebaut ist.

Thermodynamik
Die Wärmeenergie, E_{th}, die benötigt wird, um ein System auf eine bestimmte Temperatur T zu erwärmen, ist proportional zu dessen Masse,

$$E_{th} \sim L^3. \qquad (1.41)$$

Wärmeverluste treten in einem System auf, weil thermische Energie durch Wärmeleitung, Konvektion und Wärmestrahlung verloren geht. Die thermische Leistung, die das System durch Leitung und Abstrahlung einbüßt, P_{diss}, ist proportional zur Oberfläche des Systems:

$$P_{diss} \sim L^2. \qquad (1.42)$$

Bei der Anwendung dieser Beziehung gilt es zu beachten, dass die thermischen Energieverluste über die genannten Mechanismen stark vom Temperaturgefälle zwischen dem betrachteten Körper und seiner Umgebung mitbestimmt werden. Die Diffusionskoeffizienten für Wärme müssen sorgfältig analysiert werden.

Die Zeit τ_{th}, die benötigt wird, bis sich Temperaturunterschiede in einem gegebenen Volumen ausgeglichen haben, ist proportional zum Quadrat der linearen Ausdehnung des Systems:

$$\tau_{th} \sim L^2. \qquad (1.43)$$

Wenn sich die Abmessungen von thermodynamischen Systemen bis in den Nanometerbereich verkleinern, wächst der Anteil der Oberflächenatome an der Gesamtatomzahl. Folglich bestimmen Oberflächeneffekte die Systemeigenschaften, wie wir noch in weiteren Kapiteln sehen werden.

Optik
Trifft eine ebene Welle auf ein Objekt mit der linearen Dimension L, dann wird die Welle reflektiert. Die zurücklaufende Welle verbreitert sich gemäß dem Winkel $\theta \approx \lambda / L$ und hieraus folgt:

$$\theta \sim L^{-1}. \tag{1.44}$$

Wird in der Photolithografie eine Oberfläche durch eine Linse mit dem Brechungsindex n und der numerischen Apertur ($NA = n \sin\theta$) beleuchtet, dann ist der Mindestdurchmesser L eines Objekts, das gerade noch abgebildet werden kann, $L = 2\lambda / \pi \cdot NA$. Daher verhält sich die Wellenlänge des Lichts, das zur Abbildung benötigt wird, proportional zur Objektgröße

$$\lambda \sim L. \tag{1.45}$$

Aus diesem Grund wird heute in der Mikroelektronik nicht mehr mit sichtbarem, sondern mit ultraviolettem Licht gearbeitet, damit immer kleinere Strukturen lithografisch übertragen werden können.

Die Winkelauflösung $\Delta\theta$, die eine kreisförmig begrenzte optischen Linse mit Durchmesser L (wie etwa das Auge) besitzt, ist durch eine entsprechende Beziehung gegeben:

$$\Delta\theta \sim L^{-1}. \tag{1.46}$$

Verschiedene Linsen unterscheiden sich in ihrer Brennweite f. Diese Größe kann mit der Formel[6]

$$(n-1)(R_1 + R_2)f = R_1 \cdot R_2$$

berechnet werden. Damit skaliert f wie

$$f \sim L. \tag{1.47}$$

Diese beiden Beziehungen führen dazu, dass der minimale Durchmesser des Brennpunktes[7] $d_f = f \Delta\theta$ sich nicht mit den Abmessungen L der Linse ändert (vgl. (1.46) und (1.47));

$$d_f \sim L^0. \tag{1.48}$$

---

[6] Die Brennweite kennzeichnet die optischen Eigenschaften einer Linse und hängt vom Brechungsindex des Linsenmaterials n und den Krümmungsradien der Vorder- und Rückseite der Linse R_1 und R_2 wie im Text angegeben ab. In dieser Form gilt die Gleichung nur für dünne Linsen, deren Dicke gegen die Krümmungsradien vernachlässigbar ist.

[7] Aufgrund der endlichen Linsenöffnung kommt es zu Beugungseffekten. Der Brennpunkt ist daher kein Punkt, sondern ein Beugungsscheibchen, dessen Durchmesser von der Wellenlänge und der Blendenzahl, also dem Verhältnis von Linsenöffnung und Brennweite abhängt und deshalb von den Abmessungen des betrachteten optischen Systems unabhängig sein muss!

Diese Aussage gilt aber nur im Grenzfall der Fraunhoferschen Beugung, also dann wenn die Abmessungen der optischen Elemente viel größer sind als die Lichtwellenlänge λ.

1.5 Einige Beispiele

Die oben abgeleiteten Skalengesetze zeigen, dass sich die physikalischen Phänomene auf unterschiedliche Art und Weise mit den Abmessungen der betrachteten Körper ändern. Wir besprechen nun Anwendungen der Skalengesetze anhand von einigen einfachen Beispielen.

Wenn physikalische Größen, die Potenzgesetzen des Typs L^n genügen, für verschiedene Werte von n miteinander verglichen werden, dann wachsen bei großen Exponenten die Größen besonders stark, die sich auch auf große Systeme, also große L-Werte, beziehen. Umgekehrt gilt aber für kleine Abmessungen L, dass in diesem Fall gerade die Variablen immer weniger wichtig werden, die mit großen Exponenten skalieren. Dieses Phänomen ist in Bild 1.1 gezeigt.

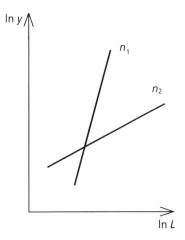

Bild 1.1 Zwei Funktionen des Typs $y = a \cdot L^n$ ($n_1 > n_2$)

Betrachten wir als Erstes ein Beispiel aus dem Bereich der Energiewandlung, die Mikro-Dampfmaschine. Eine kleine Menge Dampf ist hier in einem Zylinder eingeschlossen, der mit einem Kolben abgeschlossen ist. Das System wird über einen von Strom durchflossenen Heizdraht erwärmt. Vorhandenes Wasser im Zylinder verdampft, der Druck auf den Kolben steigt und reicht irgendwann aus, um den Kolben zu verschieben. Vergleichen wir die Potenzialdifferenz längs des Heizdrahts, der für die Wassererwärmung benötigt wird, unter der Annahme, dass keine Wärmeverluste auftreten. Weiterhin gehen wir davon aus, dass sich bei einer Verkleinerung der Maschine die Längen in allen Raumdimensionen in gleicher Weise ändern. Die thermische Energie, die zum Verdampfen des Wassers benötigt wird, skaliert, wie oben abgeleitet, mit dem Volumen: $E_{th} \sim L^3$, während die elektrische Leistung, W, sich bei festgehaltener elektrischer Spannung V_{el} proportional zu L verändert. Wenn die ganze Zeit über geheizt wird, gilt diese Proportionalität auch für die elektrische Energie. Folglich muss sich W bei Reduktion der Systemgrößen L^2-mal schneller ändern, als nach dem reinen Skalengesetzt zu erwarten wäre. Sonst ist die Energieerhaltung nicht erfüllt. Da I_{el}, der Strom im Heizdraht, proportional zu L ist, wenn V_{el} konstant bleibt, bedeutet dies, dass wir bei der Verkleinerung die angelegte Spannung proportional zu L reduzieren müssen, wenn die Energieverhältnisse in der Dampfmaschine gleich bleiben sollen.

Als nächstes Beispiel diskutieren wir den Fall, dass die elektrische Energie, die in einem Kondensator gespeichert ist, vollständig in die Rotationsenergie eines Schwungrads gewandelt wird. Wie ändert sich nun die Winkelgeschwindigkeit in Abhängigkeit von L, wenn alle Dimensionen des Systems in gleicher Weise verändert werden? Ausgehend von Gleichung (1.19) können wir aus der Formel für die Rotationsenergie $E_{rot} = \frac{1}{2} I \cdot \omega^2$ folgern, dass die Winkelgeschwindigkeit ω sich proportional zu $L^{-5/2}$ verhält. Die Drehbewegung kann also in der Mikrowelt leichter realisiert werden als in der unserer gewohnten Größenskala. Jedoch muss auch auf mikroskopischen Skalen die Reibung berücksichtigt werden. In kleinen Systemen sind die Haftkräfte $F_{str} \sim L^2$ bestimmend (Gl. 1.9), in großen Systemen die Reibungskräfte $F_r \sim L^3$ (Gl. 1.8). Folglich dominieren in Mikrosystemen die Haftkräfte aufgrund des kleineren Exponenten. Da die Geschwindigkeit eines mechanischen Körpers v proportional zur Längenskala L ist, gilt für die in einem Makrosystem durch Reibung abgeführte Leistung $P_r = v \cdot F_r \sim L^4$ in einem Mikrosystem hingegen $P_{str} \sim L^3$. Viele andere Beispiele können auf ähnliche Weise diskutiert werden.

Aus allen diesen Betrachtungen folgt, dass auf Alltagserfahrungen beruhende Denkweisen und Erwartungen stets überprüft werden müssen, wenn wir uns mit Mikrosystemen beschäftigen. Noch schwieriger wird es, wenn wir uns hinunter zu den Nano-Dimensionen begeben, weil hier zusätzlich noch Quanteneffekte zu berücksichtigen sind, wie dies die folgenden Kapitel noch deutlich zeigen werden. Wir können daher nicht mehr ohne weiteres die Modelle, die in unserer Makrowelt gelten, zu kleineren Längenskalen hin extrapolieren. Es ist nämlich zu erwarten, dass diese im Nanokosmos nicht mehr gelten werden. Angesichts der Herausforderungen, die mit der Herstellung von Mikro- und Nanosystemen zusammenhängen, werden daher dezidierte Computersimulationen eine große Rolle spielen, wenn solche Technologien erforscht oder entwickelt werden.

1.6   Anwendungsspektrum

Wie wir schon vorher erwähnt haben, lohnt es sich, in die Nanotechnologie zu investieren, denn die Anwendungen sind vielfältig. Nanopartikel haben bereits Eingang in Gebrauchsgegenstände gefunden (Autos, Bekleidung etc.), aber es ist zu erwarten, dass die Nanotechnologien grundlegend die Produktionstechniken für Werkstoffe und Geräte verändern werden. Die Möglichkeit, Basiskomponenten (*building blocks*) in beliebiger Größe und Zusammensetzung zu synthetisieren und dann mit diesen Bausteinen größere Systeme zu generieren, die spezifische Eigenschaften und Funktionen aufweisen, wird den Zugang zu revolutionären, neuen Materialien und Produktionstechniken eröffnen. Die Wissenschaft und Technologie wird uns neue Strukturen zur Verfügung stellen, die es in der Natur nicht gibt und die die Möglichkeiten der Chemie übersteigen.

Zu den Vorteilen der neuen Materialien und Apparaturen gehören insbesondere

- leichte extrem widerstandsfähige Werkstoffe mit programmierbaren Eigenschaften;
- Reduktion der Produktlaufzeitkosten (*life-cycle costs*) durch geringste Ausfallraten;
- neue Geräte, die auf bisher unbekannten Prinzipien und Architekturen beruhen,
- Anwendung von Herstellverfahren, die auf molekularer Ebene ablaufen, usw.

Anwendungen in der Biotechnologie, von der Umwelttechnik bis zur Petrochemie, oder auf dem Gebiet der Werkstoffe für Sonderanwendungen können das enorme Potenzial der Nanotechnologie nutzen. Eine Abschätzung der Entwicklung der Nanotechnologien für die Jahre 2010 bis 2015 zeigt die Tabelle 1.3.

Tabelle 1.3: Geschätztes jährliches Marktvolumen der Nanotechnologie zwischen 2010 und 2015 in Milliarden Euro, nach http://www.nano.gov

Spezialwerkstoffe und Nanostrukturen	340
Elektronik	300
Pharmazie	180
Chemieindustrie	100
Luftfahrttechnik	70
Energieeinsparung bei der Beleuchtung	100

1.6.1 Nanoelektronik

Wie schon erwähnt, wird die fortschreitende Strukturverkleinerung in der Mikroelektronik zum Stillstand kommen, weil in nächster Zukunft prinzipielle physikalische Grenzen erreicht sein werden. Wenn sich die Strukturverkleinerung in der Elektronik fortsetzen soll, müssen andere Verfahrensweisen eingesetzt werden als bisher. Hier bietet sich die *Nanoelektronik* an, insbesondere im Zusammenspiel mit molekularen Computern oder Quantenrechnern. Hinter dem Sammelbegriff Nanoelektronik verbergen sich verschiedene Technologien, die im Prinzip nichts gemeinsam haben, außer der Vorsilbe „Nano".

Seit drei Jahrzehnten ersinnen, entwickeln und entwerfen Chemiker und Physiker molekulare Strukturen, in denen ein einzelnes Molekül die Funktionalität von elektronischen Bauelementen, wie Widerständen oder Dioden, Transistoren und Schaltern übernimmt. Anfang der Siebziger Jahre des zwanzigsten Jahrhunderts haben sich Forscher der Firma IBM ein Molekül patentieren lassen, das binäre Information speichern kann. Einige Jahre später wurde ein anderes Molekül entdeckt, das den Stromfluss gleichrichtet, wie eine Diode, wenn es mit zwei metallischen Elektroden kontaktiert wird. Der Transfer theoretischer Erkenntnisse in die Praxis war dennoch nicht einfach. Aber mit der Erfindung des Raster-Tunnel-Mikroskops (STM: *Scanning Tunnel Microscope*) wurde die Umsetzung wissenschaftlicher Erkenntnisse beschleunigt. Mit Hilfe des STM können im Labor mechanische oder elektrische Verbindungen über ein Molekül überprüft werden, einzelne Atome manipuliert oder der elektrische Widerstand von Molekülen gemessen werden. Dennoch waren und sind immer wieder neue Schwierigkeiten zu überwinden, die bis heute dafür sorgen, dass wir von einer technologischen Umsetzung der genannten Möglichkeiten in die Praxis noch weiter entfernt sind, als 1980 zu erwarten war.

Parallel zu Elektronik auf der Basis von Einzelmolekülen haben wissenschaftliche Arbeiten über die Struktur von Polymeren gezeigt, dass diese in Quantencomputern eingesetzt werden können. Andere Forscher haben völlig andere Ansätze verfolgt, die auf der Verwendung von Bruchstücken der Erbsubstanz DNA basieren. Das Gebiet der molekularen und biomolekularen Computertechnik entwickelt sich daher aktuell sehr stark.

Andere Forschungsteams arbeiten an Ansätzen, wie bestimmte Partikel, die als Quantenpunkte (*quantum dots*) bezeichnet werden, für elektronische Zwecke genutzt werden können. Diese Partikel sind viel größer als Moleküle und haben Abmessungen im Nanometerbereich. Solche Nanopartikel zeigen ganz bestimmte elektronische Eigenschaften, wie wir in Kapitel 3 genauer sehen werden. Quantenpunkte können z. B. als Speicherzellen fungieren, die mit einem einzigen Elektron arbeiten. Allerdings sind noch bestimmte chemisch-physikalische Probleme zu lösen, die mit der Synthese und der kontrollierten Anordnung der Quantenpunkte zusammenhängen, und auch grundlegende wissenschaftliche Fragen zu klären. Andere Herausforderungen ergeben sich aus der Tatsache, dass elektronische Bauelemente im Betrieb stets Wärme erzeugen. Je mehr Elemente pro Flächeneinheit untergebracht werden können, desto mehr Abwärme entsteht. Diese führt zu erhöhten Temperaturen, die die Funktion von Quantencomputern stören können.

Auch wenn es scheint, dass die Technik noch weit von diesen Quantenrechnern entfernt ist, lohnt sich der Aufwand in Forschung und Technologie. Jede Strukturverkleinerung in der Elektronik ist nämlich mit einem Zugewinn von Rechenleistung bei verkleinerten Systemabmessungen verbunden, und solche Verkleinerungen sind Grundvoraussetzung, dass das Mooresche Gesetz auch noch lange nach 2010 seine Gültigkeit behält.

1.6.2 Biotechnologie

Die grundlegenden molekularen Bausteine des Lebens (Proteine, Nukleinsäuren, Lipide usw.) und ihre nichtbiologischen Varianten sind Stoffe, die ganz spezifische Eigenschaften aufweisen. Diese sind auf der Nanometerskala von ihrer jeweiligen Größe, Form und räumlichen Anordnung bestimmt. Biosynthese und Bioprozesse haben neue Wege aufgezeigt, wie chemische oder pharmazeutische Erzeugnisse hergestellt werden können. Wenn biologische Komponenten in nicht biologische Werkstoffe oder Systeme integriert werden, lassen sich biologische Funktionen darstellen, die um spezielle Werkstoffeigenschaften ergänzt sind, wie dies heute schon bei Verbundwerkstoffen möglich ist, die spezielle Kombinationen von mechanischen, elektrischen und anderen Werkstoffeigenschaften aufweisen. Die Nachempfindung biologischer Systeme ist ein wichtiges interdisziplinäres Forschungsgebiet. So verfolgen z.B. die Arbeiten auf dem Gebiet der chemischen Bionik[8] einen solchen Ansatz. Auch sei hier noch mal auf die Möglichkeit zur selektiven Abscheidung bestimmter biologischer Strukturen auf geeignete Substrate hingewiesen oder auf die Bearbeitung von Molekülen auf nanometrischer Skala.

1.6.3 Biomedizin

Lebende System werden von Molekülen mit Nanometerabmessungen gesteuert. Neue Arbeiten aus dem Gebiet der Nanoprozesstechnik lassen daher vermuten, dass die komplexen Abläufe bei der Sequenzierung des menschlichen Genoms und der Bestimmung der Ausprägung von Genen stark beschleunigt und vereinfacht werden können, wenn nanostrukturierte Oberflächen und nanoskopische Systeme eingesetzt werden. Auch bei der Optimierung der Applikation von Medikamenten können Nanotechnologien helfen. Solche neuen Methoden der Zuführung der Wirksubstanz vergrößern den therapeutischen Nutzen.

Der Zuwachs an Möglichkeiten, den die Nanotechnologie eröffnet, muss auch die Grundlagenforschung in der Zellbiologie und der Pathologie beeinflussen. Weil nun Techniken auf Nanometerskalen zur Verfügung stehen, wird es möglich, die chemischen und physikalischen Prozesse in einer Zelle zu verfolgen, einschließlich der Zellteilung und der Fortbewegung, sowie der Bestimmung der individuellen Eigenschaften einzelner Zellmoleküle.

Weiterhin wird die Herstellung biokompatibler Stoffe mit besonderen Leistungsmerkmalen im Rahmen der Nanotechnologie möglich. Organische und anorganische Stoffe können zu diagnostischen oder therapeutischen Zwecken ortsgenau injiziert werden. Weil durch die Weiterentwicklung der Nano-Computer die verfügbare Rechenleistung steigt, können in Zukunft die komplexen Abläufe in lebenden Organismen besser simuliert werden. Mit diesen Möglichkeiten können neue Entwicklungen, wie die von biokompatiblen Implantaten und der auf den Nanometer genau platzierten Freisetzung von Medikamenten, schneller vorangetrieben werden.

Die Nanotechnologie umfasst auch nanomagnetische Substanzen, die insbesondere bei der Kernspintomografie eine wichtige Rolle spielen. Fortschritte bei der reproduzierbaren Herstellung von magnetischen Nanoteilchen werden die Bildauflösung bei der Tomografie weiter verbessern. Dies wird bei der Beurteilung der Befunde helfen und so die Heilungsaussichten für die Patienten fördern.

Es bleibt zu hoffen, dass die neuen biomedizinischen Techniken in der Gesundheitsfürsorge unter Beachtung der zu erwartenden Kosten überhaupt zum Tragen kommen und einen positiven Effekt haben werden.

---

[8] Die Bionik untersucht, wie Prinzipien, die aus der Biologie bekannt sind, für technische Anwendungen verwendet werden können.

1.6.4 Raumfahrtanwendungen

Die Raumfahrttechnik bietet Anwendungen für verschiedene Aspekte der Nanotechnologie. Eine der grundlegenden Trends in der Raumfahrttechnik ist die Reduktion von Größe und Gewicht der eingesetzten Systeme. Angesichts der Kosten für Raumfahrtmissionen ist es zwingend, die Funktionalität der Systeme zu erhöhen, und dies bei gleichzeitig sinkendem Systemgewicht. Satelliten müssen zudem autonom über lange Zeiträume agieren. Bei bemannten Missionen sind Sicherheitsvorrichtungen von entscheidender Bedeutung. Es ist daher nicht erstaunlich, dass dieser Bereich besonderes Interesse an Nanotechnologien hat.

Das Hauptaugenmerk liegt hier auf Nanoelektronik, Sensorik, Nanomaschinen und besonderen Werkstoffen. In zukünftigen Weltraummissionen werden die eingesetzten Raumfahrzeuge autonom und intelligent ausgelegt sein. Dies erfordert hohe Rechenleistung in kompakten Formaten mit geringer elektrischer Leistungsaufnahme, gerade wenn man an Flüge zu entfernten Planeten denkt. Die Elektronik darf außerdem nicht empfindlich auf kosmische Höhenstrahlung reagieren. Außerdem werden hohe Anforderungen an die Leistungsfähigkeit der eingebauten Elektronik gestellt, denn die Berechnung der Flugdaten, unter Erfassung von dreidimensionalen räumlichen Aspekten, ist komplex. Die aktuellen Umgebungsbedingungen der Raumsonde müssen zusätzlich ständig überwacht und angemessene Reaktionen auf diese Bedingungen eingeleitet werden. Der Einsatz leistungsfähiger aber kleinster und leichtester Molekular- oder Quantenrechner, also von Nanoelektronik, wäre hier ein großer Vorteil.

Im Weltraum werden Detektoren für fast alle physikalischen Größen benötigt, wie für Temperatur, den Druck, die Anwesenheit von Partikeln oder bestimmter chemischer Stoffe, für Verformungen und mechanische Kräfte usw. Alle Messungen und die nötigen Auswertungen müssen dabei vor Ort vorgenommen werden. Je weiter die Mission führt und je länger sie dauert, desto widerstandsfähiger gegen die belastenden Umweltbedingungen im Weltraum müssen die Sensoren sein. Natürlich kommt es auch hier auf Sensoren an, die so klein wie möglich sind. Deshalb sind zu entwickelnde Nanodetektoren bestens geeignet, weil zusätzlich zu den kleinen Abmessungen noch ein geringer Energieverbrauch zu erwarten ist.

Mit Nanotechnologie werden sich auch die bereits vorhandenen Mikromaschinen noch weiter verkleinern lassen. Die Wissenschaft erwartet, dass Nanomotoren, Nanopumpen und Nanogetriebe hergestellt werden können, mit gleichem Leistungsvermögen wie in der Mikromechanik. Erste wissenschaftliche Experimente haben gezeigt, dass sich beispielsweise die Rotation von Nanosystemen erfolgreich steuern lässt.

Neue Materialien werden ebenfalls für die nächsten Generationen von Raumfahrzeugen eine Rolle spielen. Dies schließt die bereits erwähnten Nanopartikel und Verbundwerkstoffe ein.

1.6.5 Nachhaltigkeit

Eine der Charakteristiken und Triebkräfte der Nanotechnologie ist die Bereitstellung und Entwicklung von industriellen Techniken und Produktionsprozessen, die die Umwelt kaum oder fast nicht belasten. Die industrielle Synthese von Nanosystemen wird auf der atomaren

1.6 Anwendungsspektrum

Ebene oder mindestens auf der Nanometerskala ablaufen. Folglich wird zum einen der Materialeinsatz bei der Realisierung von Nanosystemen minimal sein. Organische Lösungsmittel und andere gefährliche chemische Substanzen werden in immer geringerem Ausmaß benötigt und immer mehr Prozessschritte werden für bestimmte Anwendungen diese Lösungsmittel gar nicht mehr benötigen. Zum anderen hofft man, dass der Energieeinsatz bei der Herstellung von Nanosystemen wesentlich geringer ausfallen wird, als bei den heutigen makroskopischen Systemen. Da Nanosysteme sehr klein und leicht sind, ist zu erwarten, dass auch im Betrieb nur ein geringer Energiebedarf bestehen wird.

In der Chemieindustrie und in der Petrochemie wird sich der Einsatz molekularer Werkstoffe, z.B. in Katalysatoren, günstig auf die Umweltverträglichkeit der Prozesse auswirken, da dadurch insbesondere der Materialverbrauch sinken wird. Bei heterogenen Katalysatoren[9] finden die chemischen Reaktionen meist an einer Festkörperoberfläche statt. Deshalb ist es gewünscht, eine möglichst große Oberfläche pro Volumen und Gewicht zur Verfügung zu haben. Mit dem Einsatz von Nanopartikeln lässt sich die zur Verfügung stehende Reaktionsoberfläche stark vergrößern.

In der Praxis ist der Energiebedarf im Betrieb eines Systems von besonderer Bedeutung. Der Energieeinsatz für die Realisierung einer bestimmten Funktion mit einem geeigneten System nimmt nämlich mit dessen Größe rapide ab. Als Beispiel betrachten wir eine Scheibe, die auf eine gegebene Drehzahl gebracht werden soll. Wird der Durchmesser der Scheibe um den Faktor 10 verkleinert, reduziert dies den nötigen Energieaufwand um den Faktor 100.000. Deshalb ist man daran interessiert, jedes System so klein wie möglich auszuführen. Allerdings ist es immer noch nötig, Energiequellen zu entwickeln die an die kleinen Abmessungen von Nanosystemen angepasst sind. Man denke etwa nur an die Kontaktierungsprobleme bei einer Kleinstbatterie.

In der Sicherheitstechnik können mit Nanopartikeln verstärkte Kunststoffe wesentliche Vorteile bieten. Wenn solche Komponenten statt metallischer Werkstoffe beispielsweise in der Automobiltechnik eingesetzt werden, dann spart dies Gewicht und Energieeinsatz bei der Herstellung. Es ist darüber hinaus gezeigt worden, dass verstärkte Kunststoffe eine erhöhte Feuerfestigkeit aufweisen. Daher können diese Stoffe die Feuersicherheit beispielsweise in Gebäuden erhöhen.

Die aufwendige Steuerung von Nanodetektoren oder -maschinen erfordert in Intelligenz und Leistungsfähigkeit optimierte Rechner. So wird es ohne die gleichzeitige Miniaturisierung der Programmierung und der Informationsverarbeitung kaum möglich sein, mit Nanodetektoren sinnvoll zu arbeiten. Wenn aber viele verschiedene Detektoren in heute kaum vorstellbarer enger Nachbarschaft platziert werden können, um Ströme, Vibrationen, Verformungen u.Ä. zu messen, dann ermöglicht diese genaue Charakterisierung der Umwelt- und Betriebsbedingungen sehr schnelle Reaktionen auf kritische Veränderungen. So könnte man z.B. erfassen und melden, wenn die Karosserie eines Fahrzeugs zu rosten anfängt.

---

[9] Unter heterogenen Katalysatoren versteht man Katalysatoren, die sich in einer anderen Phase befinden als die Reaktanten, also z.B. ein *fester* Platindraht, der als Katalysator in einer *flüssigen* Wasserstoffperoxidlösung den gelösten Stoff in Sauerstoff und Wasserdampf zerlegt.

Nanotechnologien sind nachhaltige Techniken und damit günstig für den wirtschaftlichen Erfolg in den Feldern Forschung und Entwicklung sowie Vermarktung. Sie bieten neue Möglichkeiten für Energie-Einsparungen, reduzieren Umweltbelastungen in der Produktion oder Kosten im Gesundheitswesen usw.

Das Feld der Nanotechnologie ist nicht nur auf die Nanoelektronik beschränkt. Viele technische Disziplinen sind hier wichtig. Und das ist ohne Zweifel der wichtigste Aspekt, wie es Tim Harper, der Gründer der Firma CMO Cientifica betont:

„Ihre Entwicklung (die der Nanotechnologien) ist das Resultat gemeinsamer Anstrengungen und der Vereinheitlichung der wissenschaftlichen Disziplinen und ergibt sich aus dem Zusammenspiel unterschiedlicher wissenschaftlicher Gebiete, deren Stärken gebündelt werden, um komplexe Aufgaben zu lösen."

2 Die atomare Struktur und die Kohäsion

Partikel mit Abmessungen im Bereich von 1 bis 100 nm haben ganz spezielle physikalische und chemische Eigenschaften. Diese Nanopartikel sind in einem Zwischenzustand zwischen Festkörper und Einzelmolekül. Bei diesen Teilchen ist die Zahl der Oberflächenatome, N_S, nicht mehr wie üblich klein gegenüber der Atomzahl im Inneren des Partikels, N_{part}. Bei einem kugelförmigen Partikel, dessen Radius r Atomabstände beträgt, liegt das Verhältnis N_{part} / N_S etwa bei $3 / r$. Wenn r den Wert 50 annimmt, was einem Partikeldurchmesser von etwa 10 nm entspricht, dann besteht das Teilchen aus ca. 0,5 Millionen Atomen, von denen 6% an der Oberfläche zu finden sind. Unter diesen Bedingungen ist klar, dass die Oberflächenatome eine wichtige Rolle spielen müssen. Da mit bekannten oder in Entwicklung befindlichen Methoden Größe und Form von Nanopartikeln aktiv gestaltet werden können, lassen sich den Partikeln auch spezielle Eigenschaften mitgeben.

Für diese Besonderheiten der Nanopartikel sind die geringen Teilchengrößen verantwortlich. René-Just Haüy (französischer Mineraloge) hat bereits am Anfang des 19ten Jahrhunderts festgestellt, dass makroskopische Kristalle nichts anderes sind als eine räumlich periodische Anordnung von mikroskopischen Entitäten, die er als „integrierte Moleküle" bezeichnete. Die geometrische Form dieser integrierten Moleküle und die Art und Weise, wie diese auf den Kristallflächen angeordnet sind, bestimmt die Form der Kristalle. Heute wissen wir, dass es sich bei den „integrierten Molekülen" selbst wieder nur um Anordnungen von Atomen handelt. Die gesamte atomare Anordnung korreliert wiederum mit der Form des jeweiligen Kristalls. Jede kristallographische Ebene ist durch eine spezifische Anordnung der Atome in dieser Fläche gekennzeichnet. Diese Anordnung bestimmt die unterschiedlichen Eigenschaften von Kristallen, wie die Oberflächenspannung oder die chemische Reaktionsfähigkeit. Werden die Abmessungen der Kristalle systematisch verkleinert, dann entstehen im Nanometerbereich spezielle geometrische Strukturen: Nanoröhren, kompakte oder lockere Atomcluster, wie die Fullerene, oder spezielle, regelmäßige Polyeder.

In dieser Größenordnung dominieren Quanteneffekte, und diese hängen nicht nur von der atomaren Nahordnung der Atome ab, sondern auch von der Form und Größe des gesamten Nanopartikels, wie dies auch schon von den Molekülen her bekannt ist. Bereits 1967 haben Ino und Owaga festgestellt, dass sich Form und Struktur von Nanopartikeln von den kristallographischen Einheitszellen in Kristallen unterscheiden. Dies hängt mit dem verstärkten Einfluss der Oberflächen zusammen, die in (großen) Kristallen vernachlässigt werden können. Die Kräfte zwischen den Oberflächenatomen sind anders als im Volumen, und dies beeinflusst den Zusammenhalt der einzelnen Partikel.

Im kristallinen Zustand sind die Atompositionen streng genommen nicht fest. Thermische Anregung führt zu kollektiven Schwingungen der Atome um ihre Gleichgewichtslagen. Wenn man sich der Schmelztemperatur annähert, werden die Atombewegungen unkoordinierter und die Schwingungsamplituden wachsen, bis der Phasenübergang in den flüssigen Zustand stattfindet. Seit Pawlow (1907) wissen wir, dass die Schmelztemperatur von festen Körpern mit der Größe der Teilchen abnimmt. Diese Abnahme entsteht durch den zunehmenden Einfluss der Oberflächen über die Kohäsionskräfte zwischen den Partikeln. Folglich weichen Phasendiagramme von festen Stoffen von den Diagrammen ab, die für Materialien aufgenommen wurden, die aus Nanopartikeln bestehen. In bestimmten Fällen haben Nanopartikel keine kristallinen Strukturen, in anderen Fällen werden Phasen, die in Festkörpern nur metastabil sind, in Partikeln stabilisiert.

Wenn die Größe der Nanopartikel abnimmt, dann kann ihre Form fluktuieren, weil die innere Energie des Partikels bei verschiedenen Atomanordnungen lokale Minima annimmt. Zwischen diesen fast gleichwertigen Konfigurationen wechselt das System aufgrund der thermischen Bewegung hin und her. Auch die geringste Energiezufuhr, wie durch den Strahl eines Elektronenmikroskops, kann ausreichen, um Übergänge zwischen den metastabilen Konfigurationen auszulösen.

Für viele Anwendungen ist es wichtig, Partikel mit stabilen atomaren Strukturen zur Verfügung zu haben. So werden beispielsweise die elektronischen und optischen Eigenschaften von halbleitenden Nanopartikeln von der kristallinen Struktur und der äußeren Form der Teilchen mitbestimmt. Für die Nanoelektronik kommen daher nur Partikel in Frage, deren Form nicht fluktuiert. In bestimmten Fällen lässt sich die Struktur von Nanopartikeln durch Überziehen der Teilchenoberflächen mit organischen oder andersartigen Hilfsschichten festigen.

Formstabilität ist also eine wichtige Vorrausetzung für die weitere Entwicklung der Nanotechnologie. In diesem Kapitel werden deshalb zunächst die grundlegenden Eigenschaften von Festkörperoberflächen rekapituliert, damit wir dann leichter den Oberflächeneinfluss auf die Kohäsion der Nanoteilchen verstehen können.

Der Übergang aus der festen Phase in Nanopartikel bei der Verkleinerung erfolgt nicht abrupt. Um dies zu verdeutlichen, gehen wir zunächst näherungsweise von der Vorstellung aus, dass auch bei kleinsten Teilchen noch das thermodynamische Konzept der Oberflächenspannung verwendet werden kann. Dieser makroskopische Zugang zum Mikroskopischen (*top down*) erleichtert es, zu verstehen, welche Faktoren den Zusammenhalt von Nanopartikeln bestimmen, seien diese frei oder ummantelt, und welche Randbedingungen gelten, wenn die Partikel in einer festen Matrix eingebettet sind. Hier ist zu beachten, dass der thermodynamische Zugang nur bei sehr großen Partikeln mit vielen Atomen gerechtfertigt ist, aber nicht mehr gilt, wenn es sich um kleinere Teilchen handelt.

Da die Nanopartikel eine Zwischenform von Molekül und Festkörper darstellen, kann auch die aufbauende Sichtweise (*bottom-up*) angewendet werden, die bei Atomen ansetzt, um von dort zu Nanoteilchen zu gelangen. Dies wird uns zu den interessanten Eigenschaften der Atomcluster, Fullerene und Nanoröhren führen. Atomcluster können dabei unterschiedliche Strukturen bilden, wenn die Atomzahl zunimmt.

2.1 Oberflächen und Grenzflächen

Es ist charakteristisch für Nanoteilchen, dass es näherungsweise genauso viele Oberflächenatome wie Atome im Volumen des Teilchens gibt. Darum ist es für das Studium von Nanopartikeln wichtig, die grundlegenden theoretischen Konzepte für Oberflächen und Grenzflächen zu verstehen.

Auch wenn die Oberflächenphysik nicht gerade ein neues Gebiet darstellt, sind Oberflächeneigenschaften doch sehr wichtig, denn jeder feste oder flüssige Stoff steht über seine jeweilige Oberfläche in Kontakt mit der Umwelt. Grenzflächen verändern lokal die Eigenschaften der Materie und jeder Austausch mit der Umwelt findet über Oberflächen statt. Daraus resultiert das große Interesse am Verhalten von Oberflächen und Grenzflächen in vielen technischen und wissenschaftlichen Gebieten, wie in der Elektronik, in der heterogenen Katalyse, bei der Entwicklung von Reinigungsmitteln, bei der der Erforschung der Korrosion, der Fotografie, bei der Entwicklung von Schmiermitteln und in der Biologie. Mit den Nanotechnologien fand das Gebiet der Oberflächenphysik zusätzlich neues Interesse.

Von Anfang an haben wir darauf verwiesen, dass die Zahl der Oberflächenatome bei Nanoteilchen einen wesentlichen Teil der Gesamtzahl der Atome im Partikel darstellt. Die auf das Volumen des Partikels normierte spezifische Oberfläche ist daher groß. Das Wachstum von Partikeln beginnt mit einigen wenigen Atomen, die ggf. selbst auf einer Oberfläche sitzen. Deshalb nutzen Verfahren zur Züchtung von Nanoteilchen selbst wieder Oberflächeneffekte aus.

Nanoteilchen treten selten in isolierter Form auf, sondern sind in mehr oder weniger engem Kontakt mit ihrer Umwelt, d.h. wieder über Oberflächen- und Grenzflächenphänomene. Schließlich sind auch diese Wechselwirkungen für viele der physikalischen und chemischen Eigenschaften der Partikel verantwortlich.

2.1.1 Die Oberflächenspannung

Ein grundlegendes Konzept in der Oberflächenphysik ist die Oberflächenspannung, die auch als Freie Energie der Oberfläche, γ, bezeichnet wird. Die interatomaren chemischen Bindungen sind an der Oberfläche im Vergleich zum Volumen verändert, entweder geschwächt oder verstärkt, unterbrochen oder längerreichweitig etc. Das Ergebnis ist in der Regel eine Erhöhung der mittleren Energie der Oberflächenatome. Als Oberflächenspannung wird der Energieaufwand bezeichnet, der pro Flächeneinheit A bei gegebener Temperatur T geleistet werden muss, um die Oberfläche zu vergrößern. Dabei werden das Volumen des Körpers V und das chemische Potential des Stoffes μ konstant gehalten:

$$\gamma = \left(\frac{\partial H}{\partial A}\right)_{T,V,\mu},\qquad(2.1)$$

hier bezeichnet H die Helmholtzsche Freie Energie.[10]

Man kann die Oberflächenspannung auch über die Arbeit definieren, die für eine bestimmte Oberflächenvergrößerung zu leisten ist. Ihre Dimension ist die gleiche wie die von H, nämlich Kraft pro Länge. Beide Definitionen können gleichwertig nebeneinander verwendet werden.

In erster Näherung ist die Oberflächenspannung proportional zur Zahl der abgeschnittenen chemischen Bindungen pro Atom aufgrund von fehlenden Nachbarn oberhalb der Oberfläche, multipliziert mit der Atomzahl pro Flächeneinheit. Bei kristallinen Festkörpern ist diese Größe abhängig von der kristallographischen Fläche, die betrachtet wird. Deshalb hängt bei Kristallen die Oberflächenspannung auch von der Orientierung der Oberfläche ab.

Um eine Oberfläche zu schaffen, muss Arbeit aufgewendet werden. Werden zwei Bereiche eines Körpers mit der Querschnittsfläche A getrennt, so entstehen zwei Körper aus dem gleichen Stoff mit der zusätzlichen Oberfläche $2A$. Die Arbeit ist gegen die Kohäsionskräfte zu leisten und heißt deshalb Kohäsionsarbeit, W_c:

$$W_c = 2\gamma.\qquad(2.2)$$

Werden zwei Körper aus verschiedenen Materialien A und B getrennt, dann ist Arbeit gegen die Adhäsionskräfte aufzubringen. Die Adhäsionsarbeit ist durch

$$W_{ad}(AB) = \gamma_A + \gamma_B - \gamma_{AB}\qquad(2.3)$$

gegeben. γ_A, γ_A und γ_{AB} sind die Oberflächenspannungen der Stoffe A und B bzw. die Grenzflächenspannung an der Berührungsfläche der beiden Stoffe im ungetrennten System.

2.1.2 Kristallstruktur

Die Oberflächenspannung in einem kristallinen Festkörper variiert mit der Orientierung der Oberfläche. Diese Anisotropie führt beispielsweise dazu, dass die Gestalt eines Kristalls im Gleichgewicht von den Oberflächenspannungen der verschiedenen Kristallflächen bestimmt wird. Die äußere Form von festen Körpern ist für die Nanotechnologie sehr wichtig. Die energetische Abhängigkeit der Kristallformen kann mit Hilfe der γ-Darstellung untersucht werden:

---

[10] Die Dimension der freien Enthalpie ist Energie pro Fläche, was in die Dimension Kraft pro Länge umgerechnet werden kann. Energie und Arbeit haben die gleiche Dimension, wobei die Arbeit auch die Dimension Kraft mal Länge aufweist.

2.1 Oberflächen und Grenzflächen

Dazu wählt man einen Nullpunkt, O, und zeichnet Vektoren $\mathbf{n}$ in Kugelkoordinaten, die zur jeweiligen Kristalloberfläche führen und senkrecht zu dieser stehen. Die Orientierung dieser Flächennormalenvektoren ist durch die Winkel θ und φ gegeben. Die Länge des Vektors $\mathbf{n}$ entspricht der Oberflächenenergie der Fläche $\gamma(\mathbf{n})$. Wenn diese Auftragung eine Kugel ergibt, dann ist die Oberflächenspannung eine isotrope Größe. Abweichungen von der Kugelsymmetrie zeigen die Orientierungsabhängigkeit der Oberflächenenergie und damit deren Anisotropie. $\gamma(\mathbf{n})$ besitzt Minima an den Stellen $\mathbf{n}_o$, die zu Kristallflächen mit dichtester Besetzung gehören. Die Flächen, die zu Vektoren $\mathbf{n}$ gehören, die in der Umgebung von $\mathbf{n}_o$ liegen, sind in aufeinanderfolgende Stufen und Plateaus gegliedert. Wenn der Energiezuwachs pro Einheitslänge längs einer Stufe mit β bezeichnet wird, erhalten wir in der Umgebung von $\mathbf{n}_o$ die lineare Energiebeziehung

$$\gamma(n) = \gamma(n_0) + \frac{\beta|\theta|}{d}. \tag{2.4}$$

Hier ist θ der Winkel zwischen $\mathbf{n}$ und $\mathbf{n}_o$, d bezeichnet den Abstand zwischen den Ebenen längs $\mathbf{n}_o$. $|\theta|/d$ gibt die Dichte der Stufen an. Da wir hier den Betrag von θ betrachten müssen, hat die Ableitung von $\gamma(\mathbf{n})$ nach θ bei $\theta = 0$ eine Sprungstelle. Die γ-Darstellung zeigt den Wechsel des Vorzeichens der Steigung am Punkt $\mathbf{n}_o$ (siehe Bild 2.1).

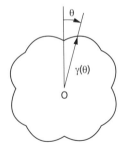

Bild 2.1 Beispiel einer γ-Darstellung

Für einen Kristall mit festem Volumen V und der Oberfläche S ist die stabile Form dadurch gekennzeichnet, dass sie auf die minimale Oberflächenenergie F_s führt. F_s ist durch das Flächenintegral

$$F_S = \iint \gamma(n) dS \tag{2.5}$$

gegeben, das bei konstantem Volumen durch eine Variationsrechnung auszuwerten ist.

Wenn γ isotrop ist, folgt aus Symmetriegründen, dass dann die Form kugelsymmetrisch ausfallen muss. Ist γ anisotrop, dann ist die Oberfläche keine Kugel, sondern hat die Gestalt eines Polyeders. Die genaue Form kann mit einer *Wulff-Konstruktion* ermittelt werden. Ein Beispiel in zwei Dimensionen zeigt Bild 2.2.

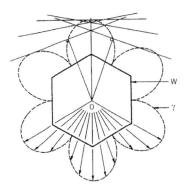

Bild 2.2 Beispiel einer Wulff-Konstruktion, das zeigt, wie in zwei Dimensionen die Kristallstruktur aus einer γ-Darstellung ermittelt werden kann.[11]

Wenn die Temperatur steigt, dann werden die Spitzen der γ-Darstellung wegen der Wärmebewegung der Gitteratome abgerundet. Die Wulff-Konstruktion wird dann weniger eckig und die minimale Oberfläche kann Unebenheiten zeigen.

Wulff-Konstruktionen kann man nicht nur für ausgedehnte Kristalle durchführen, sondern auch gut auf mikroskopische Strukturen anwenden, bis hinunter in den Nanometerbereich.

2.1.3 Tropfen und Kontaktwinkel

Häufig liegen Kristalle nicht in isolierter Form vor, sondern sind an der Oberfläche eines Substrats (Trägermaterial) abgeschieden worden. In diesen Fällen hängt der Winkel θ (Kontaktwinkel) zwischen den Kristalloberflächen und dem Substrat von den unterschiedlichen Oberflächenspannungen der beiden beteiligten Stoffe ab (Bild 2.3).

Die Beziehung zwischen θ und den Oberflächenspannungen der beiden Materialien[12] stellt die *Young-Gleichung* her:

$$\gamma_A = \gamma_{AB} + \gamma_B \cos\theta . \tag{2.6}$$

---

[11] Die äußere Kurve entspricht jeweils der Grenzflächenenergie γ in Abhängigkeit des Winkels θ. Die Senkrechten an die Radiusvektoren stellen mögliche Oberflächenorientierungen dar. Tatsächlich werden nur die Orientierungen niedrigster Energie angenommen, weshalb die Gleichgewichtsorientierung der Oberflächen durch die innere Kurve (Sechseck) gegeben ist. Die Konstruktion zeigt im oberen Bereich verschiedene instabile Oberflächenorientierungen mit zu hoher Energie. Die Energie der Oberfläche im Gleichgewicht W wird mit Oberflächen erreicht, die parallel zu den Seiten des innen liegenden Sechsecks orientiert sind. Die Seiten stehen senkrecht zu den spitzenförmigen Minima der γ-Kurve. Man spricht hier von einer facettierten Oberfläche.

[12] Hier wird eine Flüssigkeit auf fester Unterlage betrachtet.

2.1 Oberflächen und Grenzflächen

γ_A, γ_B und γ_{AB} bezeichnen wie in Abschnitt 2.2 die Oberflächenspannungen von Substrat und abgeschiedener Substanz bzw. die Grenzflächenspannung an der Berührungsfläche.

Wenn θ von null verschieden ist, bildet sich ein Tropfen. Bei $\theta = 0$ hingegen entsteht eine monomolekulare Schicht auf dem Substrat.

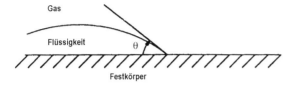

Bild 2.3 Kontaktwinkel bei einem Tropfen.

Um zu quantifizieren, wie sich der aufgebrachte Stoff auf dem Substrat verteilt (*Benetzung*), definiert man den Benetzungskoeffizienten σ:

$$\begin{aligned}\sigma_{AB} &= \gamma_A - \gamma_B - \gamma_{AB} = \gamma_A(1+\cos\theta) \\ \sigma_{AB} &= W_{ad}(AB) - W_c(A)\end{aligned} \qquad (2.7)$$

Wenn $\sigma_{AB} > 0$ gilt, dann breitet sich die Substanz A vollständig über das Substrat aus und benetzt dessen Oberfläche völlig, während bei $\sigma_{AB} < 0$ sich ein Tropfen auf dem Substrat bildet.

2.1.4 Schichtwachstum auf einem Trägermaterial

In der Nanotechnologie benutzen viele Prozesstechniken das Schichtwachstum auf Substraten. Die ersten Untersuchungen solcher Wachstumsvorgänge fanden bereits 1920 statt und seitdem stehen diese Prozesse ständig im Fokus von Technik und Forschung. Das Aufkommen der Nanotechnologie hat das Interesse zusätzlich verstärkt.

Werden Atome auf ein Substrat gebracht, dann bilden sie einen Film auf der Substratoberfläche. Es gibt verschiedene Mechanismen des Filmwachstums, die nach ihren Entdeckern benannt sind (Bild 2.4): Das Wachstum

1. nach *Volmer und Weber* (in Inseln),
2. nach *Frank van der Merwe* (in Schichten)
3. und nach *Stranski-Krastanow*.

Beim Wachstum nach Volmer und Weber beginnt die Schichtbildung an einzelnen lokalisierten Nukleationszentren, an denen sich die Atome des aufzubringenden Stoffes zusammenlagern. Diese Inseln wachsen, wobei die Atome innerhalb der Inseln viel stärker miteinander verkoppelt sind als mit den Substratatomen. Dieser Mechanismus ist bei vielen metallischen Schichten auf isolierenden Substraten zu beobachten, wie z. B. bei Graphit auf Glimmer.

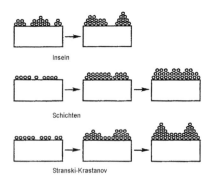

Bild 2.4 Wachstumsmechanismen von dünnen Schichten auf Substraten

Sind die Wechselwirkungen zwischen den Substratatomen und den aufgebrachten Atomen wesentlich stärker als die Kopplungen der abgeschiedenen Atome untereinander, haben wir es mit dem Frank-van-der-Merwe-Wachstum zu tun. Hierbei bildet sich Schicht auf Schicht auf der Unterlage. Diese Wachstumsprozesse beobachten wir insbesondere beim epitaktischen Wachstum von Halbleiterschichten auf isolierenden oder halbleitenden Substraten.

Der dritte Wachstumsmechanismus nach Stranski-Krastanow liegt zwischen den beiden vorher diskutierten Formen. Nachdem eine monomolekulare Schicht das gesamte Substrat überzogen hat, ändert sich die Dimensionalität des Wachstums von zweidimensional nach dreidimensional und es bilden sich zusätzlich Inselstrukturen aus. Dieser Übergang entsteht als Folge von Einschränkungen des epitaxialen Wachstums der ersten Schichten auf dem Substrat, die Versetzungen und andere Störungen zwischen einzelnen Bereichen der Schicht bewirken. Diese Störungen akkumulieren, bis sich durch eine Ausdehnung in die dritte Dimension die Zwänge lösen und inselartige Ausbuchtungen in der Schicht bilden. Diese Wachstumsweise wird sehr häufig beobachtet, insbesondere beim Aufwachsen von metallischen Schichten auf halbleitenden oder metallischen Unterlagen.

Diese Wachstumsmechanismen sind für die Produktion von Nanopartikeln und anderen Nanosystemen extrem wichtig und spielen eine große Rolle bei der Zusammenlagerung von Atomen zu regelmäßigen Strukturen, wie beispielsweise zu Nanofasern.

2.1.5 Adhäsion

In atomaren Größenordnungen spielt, wie bereits im vorherigen Abschnitt ausgeführt, die interatomare Wechselwirkung eine wichtige Rolle. Sobald aber die Atome einige Atomdurchmesser weit von einander entfernt sind, treten weitere Effekte auf, die zum Aneinanderhaften, also der Adhäsion, von nanoskopischen Körpern führen. Für die hier relevanten

2.1 Oberflächen und Grenzflächen

immer noch sehr kleinen Abstände sind die Adhäsionskräfte stärker als die Schwerkraft. Bei Submikrometerabständen treten zwei Wechselwirkungen auf, die die interatomaren Kräfte überlagern: Van-der-Waals-Kräfte und der Casimir-Effekt.

Van-der-Waals-Kräfte

Die Kopplung eines Festkörpers an einen anderen (oder an eine Flüssigkeit) resultiert aus interatomaren Kräften[13].

Das anziehende Potential der Van-der-Waals-Wechselwirkung ist durch die Gleichung

$$\varepsilon = -\frac{C}{r^6} \tag{2.8}$$

gegeben. Hier ist C eine positive Konstante und r der interatomare Abstand.

Die Anziehungskraft zwischen zwei Flächen im Abstand x ergibt sich aus den aufsummierten interatomaren Van-der-Waals-Kräften:

$$\varepsilon_{Fl-Fl} = \frac{-\pi n^2 C}{12 x^2} = -\frac{H}{12\pi x^2}. \tag{2.9}$$

Die Dichte der Atome ist hier mit n bezeichnet und H ist die Hamakersche Konstante. Für Festkörperflächen liegt H im Bereich 10^{-19} J mit Luft im Zwischenraum und bei 10^{-20} J für ein flüssiges Zwischenmedium.

Die Anziehungskraft $F(x)$ folgt aus dem Potential ε durch Ableitung nach dem Flächenabstand x:

$$F(x) = \frac{H}{6\pi x^3}. \tag{2.10}$$

Der genaue Wert von $F(x)$ hängt im Einzelnen noch von der Form der beteiligten Flächen ab. Einige Beispiele sind in Tabelle 2.1 aufgeführt. Van-der-Waals-Kräfte haben zwischen Körpern nur dann einen wesentlichen Einfluss, wenn die Abstände kleiner als etwa 10 nm sind.

---

[13] Diese Kräfte resultieren aus der Coulomb-Kraft zwischen geladenen Körpern. Bei einzelnen Atomen sind dies die Elektronen in der Hülle und die Protonen im Kern. Zwischen verschiedenen Atomen sind nur die negativen Ladungswolken der Hüllen interessant, die sich gegenseitig polarisieren (anziehende Wechselwirkung) und gleichzeitig aufgrund des gleichen Vorzeichens der Ladungen und des Paulischen Ausschließungsprinzips der Elektronenzustände abstoßen. Die Bindungsenergie bei der Van-der-Waals-Anziehung kann mit Hilfe des Lennard-Jones-Potentials berechnet werden (siehe Gleichung 2.32). Der abstoßende Teil der Van-der-Waals Kraft skaliert mit dem Abstand r gemäß r^{-12} und wird deshalb erst bei extrem kleinen Abständen wichtig. Bei nanometrischen Distanzen dominiert der anziehende Beitrag (siehe Gl. 2.8).

Tabelle 2.1: Van-der-Waals-Kräfte zwischen Körpern verschiedener Geometrien

Zwei ausgedehnte Platten mit unendlicher Dicke $d = \infty$	$-H/12\pi x^2$
Zwei ausgedehnte Platten mit Dicke d	$-(H/12\pi)[x^{-2} + (x + 2d)^{-2} - 2\cdot(x + 2d)^{-2}]$
Zwei Kugeln mit Radius r und Mittelpunktabstand $R = s \cdot r$.	$-(H/6)[2\cdot(s^2-4)^{-1}2\cdot s^{-2} + \ln(s^2-4)\,x - \ln s^2]$

Casimir-Effekt

Dieser Effekt, der zusätzlich die Anziehung von dicht benachbarten Körpern beeinflussen kann, entsteht durch die Quantisierung des elektrischen Feldes. In der Quantenelektrodynamik wird gezeigt, dass in jedem Zustand eines Strahlungsfeldes die zugehörigen Energieniveaus den gleichen energetischen Abstand aufweisen, genau wie beim quantenmechanischen harmonischen Oszillator. Jedes Niveau ist mit einer bestimmten Zahl von Energiequanten (Photonen) besetzt. Die quantentheoretische Behandlung des elektromagnetischen Feldes zeigt, dass das niedrigste Energieniveau, das zum Grundzustand gehört, einen von Null verschiedenen endlichen Wert aufweist, genau wie beim quantenmechanischen harmonischen Oszillator. Das elektromagnetische Feld im unbegrenzten Vakuum kann eine unendliche Zahl von unterschiedlichen (quantisierten) Schwingungszuständen annehmen. Wenn zwei perfekt elektrisch leitende Platten das Feld begrenzen, können nur bestimmte Zustände existieren, die longitudinalen Wellen mit Knoten an den Plattenoberflächen entsprechen. Die unterschiedlichen Bedingungen im Zwischenraum und außerhalb der Platten führen im Ergebnis dazu, dass der Grundzustand des Gesamtfeldes gegenüber dem Vakuum ohne Platten verändert wird: Die potentielle Energie wird abgesenkt, wenn sich beide Platten nähern. Dies kann als Anziehungskraft zwischen beiden Platten aufgefasst werden.

Diese Casimir-Kraft ist proportional zur Plattenfläche. Pro Flächeneinheit wirkt bei zwei unendlich ausgedehnten Platten im Abstand x die Kraft pro Fläche, also der Druck P,

$$P = \frac{\pi^2 \cdot \hbar \cdot c}{240 \cdot x^4}. \tag{2.11}$$

Bei $x = 10$ nm misst man bereits $P = 1{,}25$ atm! Es handelt sich bei Nanometerabständen also um einen starken Effekt! Sind die Platten keine perfekten Leiter, dann ist dies in der Gl. 2.11 durch einen Faktor zu berücksichtigen, der von der Dielektrizitätskonstanten des Plattenmaterials abhängt.

2.1.6 Die Adhäsionsarbeit

Wir haben die Adhäsionsarbeit zwischen zwei Oberflächen bereits im Zusammenhang mit Gleichung (2.3) eingeführt, indem wir die Oberflächenspannungen der beteiligen Flächen zugrunde legten. Die Adhäsionsarbeit hängt aber auch von den Anziehungskräften zwischen den beteiligten Oberflächen ab.

Über die Adhäsionsarbeit lassen sich der Nah- und der Fernbereich unterscheiden, wo sich die Flächen berühren bzw. separiert sind. Die Arbeit zur Trennung ist auf sehr kurzen Distanzen zu leisten. Bei der Van-der-Waals-Wechselwirkung sind 99% der Arbeit nötig, um die beiden betrachteten Flächen nur einen 1 nm auseinander zu bringen. Für andere Wechselwirkungen, wie die Ionenbindung oder die kovalente Bindung zwischen Atomen sind die relevanten Längen noch kürzer. Weil nur so kurze Distanzen interessant sind, kann aus der genauen Form der Anziehungskraft kaum ein sinnvoller Vergleich zwischen verschiedenen Wechselwirkungen gezogen werden. Da die Anziehungskräfte alle mit einer Potenz des Abstands im Nenner skalieren, kommt es zu Instabilitäten und es sind dann kaum präzise Messungen möglich.

Es gibt verschiedene Methoden, um aus der Adhäsionsarbeit die mechanische Energie zu ermitteln, die nötig ist, um zwei Oberflächen zu trennen. Bei zwei gleichen Kugeln mit dem Durchmesser D ist bei gegebener Adhäsionsarbeit W die Kraft

$$F = k \cdot W \cdot D \qquad (2.12)$$

zur Trennung nötig. Hier ist k eine Konstante, die nahe am Wert 1 liegt. Bei den beiden Kugeln gilt $k = 3\pi/8$. Die Beziehung (2.12) stellt einen nützlichen Zusammenhang zwischen der mechanischen Betrachtung (über die Kraft F) und der chemischen Beschreibung (über die Arbeit W) her. Mit den gleichen Methoden können wir die Haftkräfte für aneinanderklebende Körper mit anderen Geometrien bestimmen.

Der Zusammenhang zwischen der Adhäsionsarbeit W und der Kraft zur Trennung der Oberflächen hilft beim Verständnis verschiedener Effekte, wie z.B. der Eigenschaften von Klebstoffen. Wenn beispielsweise eine flüssige Schicht gleichmäßig auf einer Oberfläche verteilt ist, dann bestimmt die Oberflächenspannung γ die Arbeit W und folglich F. Wenn die Flüssigkeit die Oberfläche benetzt, dann ist Oberflächenspannung γ gering und folglich W und damit F klein. Benetzt die Flüssigkeit die Oberfläche nicht, dann sind γ und die Haftkraft größer.

Diese Effekte sind für Mikro- und Nanosysteme gleich wichtig, weil hier die Gravitation gegenüber den Haftkräften vernachlässigbar ist. Bei Nano-Maschinen führt dies beispielsweise dazu, dass es u. U. sehr schwierig sein kann, zwei anfänglich in Kontakt befindliche bewegliche Oberflächen zu trennen!

2.2 Thermodynamik von Nanopartikeln

Wenn man die bemerkenswerten Eigenschaften von Nanosystemen verstehen will, dann ist der einfachste Zugang herauszufinden, wie die Systemeigenschaften von Größe und Form abhängen. Historisch gesehen wurden dementsprechend ausgedehnte Festköper immer mehr verkleinert und so der Übergang zu Nanopartikeln realisiert (*top down*). Der Vorteil dieser Methodik liegt darin, dass man von wohletablierten Begrifflichkeiten aus starten kann, nämlich von thermodynamischen Betrachtungsweisen. Die Thermodynamik bietet außer der relativ einfachen Theorie den Vorteil, dass sich wichtige Effekte beim Verkleinern der Partikel an Veränderungen des Phasendiagramms erkennen lassen. Auch die Einflüsse von Form, kristallographischen Fehlstellen und von Zwangsbedingungen, denen die Partikel unterliegen, werden in diesen Diagrammen sichtbar.

2.2.1 Die thermodynamische Beschreibung

Entscheidend für die Anwendbarkeit der thermodynamischen Beschreibung ist Größe des Systems. Die Frage ist also, ob genügend viele Atome beteiligt sind, die Zahl der Atome N groß genug ist (idealerweise strebt N gegen ∞). Was bedeutet nun groß genug?

Betrachten wir einen Würfel mit der Kantenlänge L und einer Atomdichte N pro Einheitsvolumen. Die relativen Temperaturfluktuationen in einem endlichen System sind durch $\partial T/T \approx (N \cdot L^3)^{-\frac{1}{2}}$ oder $L \approx \left(\frac{\partial T}{T}\right)^{-\frac{2}{3}} \cdot N^{-\frac{1}{3}}$ gegeben.[14] Nehmen wir an, die Temperatur sei überall fast gleich und deshalb sei die Temperaturschwankung $\partial T/T < 10^{-3}$. Dann erhalten wir für Flüssigkeiten und Festkörper, bei denen wir es typischerweise mit Teilchenzahlen von $N \approx 10^{23}$ zu tun haben, typische Abmessung L von etwa 20 nm. Ab solchen Größen kann die thermodynamische Beschreibung sinnvoll sein.

2.2.2 Die Definition der Temperatur

In der thermodynamischen Beschreibung makroskopischer Systeme ist die Temperatur der grundlegende Parameter. Es ist daher nützlich, die fundamentale Frage nach der Bedeutung des Begriffs „Temperatur" zu stellen. Bei den üblichen makroskopischen Systemen ist es leicht, eine lokale Temperatur zu definieren. Aber wie groß sind die Bereiche, für die sinnvollerweise eine lokale Temperatur eingeführt werden kann? Es gibt drei Möglichkeiten, eine lokale Temperatur zu definieren.

Die erste Methode wird in der molekularen Dynamik verwendet. Dabei handelt es sich um ein Simulationsverfahren zur Berechnung thermodynamischer Größen, bei dem die Position und Geschwindigkeit jedes Atoms im betrachteten System zu jedem Zeitpunkt berechnet werden. Aus diesen Größen können wir die mittlere kinetische Energie E_{kin} ermitteln. Damit diese zeitliche Mittelwertbildung auf eine echte thermodynamische Größe führt, muss sehr lange gemittelt werden. Bei der molekularen Dynamik wird die klassische Newtonsche Mechanik zugrunde gelegt. Aus der mittleren kinetischen Energie kann nach der kinetischen Gastheorie (siehe Tabelle 1.2) sofort die Temperatur berechnet werden:

---

[14] In einem unendlich ausgedehnten System mit unendlich vielen Teilchen ist im thermodynamischen Gleichgewicht die Temperatur als intensive Größe überall gleich.

2.2 Thermodynamik von Nanopartikeln

$$<E_{kin}> = \frac{1}{2} <m \cdot v_i^2> = \frac{3k_B T}{2} \qquad (2.13)$$

Hier wird die Temperatur offensichtlich auf atomarer Ebene (für das Atom i) definiert. Dieser Ansatz bezieht aber die gerade im atomaren Bereich wichtigen Quanteneffekte nicht mit ein.

Dies tut der zweite Ansatz zur Festlegung einer lokalen Temperaturskala. Die kollektive Bewegung der Atome im System wird mit Hilfe der quantisierten Schwingungsamplituden der Atome, den *Phononen*, erfasst. Die Phononen sind quantenmechanische Quasiteilchen und werden anhand des Schwingungszustands $\omega(q, p)$ charakterisiert, für den der Wellenvektor q und die Polarisation p gute Quantenzahlen sind. Mit den Methoden der Quantenstatistik kann die mittlere kinetische Energie bei einer gegebenen Temperatur berechnet werden. Man erhält

$$\frac{1}{2} <m \cdot v_i^2> = \sum \frac{\hbar \omega(q)}{\left(\exp\left[\frac{\hbar \omega(q)}{k_B T} \right] - 1 \right)} . \qquad (2.14)$$

Bei hohen Temperaturen bis dicht oberhalb der Debye-Temperatur liefern die klassische und die quantenmechanische Theorie die gleichen Ergebnisse. An der Debye-Temperatur und darunter führen die beiden Definitionen (2.13 und 2.14) zu abweichenden Temperaturwerten.

Der dritte Ansatz für eine brauchbare Temperaturdefinition verwendet den quantenmechanischen Zugang, zieht aber die Schwingungsenergie am absoluten Temperaturnullpunkt ab. Die vorangegangen Betrachtungen bleiben dabei gültig.

Welche der drei Definitionen ist nun die relevante? Dies hängt davon ab, wie groß das Volumen gewählt wird, für das die lokale Temperatur gesucht ist. Beim ersten Ansatz, dem klassischen, ist T eine extrem lokale Größe und im Volumen auf ein Atom oder eine Gruppe von wenigen Atomen begrenzt.

In den quantenmechanischen Definitionen von T wird die Längenskala von der mittleren freien Weglänge l_{ph} der Phononen bestimmt. Bei Raumtemperatur beträgt die freie Weglänge in elektrisch isolierenden Materialien einige nm (2,3 nm bei NaCl, 4 nm in Quarz). Ist die Temperatur in zwei Bereichen (Domänen) unterschiedlich, dann weichen auch die Phononen-Verteilungen voneinander ab. Also ist eine sinnvolle Definition für den Raumbereich, in dem lokal eine einheitliche Temperatur definiert werden kann, durch die Abmessungen bestimmt, in denen eine einheitliche Phononen-Verteilungen vorliegt. Also müssen diese Abmessungen größer sein als die mittlere freie Weglänge l_{ph}. Die Weglänge hängt wiederum von der Frequenz der betrachteten Phononen ab. l_{ph} ist für niederfrequente Schwingungsquanten größer als für hochfrequente. Bei hohen Temperaturen können wir für Phononen das Konzept einer mittleren freien Weglänge sinnvoll verwenden. Dann ist der Temperaturwert T nicht mehr nur für ein Atom oder ein Cluster von Atomen lokal definiert.

Bei Raumtemperatur liegt die freie Weglänge für die meisten Materialien im Bereich von einigen nm. Folglich ist dann auch die lokale Temperatur T in Volumina mit diesen Abmessungen definiert.

2.2.3 Die Energie von Nanoteilchen

Die thermodynamische Beschreibung der Nanopartikel beruht auf der Auswertung ihrer Freien Energie $G(T)$. Wenn N die Zahl die Atome angibt, die das betrachtete Partikel bilden, dann muss N hinreichend groß[15] sein, damit sich die thermodynamische Betrachtung anwenden lässt. Vereinfachend gehen wir davon aus, dass die Oberfläche des Teilchens eine einheitliche Oberflächenspannung aufweist. Bei einer festen Temperatur ist die Freie Energie nach Gibbs durch die folgende Gleichung gegeben

$$N \cdot G = N \cdot G_\infty + f \cdot N^{\frac{2}{3}} \cdot \gamma \,. \tag{2.15}$$

Hier ist f ein geometrieabhängiger Faktor, der von der Form des Partikels abhängt. Das Produkt $f \cdot N^{2/3}$ gibt die Zahl der Atome in der Oberfläche an. γ ist die Oberflächenspannung pro Atom, die sich aus der Division der gesamten Oberflächenspannung durch die Zahl der Oberflächenatome ergibt. Bei den meisten anorganischen Stoffen ist γ fast nicht von der Temperatur T abhängig. G und G_∞ sind die freien, auf das Atom bezogenen Energien pro Volumen für Partikel bzw. für unendlich ausgedehnte Systeme in einer bestimmten Phase.

Eine Phase ist gegenüber einer anderen stabil, wenn sie zu einem Minimum der freien Energie führt. Seien G_i, $G_{i\infty}$ und γ_i die spezifischen freien Energien bzw. die Oberflächenspannung in einer Phase i. Dann besteht zwischen zwei Phasen genau dann ein Gleichgewicht, wenn die Beziehung

$$N \cdot (G_1 - G_2) = N \cdot (G_{1\infty} - G_{2\infty}) + f \cdot N^{\frac{2}{3}} \cdot (\gamma_1 - \gamma_2) \tag{2.16}$$

erfüllt ist.

Ein Phasenübergang findet nur dann statt, wenn $(G_1 - G_2) = 0$ erfüllt ist. Thermodynamisch stabil wird beim Phasenübergang die Phase, die die kleinere Freie Energie aufweist. Phase 1 wird also für $G_1 < G_2$ realisiert. Da bei Nanopartikeln die (fast temperaturunabhängige) Oberflächenspannung eingeht, ist klar, dass die Übergangstemperaturen von Partikeln und thermodynamischen Systemen nicht übereinstimmen können. Die konkrete Lage des Phasenübergangs für Teilchen hängt dabei zusätzlich von den Partikelgrößen ab.

---

[15] Im Prinzip sogar unendlich groß!

2.2.4 Das Schmelzen von sphärischen Nanoteilchen

Unter den verschiedenen Phasenumwandlungen ist der Schmelzvorgang der bekannteste. Bei anorganischen Stoffen liegt der Schmelzpunkt T_m in der Regel deutlich oberhalb der Debye-Temperatur[16] des Festkörpers. Deshalb ist die spezifische Wärme des festen Stoffes im Bereich der Schmelztemperatur fest und es gilt:

$$(G_{l\infty} - G_{c\infty}) = C - B \cdot T \qquad (2.17)$$

wobei B und C materialspezifische Konstanten sind und die Indizes l und c sich auf die flüssige und feste Phase beziehen.

Wie erwähnt zeigt die Oberflächenspannung bei den meisten anorganischen Stoffen keine ausgeprägte Temperaturabhängigkeit. Unter diesen Bedingungen variiert die Schmelztemperatur eines kugeligen Nanoteilchens mit dessen Radius

$$T_m = T_{m\infty} + \frac{f \cdot (\gamma_l - \gamma_c)}{B \cdot N^{\frac{1}{3}}} = T_{m\infty}\left[1 - \frac{\alpha}{2R}\right]. \qquad (2.18)$$

Hier ist $T_{m\infty}$ die Schmelztemperatur des betrachteten Stoffes. Die reziproke Abhängigkeit der Schmelztemperatur vom Teilchendurchmesser ($T_m \sim R^{-1}$) zeigt sich experimentell bei Metallen und Halbleitern. Bei anorganischen Stoffen ist die Konstante α positiv und im Bereich zwischen 0,4 und 3,3 nm. Die Tabelle 2.2 gibt konkrete Werte an.

Es wurden verschiedene Modelle vorgeschlagen, aus denen Formeln für α abgeleitet werden können. Das bekannteste ist das von Pawlow (1909), das von Hanszen 1960 unter aktuellen Gesichtspunkten erneut aufgestellt wurde. Es führt auf

$$\alpha = \frac{4V_s\left[\gamma_{sv} - \gamma_{lv}\left(\frac{\rho_s}{\rho_l}\right)^{\frac{2}{3}}\right]}{H_m \cdot R}. \qquad (2.19)$$

Hier bezeichnet V_s das molare Volumen des betrachteten Stoffes, γ und ρ stehen für die flächenspezifische Oberflächenspannung bzw. für das spezifische Gewicht des Stoffes. Die Indizes s, l und v kennzeichnen Größen in der festen, flüssigen und in der Dampfphase. H_m ist die molare Enthalpie beim Schmelzen.

---

[16] Die Debye-Temperatur ist eine wichtige Materialgröße, die in die Debye-Formel für die spezifische Wärme von festen Körpern eingeht. Diese Temperatur kann aus der Zahl der Freiheitsgrade eines Kristalls mit N Elementarzellen und r Atomen pro Zellen ($3N \cdot r$) berechnet werden und liegt bei Kupfer etwa bei 345 K, also wie behauptet deutlich unter der Schmelztemperatur. Die Debye-Theorie ist eine Extrapolation aus dem Tieftemperaturbereich und unterhalb der Debye-Temperatur nimmt die spezifische Wärme stark mit der Temperatur zu (T^3-Gesetz). Bei höheren Temperaturen hingegen strebt die spezifische Wärme gegen einen nahezu temperaturunabhängigen Wert.

Für die meisten kubischen Metalle gilt für die Oberflächenspannungen zwischen der flüssigen und gasförmigen Phase γ_{lv} bzw. zwischen dem Feststoff und der Gasphase γ_{sv} die Beziehung $(\gamma_{sv} - \gamma_{lv}) \approx \gamma_{sl}$ und $\rho_s \approx \rho_l$. Damit vereinfacht sich die Gleichung 2.19 zu

$$\alpha = \frac{4V_s \gamma_{sl}}{H_m \cdot R}. \quad (2.20)$$

Setzt man diese Gleichung in 2.18 ein, dann erhält man die Gibbs-Thomson-Beziehung.

Tabelle 2.2: *Thermodynamische Schmelztemperatur $T_{m\infty}$ und die Konstante α, die den Einfluss der Partikelgröße angibt, aus theoretischen und experimentellen Untersuchungen an verschiedenen chemischen Elementen.*

Element	$T_{m\infty}$ in K	α (in nm)	$α_{exp}$ (in nm)
Ag	1234	1,27	
Al	933	1,14	0,6
Au	1336	0,92	0,96
Co	1768	1,00	
Cr	2148	1,05	
Cu	1356	1,02	
Ge	1210,6	2,30	
		3,33	
In	429,4	1,95	0,974
Mo	2883	0,98	
		1,58	
Pb	600,6	0,98	1,048
		1,40	
Pd	1825	0,88	
		1,43	
Si	1683	1,88	
Sn	505,1	1,57	1,476

In den obigen Gleichungen erkennt man deutlich den Einfluss der Oberflächenspannung. Wenn Nanopartikel mit einer natürlichen Oberflächenschicht überzogen sind, die in der chemischen Zusammensetzung vom Teilchenvolumen abweicht (beispielsweise eine Oxidschicht, die ein Metallpartikel umschließt), dann ändert sich auch die Oberflächenspannung. Das gilt auch, wenn die Partikel in eine Matrix eingebettet sind. Folglich hängt hier auch die Schmelztemperatur anders von der Teilchengröße ab als bei stofflich homogenen Partikeln. Dies zeigt sich deutlich bei Partikeln aus Indium oder Blei. In einer sauerstoffhaltigen Umgebung ist die Abhängigkeit von T_m vom Teilchenradius R weniger stark ausgeprägt als bei Teilchen in nicht sauerstoffhaltiger Umgebung, in der sich keine Oxidüberzüge bilden können.

2.2 Thermodynamik von Nanopartikeln

Sind Nanopartikel in einer Matrix eingebettet, erhält man für T_m als Funktion der Teilchengröße:

$$\frac{T_m}{T_{m\infty}} = 1 - \frac{1}{H_m}\frac{3V(\gamma_{sm}-\gamma_{lm})}{R-\Delta E}. \qquad (2.21)$$

Hier steht V für $(V_s + V_l)/2$ wobei V_l das Molvolumen in der flüssigen Phase angibt. γ_{sm} und γ_{lm} sind die Grenzflächenenergien zwischen fester bzw. flüssiger Phase und der Matrix. ΔE wiederum ist die spezifische Energiedifferenz zwischen dem festen und dem flüssigen Zustand. Wenn ΔE klein oder vernachlässigbar ist, kann die Schmelztemperatur der Partikel T_m sowohl oberhalb als auch unterhalb der thermodynamischen Übergangstemperatur $T_{m\infty}$ liegen, je nachdem welches Vorzeichen die Differenz von γ_{sm} und γ_{lm} hat.

2.2.5 Schmelzen von nichtsphärischen Nanopartikeln

Nanoteilchen haben nicht immer Kugelform. Wenn die Partikel beispielsweise mit gepulsten Laserstrahlen von Metallplatten abgelöst werden, entstehen zylindrische oder plättchenförmige Partikel. Solche Teilchen haben bei gegebenen Volumen eine viel größere Oberfläche als kugelförmige Partikeln. Daher wird sich auch die Schmelztemperatur T_m viel stärker mit der Teilchengröße ändern als im sphärischen Fall.

Bei den obigen Betrachtungen haben wir angenommen, dass jede Phase, die die Partikel annehmen können, durch eine einzige spezifische Oberflächenspannung charakterisiert werden kann. Teilchen, die kleiner sind als etwa 2 nm, bilden bevorzugt regelmäßige Polyeder (Ikosaeder, Dodekaeder etc.). Die meisten Atome solch kleiner Teilchen befinden sich an der Oberfläche. Folglich kann das Konzept der Oberflächenspannung nicht mehr angewendet werden. Wir brauchen hier deshalb andere Konzepte, wie wir im Folgenden noch sehen werden.

2.2.6 Phasendiagramme von Nanoteilchen

Die Schmelztemperatur als Funktion der Größe der Nanoteilchen kann mit den gleichen Auftragungen der Phasendiagramme untersucht werden wie bei Stoffen, die aus mehreren Atomsorten bestehen. Im Falle eines binären Systems ist die Gibbssche Freie Energie der Mischung:

$$g_m = x_1 h_1 + x_2 h_2 - T(x_1 s_1 + x_2 s_2), \qquad (2.22)$$

wobei x_1 und x_2 die Anteile der Stoffe 1 und 2 und h_i und s_i die entsprechenden Enthalpien und Entropien sind. Die Entropie des Systems wächst bei der Mischung pro enthaltenen Stoff wie

$$\Delta s_m = -k(x_1 \ln x_1 + x_2 \ln x_2). \qquad (2.23)$$

Wenn die Wechselwirkungen zwischen den Atomen der Sorten 1 und 2 dieselben sind wie bei reinen Komponenten, sprechen wir von einer idealen Lösung, und deren Gibbssche Freie Energie ist:

$$g_{id} = g_m - T \cdot \Delta s_m = x_1 \mu_1 + x_2 \mu_2 \text{, wobei} \qquad (2.24a)$$

$$\mu_i = h_i - T \cdot s_i - k \cdot T \ln x_i. \qquad (2.24b)$$

Da die Entropie der Mischung nicht von der Gesamtzahl der Atome der Sorten 1 und 2 im System abhängt, können Oberflächeneffekte keinen Einfluss auf Δs_m haben. Lediglich die Enthalpien h_i hängen über die Oberflächenspannungen γ_i von Oberflächen ab. Wenn keine oberflächliche Entmischung im System auftritt, dann ist die Energie pro Teilchen durch

$$g_{part} = g_{id} + x_1 g_{surf,1} + x_2 g_{surf,2} = x_1 \mu_{part,1} + x_2 \mu_{part,2} \text{ und} \qquad (2.25a)$$

$$\mu_{part,i} = \mu_i + g_{surf,i} \qquad (2.25b)$$

gegeben. Bei insgesamt N Atomen im Partikel gelten, wenn x und $(1-x)$ jeweils die relativen Anteile der Atomsorten 1 und 2 im Teilchen sind,

$$\begin{aligned} N g_{part} &= x(N \cdot \mu_1 + f \cdot N^{\frac{2}{3}} \gamma_1) + (1-x)(N \cdot \mu_2 + f \cdot N^{\frac{2}{3}} \gamma_2) \\ &= N g_{id} + f \cdot N^{\frac{2}{3}} \Gamma(x) \end{aligned} \qquad (2.26a)$$

wobei

$$\Gamma(x) = x \gamma_1 + (1-x) \gamma_2. \qquad (2.26b)$$

Nun können wieder die Bedingungen für das Phasengleichgewicht zwischen Festkörper und Flüssigkeit aufgestellt werden:

$$N(g_{part,s} - G_{part,L}) = N(g_{id,s} - g_{id,L}) + f \cdot N^{\frac{2}{3}} (\Gamma_s(x) - \Gamma_L(x)). \qquad (2.27)$$

Die Indizes s und L beziehen sich auf die feste bzw. flüssige Phase.

In binären Systemen wird der Übergang zwischen festem und flüssigem Zustand durch die Flüssig-Fest-Phasengrenzen festgelegt. Diese Grenzkurven[17] können für ideale Lösungen auf der Basis von thermodynamischen Gleichungen berechnet werden, die sich ergeben, wenn wir wie im Phasengleichgewicht gefordert, die chemischen Potentiale der beiden Phasen gleichsetzen:

---

[17] Die Grenzkurven heißen Liquidus- bzw. Soliduslinie. Oberhalb des Liquidus bzw. unterhalb des Solidus ist das System einheitlich flüssig bzw. fest. Die Grenzlinien umschließen das Gebiet mit Phasenkoexistenz.

2.2 Thermodynamik von Nanopartikeln

$$k \cdot T \ln(\frac{x_{solidus}}{x_{liquidus}}) = C_1 (1 - \frac{T}{T_{m,1}})$$
$$k \cdot T \ln(1 - \frac{x_{solidus}}{x_{liquidus}}) = C_2 (1 - \frac{T}{T_{m,2}})$$
(2.28)

$x_{liquidus}$ und $x_{solidus}$ sind die Kurvenverläufe der Phasengrenzen bei gegebener Temperatur T. $T_{m,1}$ und $T_{m,2}$ bezeichnen die Schmelztemperaturen der reinen Elemente 1 und 2.

Wenn sich die Teilchengrößen ändern, dann verschieben sich die Schmelztemperaturen gemäß Gl. 2.18. Es ist derzeit nicht möglich, abzuschätzen, wie sich die latente Wärme beim Schmelzen oder Verfestigen mit der Teilchengröße verändert. Die Phasengrenzen lassen sich durch Kombination der Gleichungen 2.18 und 2.28 berechnen. Als Beispiel sind Ergebnisse für die ideale Lösung von Germanium in Silizium in Bild 2.5 gezeigt.

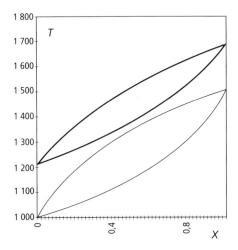

Bild 2.5 Phasendiagramm des Mischsystems Ge_{1-x}-Si_x: dick gezeichnet ist das unendlich ausgedehnte thermodynamische System, dünn dargestellt ein Nanosystem mit 10^6 Atomen. Nach M. Wautelet et al., Nanotechnology, vol. 11 (2000), 6.

Offensichtlich bleibt die allgemeine Form der Phasengrenzen erhalten, wenn sich die Systemgröße reduziert. Jedoch ändern sich für gegebene Konzentrationen die Liquidus- und Soliduslinien nach der Systemverkleinerung nicht im selben Maße. In Bild 2.5 erkennt man beispielsweise, dass für $x = 0,5$ der Liquiduspunkt, bei dem die Verflüssigung einsetzt, von 1510 K beim unendlich ausgedehnten System auf 1345 K beim Nanopartikel sinkt. Das entspricht einer Abnahme von 11%. Die Schmelztemperatur hingegen fällt von 1375 K auf 1145 K, was einer Reduktion um 17% entspricht. Die Phasengrenzen werden also in Folge der Systemverkleinerung verzerrt. Hierzu existieren verschiedene theoretische Modelle, die verschiedene Verformungen der Phasengrenzen voraussagen.

Wenn man sich parallel zur Konzentrationsachse von $x = 0{,}0$ nach $x = 1{,}0$ bei einer festen Temperatur so bewegt, dass die Phasenkoexistenzgebiete des unendlichen Systems wie auch des Nanoteilchens geschnitten werden, zeigt sich, dass die relativen Konzentrationen von Feststoff und Flüssigkeit im Phasenkoexistenzgebiet bei Partikeln und bei ausgedehntem System deutlich voneinander abweichen.

Ein weiterer Effekt, der die Form des Phasendiagramms von Nanopartikeln beeinflussen kann, ist das Auftreten der *Oberflächensegregation*. Zu dieser Form der Phasentrennung kann es kommen, wenn an der Oberfläche die stöchiometrische Atomzusammensetzung eine andere ist als im Volumen des Teilchens. In bestimmten Nanopartikeln, wie z.B. Ni-Al unterscheiden sich die thermodynamischen Eigenschaften von Partikel und ausgedehntem System drastisch. Diese Abweichungen entstehen, weil sich an der Oberfläche Strukturdefekte aufgrund der anderen chemischen Zusammensetzung anreichern. So entstehen Strukturen, die keine perfekte kristallographische Ordnung mehr aufweisen. Im Inneren sind sie zwar langreichweitig strukturell geordnet, aber dieser geordnete Bereich ist von einer weniger geordneten Außenschicht umgeben. In diesem Überzug konzentrieren sich die Fehlstellen und Abweichungen von der Stöchiometrie. Die Oberflächensegregation führt zu einer neuen Anordnung der Atome der Außenschicht (d.h. der Oberfläche) und diese Ordnung weicht von der im Inneren des Teilchens ab. Wir haben es also mit zwei koexistierenden festen Phasen zu tun.

In unserem binären System A_xB mit N Atomen sind $N \cdot x / (1 + x)$ Atome des Stoffs A enthalten und $N / (1 + x)$ Atome des Stoffs B. Wenn sich die Form des Teilchens nicht mit N ändert, dann sitzen

$$N_S = f \cdot N^{\frac{2}{3}} \tag{2.29}$$

Atome an der Oberfläche. Dort ist die atomare Zusammensetzung $A_{xS}B$. Im Inneren des Teilchens befinden sich

$$N_B = N - N_S = N - f \cdot N^{\frac{2}{3}} \tag{2.30}$$

Atome und deren chemische Zusammensetzung ist $A_{xB}B$.

Die Oberflächensegregation kann mit Hilfe einer Segregationsenergie E_{segr} beschrieben werden. Um diese Energie senkt sich die Gesamtenergie des Partikels ab, wenn sich die oberflächennahen Schichten umordnen. Der Anteil der Atome, die sich an der Oberfläche umordnen, kann mit einem Boltzmann-Faktor berechnet werden:

$$x_S = x_B \cdot e^{\frac{E_{segr}}{k \cdot T}} = S \cdot x_B . \tag{2.31}$$

Wenn wir davon ausgehen, dass die Oberflächenschicht aus einer Monolage von Atomen besteht und sich die Gesamtzahl der Atome im Partikel nicht ändert, dann erhalten wir

2.2 Thermodynamik von Nanopartikeln

$$2S \cdot x_B = -(1+S-R) + \sqrt{(1+S-R)^2 + 4S \cdot x} =$$
$$R = S(1+x) + f \cdot N^{-\frac{1}{3}}(1-S)(1+x) \quad (2.32)$$

Aus diesen Gleichungen folgern wir, dass die Stoffkonzentrationen an der Oberfläche x_S und im Volumen x_B von der Ausgangskonzentration x und von der gesamten Atomzahl im Teilchen abhängen (bei geg. Temperatur T und Segregationsenergie E_{segr}). Die einzelnen Zusammensetzungen hängen zusätzlich von der Form des Partikels über den Faktor f ab.

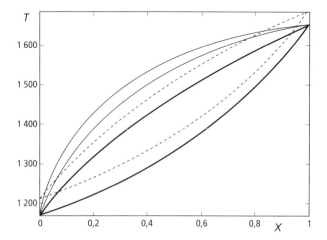

Bild 2.6 *Phasendiagramm des Mischsystems Ge_{1-x}-Si_x: punktiert gezeichnet ist das unendlich ausgedehnte thermodynamische System, dick dargestellt ist ein Nanosystem mit 10^6 Atomen. Dünn gezeichnet ist das Phasendiagramm des Nanosystems unter Berücksichtigung der Oberflächensegregation (nach R. Valleé et al., Nanotechnology, vol. 12 (2001), 68.*

Als Beispiel für die Auswirkungen der Oberflächen-Segregation ist in Bild 2.6 das Phasendiagramm einer idealen Lösung gezeigt. Man erkennt, dass die Liquiduslinien des Kern- und Oberflächenbereichs im Vergleich zum ausgedehnten System verschoben sind. Es ist zu beachten, dass trotz unterschiedlicher Liquiduslinien für den Oberflächen- und Volumenanteil des Nanosystems die Schmelzkurve (Solidus) genauso verläuft wie für das Nanosystem ohne Oberflächensegregation.

2.2.7 Randeffekte

In den meisten nanotechnischen Systemen sind die Partikel nicht isoliert und frei beweglich, sondern in einer Matrix (beispielsweise aus anorganischem Material) eingebettet oder in engem Kontakt mit anderen Stoffen. Das gilt besonders für die Nanoelektronik. Hier werden die Quantenpunkte, die das elektronische Verhalten vorgeben, auf einem Halbleitersubstrat durch epitaktische Schichtabscheidung erzeugt. Das trifft auch auf die Nanoagglomerate zu, also Zusammenlagerungen von Indium, Antimon und Arsen in Indiumarsenid oder Indium, Gallium und Antimon in Galliumantimonit oder Cadmium, Zink, Mangan und Selen in Zink- oder Mangan-Selenid usw. Häufig stehen diese Nanoagglomerate in der Matrix unter Druck, weil die Agglomerate andere Zellgrößen aufweisen als die Matrix selbst.

Wenn Partikel in einer gegebenen Umgebung unter Druck stehen, ist dies durch einen Zusatzterm in der Freien Energie der Teilchen zu berücksichtigen. Dieser Zusatzterm kann in folgende Form gebracht werden:

$$G_{pr} = B \cdot \delta V \ . \tag{2.33}$$

Hier steht δV für die atomare Volumenänderung aufgrund der Kompression. B ist eine Konstante, die zur Kompressibilität des Stoffes proportional ist. Fügt man diesen Term zur gesamten Freien Energie des Teilchens hinzu und verfährt ansonsten genauso wie oben, so kann man die druckbedingten Veränderungen der Phasendiagramme ermitteln.

Wenn nun zusätzlich auch die verschiedenen möglichen Grenzflächenorientierungen zwischen Partikeln und Matrix berücksichtigt werden, wird klar, dass statt fester Lösungen vielfältige Lösungen vorliegen werden. Man beobachtet in der gleichen Matrix unterschiedlich große Partikel mit verschiedenen Orientierungen in Koexistenz. Weiterhin zeigt sich, dass die Freien Energien für die verschiedenen Anordnungen und Teilchengrößen sich nur geringfügig unterscheiden. Deshalb können die Strukturen bereits durch Zufuhr kleiner thermischer Energiemengen verändert werden. Neue Phasen können dabei ebenfalls entstehen. Die genaue Kenntnis dieser Phasen ist ausschlaggebend, denn die atomare Anordnung bestimmt entscheidend die physiko-chemischen Eigenschaften und insbesondere das elektronische Verhalten von Nanosystemen.

2.2.8 Stabilität von Nanoteilchen

Ein wichtiger Parameter bei der Untersuchung des Größeneinflusses auf Phasendiagramme von Partikeln war die Grenz- bzw. Oberflächenspannung. Wenn ein Nanoteilchen mit einer Fremdstoffschicht überzogen ist, dann ist die Grenzflächenspannung eine andere als die Oberflächenspannung des reinen Teilchens. Dies hat unmittelbaren Einfluss auf das Phasendiagramm. Mit solchen Überzügen kann eine bestimmte kristalline Struktur gegenüber anderen Phasen stabilisiert werden.

Die Wechselwirkung zwischen den Atomen von Nanopartikeln, die die Teilchen zusammenhalten, kann nicht ohne weiteres aus Extrapolation der Erkenntnisse über makroskopische Systeme gleicher chemischer Zusammensetzung erklärt werden. Zahlreiche neue, nanotypische Effekte beeinflussen die Phasendiagramme der Nanoteilchen. Wesentlich sind die exakte Größe der untersuchten Partikel, die genaue Form, die Einbettung in eine Hüllschicht oder eine Matrix sowie die chemische Umgebung.

Bei der Synthese von Nanopartikeln laufen in der Regel mehrere Prozessschritte nicht unter den kontrollierten Bedingungen des thermischen Gleichgewichts ab. Die Art und Weise, wie

2.3 Vom Einzelatom zum Nanoteilchen

Der thermodynamische Zugang ist immer dann gut gerechtfertigt, wenn die Zahl der Atome in den betrachteten Teilchen hinreichend groß ist (mehrere Tausend). Unterhalb dieser Zahlen ist das Konzept der Oberflächenspannung bedeutungslos. Um die Eigenschaften von sehr kleinen Systemen zu verstehen, ist es nützlich, statt große Systeme in Gedankenexperimenten zu verkleinern, beim Atom zu beginnen, um über Moleküle zu Clustern und Nanoteilchen zu kommen, also die aufbauende Betrachtungsweise (*bottom up*) zu wählen.

2.3.1 Cluster aus Atomen

Wenn sich mehrere Atome verbinden, entsteht ein Molekül. Ausgehend von molekularen Abmessungen stellt sich die Frage, wann bei der Systemvergrößerung die Schwelle vom Molekül zum Partikel überschritten ist. Im Folgenden betrachten wir Systeme, die aus einer Atomsorte bestehen. Weiterhin nehmen wir an, dass die Wechselwirkung zwischen den Atomen durch das Lennard-Jones-Potential

$$V_{LJ}(r) = -\frac{2}{r^6} + \frac{1}{r^{12}} \qquad (2.34)$$

beschrieben werden kann. r bezeichnet in der Formel den interatomaren Abstand.

Wenn die Zahl der Atome N wächst, dann ändert sich die geometrische Anordnung. Die Atome bilden *Cluster*. Bild 2.7 zeigt Beispiele.

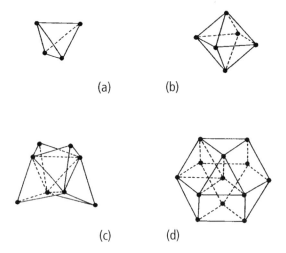

Bild 2.7 Atomare Struktur verschiedener Cluster (a) N = 4 Tetraeder, (b) N = 6 Oktaeder, (c) N = 8 Zwillingstetraeder, (d) N = 13 Kuboktaeder

Sobald N einen gewissen Schwellwert überschreitet, sind verschiedene Atomkonfigurationen für ein gegebenes N energetisch möglich. Bei $N = 6$ existieren zwei Minima der Gesamtenergie, die zu einer Oktaederanordnung (global stabil) oder zur Tripyramide (metastabil) gehören. In Bild 2.8 sind die vier Atomanordnungen mit lokalen Minima für Cluster mit $N = 7$ dargestellt.

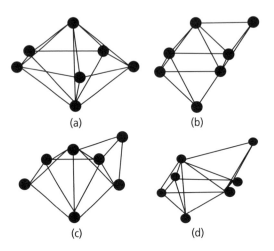

Bild 2.8 Stabile und metastabile Konfigurationen in Clustern mit N = 7: (a) pentagonale Bipyramide, (b) Oktaeder mit einem Außenatom, (c) schiefe Struktur, (d) Tetraedercluster

2.3 Vom Einzelatom zum Nanoteilchen

Wie Tabelle 2.3 zeigt, wächst die Zahl der metastabilen Konfigurationen rasch mit N an.

Tabelle 2.3: Anzahl der lokalen Minima der Gesamtenergie für ein Partikel aus N Atomen.

Atomanzahl N	6	7	8	9	10	11	12	13
Minima	2	4	8	18	57	145	366	988

Die Energien der verschiedenen lokal stabilen Lösungen liegen in einem engen Energieintervall. Folglich sind bei hinreichen großen Atomzahlen viele Konfigurationen energetisch nahe beim jeweiligen Grundzustand. Wenn die Energieabstände die gleiche Größenordnung aufweisen wie die thermische Energie $k \cdot T$ (T ist die absolute Temperatur und k die Boltzmannkonstante), dann werden die Systeme zwischen verschiedenen Konfigurationen hin und her fluktuieren. Die Existenz von zahlreichen metastabilen Zuständen mit gleicher oder fast gleicher Energie führt auch dazu, dass sich zugeführte Anregungsenergie im System auf viele Zustände verteilen kann und sich so relativ lange speichern lässt oder dass die Schmelztemperaturen und Verfestigungspunkte von kleinen Partikeln deutliche Unterschiede aufweisen können (Berry, 1990).

Diese Vermutungen und Befunde werden von der Theorie gestützt. Die Gesamtenergie von kleinen Nanopartikeln lässt sich als Funktion der Temperatur mit Methoden der Molekulardynamik[18] berechnen. In Clustern mit kleinen Teilchenzahlen, wie z.B. 13, ist es schwierig, sinnvolle Unterscheidungsmerkmale für den flüssigen und festen Zustand zu definieren. Aber es hat sich gezeigt, dass es unterschiedliche Solidus- und Liquiduspunkte gibt. Bei tiefen Temperaturen ist das Cluster im „festen" Zustand: Die Atompositionen fluktuieren nur wenig und die Auslenkungen aus der Ruhelage sind gering. Bei hohen Temperaturen ist das System „flüssig", die mittleren Auslenkungen in der Atomanordnung sind groß und die atomaren Positionen fluktuieren sehr stark. Bei mittleren Temperaturen koexistieren der flüssige und der feste Zustand. Wenn man bei tiefen Temperaturen beginnt und das System aufheizt, wechselt die Phase und der Cluster beginnt bei einer festen Temperatur zu schmelzen. Bei einer Abkühlung der Schmelze beginnt die Verfestigung hingegen bei einer anderen Temperatur. Dieses Verhalten zeigt, dass es tatsächlich möglich zu sein scheint, auch für solch kleine Teilchen zwischen einer flüssigen und festen Phase zu unterscheiden.

Die für Cluster beobachteten Schmelzpunkte liegen deutlich unterhalb der entsprechenden Temperaturen bei ausgedehnten thermodynamischen Systemen. Dies hat sich ja bereits bei den Untersuchungen der Nanopartikel in den obigen Abschnitten gezeigt. Wenn die Teilchengrößen in den Bereich von $N \approx 100$ wachsen, treten aber neue Phänomene auf. Eine deutsche Arbeitsgruppe konnte mit Messungen an Natrium-Clustern mit zwischen 70 und 200 Atomen zeigen, dass die jeweiligen Schmelztemperaturen nicht fest sind, sondern von der Form der Teilchen abhängen. Auch die latente Schmelzwärme wird von der Teilchenzahl

---

[18] Dabei handelt es sich um eine Computerlösung der Newtonschen Bewegungsgleichungen der N Atome im Cluster, wobei die interatomaren Kräfte auf die Atome wirken. Die Atome erhalten am Anfang der Rechnung zufällige Startgeschwindigkeiten und -positionen, aus denen sich die stabilen Systemzustände zeitlich entwickeln. Die bei der Simulation vorgegebene Temperatur wird über die mittlere Teilchenenergie einbezogen.

mit bestimmt. Der Schmelzprozess ist also von verschiedenen Faktoren abhängig, wie der Teilchengröße oder der Teilchenform und sogar von der elektronischen Struktur der Teilchen.

2.3.2 Nanopartikel

Vergrößert man die Partikel durch Erhöhung der Atomzahl N auf mehrere Hundert, können die Partikeleigenschaften nicht mehr molekulardynamisch bestimmt werden, weil dies zu große Rechenzeit erfordert. Es sind aber nach den bisherigen Erfahrungen noch interessante Effekte in diesen Größenordnungen zu erwarten.

2.3.3 Magische Zahlen

Ein besonderer Effekt wurde bereits 1980 beobachtet, als eine Schicht aus Natriumpartikeln durch adiabatische Expansion von Argongas und Natriumdampf abgeschieden wurde. Die Partikel wurden ionisiert und massenspektrographisch untersucht. Dabei zeigte sich, dass bestimmte Partikelgrößen mit N = 8, 20, 40, 58, 92 besonders bevorzugt gebildet werden. Diese Zahlen werden in der Literatur als *magische Zahlen* bezeichnet. Jede dieser Zahlen gehört zu einer Clustergröße, die im Massenspektrogramm besonders häufig auftritt. Dies ist ein Hinweis darauf, dass Partikel mit solchen magischen Atomanzahlen stabiler sind als die Teilchen mit anderen N-Werten. Man hat mit theoretischen Untersuchungen zeigen können, dass diese bevorzugten N-Werte mit der elektronischen Struktur der Valenzelektronen des Natriums zusammenhängen. Die Elektronen können sich bei den magischen Teilchengrößen in einem effektiven Potential mit sphärischer Symmetrie unabhängig voneinander bewegen. Hierbei ist interessant, dass ähnliche ausgezeichnete Zustände auch in Atomkernen auftreten.

Magische Teilchenzahlen werden nicht nur bei Natrium beobachtet, sondern auch bei zweiwertigen oder dreiwertigen Metallen, wie Cadmium und Zink bzw. Aluminium, sowie bei 3d-Ionen, also geladenen Atomen der Übergangsmetalle, wie Kupfer, Silber oder Gold.

2.3.4 Die Fullerene

Magische Zahlen finden sich auch bei Kohlenstoffpartikeln, nur ist hier die Erklärung für deren Auftreten unterschiedlich. Da Kohlenstoffpartikel und ihre Derivate von besonderer Bedeutung sind, wollen wir diese Fälle genauer untersuchen.

Im Jahr 1985 wurde von Kroto und Mitarbeitern Graphit in einem heliumgefüllten Gefäß mit Laserlicht zerstäubt und anschließend hat man die Massen der entstandenen Kohlenstoffpartikel spektrographisch gemessen. Dabei stellte sich heraus, dass Teilchen aus 60 oder 70 Atomen besonders häufig entstanden sind und dass folglich diese Konfigurationen stabiler sein müssen als andere. Nach einigen Untersuchungen kamen die Forscher zu dem Schluss, dass die Partikel eine abgeschlossene Struktur haben müssen, die aus Fünf- und Sechsecken besteht, wie in Bild 2.9 gezeigt.

2.3 Vom Einzelatom zum Nanoteilchen

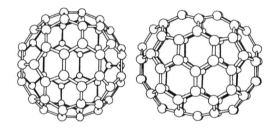

Bild 2.9 Die Struktur von C_{60} und C_{70}

Diese Strukturen wurden nach dem Architekten Buckminster Fuller *Fullerene* getauft, weil dieser Kuppelbauten geplant hat, die ebenfalls Oberflächen aus Fünf- und Sechsecken aufweisen (geodätische Kuppeln). Nach den Untersuchungen von Kroto wurden die Herstellverfahren so weit verfeinert, dass größere und auch kommerziell nutzbare Mengen der neuartigen Partikel zur Verfügung gestellt werden konnten.

Die Fullerene stellen eine neue Strukturform des Kohlenstoffs dar, die im gleichen Aggregatzustand (Feststoff) auftritt wie Graphit und Diamant, sich aber physikalisch und auch chemisch von diesen bekannteren Formen unterscheidet. Im Graphit sind die Außenelektronen des Kohlenstoffs hybridisiert und bilden sp^2-Zustände. Die C-Atome bilden im Graphit Flächen aus regelmäßigen Sechsecken. Im Diamant sind die Außenelektronen ebenfalls hybridisiert, aber im sp^3-Zustand. Die C-Atome in einem Diamantkristall bilden Einheitszellen aus Tetraedern, in deren Mitte ein weiteres Kohlenstoffatom sitzt. In den Fullerenen haben wir es mit einer gemischten Hybridisierung zu tun, die aus der gekrümmten Struktur des Atomarrangements resultiert. Die Eigenschaften der verschiedenen Fullerene werden vom Verhältnis der Anzahl Fünf- und Sechsecke in der Hülle bestimmt, wobei immer nur 12 Fünfecke auftreten.

Im Fulleren C_{60} sind alle 60 Kohlenstoffatome äquivalent. Dies trifft auf C_{70} nicht zu. Hier können die C-Atome in fünf Kategorien eingeteilt werden, je nachdem, wie die Bindungen zu den Nachbaratomen ausfallen. Die Zahlenverhältnisse sind 1 : 1 : 1 : 2 : 2. Das C_{70}-Molekül hat die Form eines Rugby-Balls. Es gibt noch weitere stabile C_N-Moleküle (N = 180, 240, .. , 540, ...).

Fullerene wie C_{60} besitzen einen Hohlraum, in den Fremdatome eingelagert werden können, insbesondere Metallatome (wie etwa La, Ni, Na, K, Rb, Cs). Fulleren-Moleküle können auch ein kristallines Netzwerk bilden.

C_{60} hat als Molekül fast sphärische Symmetrie (Ikosaedersymmetrie), zeigt aber die Besonderheit von sechs fünfzähligen Drehachsen, die durch gegenüberliegende Ecken gehen. Es ist daher nicht möglich, den gesamten Raum mit diesen Molekülen auszufüllen. Bei Raumtemperatur ordnen sich die Moleküle in einer kubischen flächenzentrierten Struktur an. In dieser Struktur scheinen sich die C_{60}-Moleküle frei und unabhängig voneinander drehen zu können. Wird dann die Temperatur abgesenkt, kommt es bei T = 250 K zu einem Phasenübergang in eine einfach kubische Phase.

> **Geometrie der Fullerene**
>
> Fullerene haben die Form von konvexen Polyedern. Diese kugeligen Gebilde können anhand der Polygone charakterisiert werden, aus denen sich die Oberfläche zusammensetzt. Bei diesen Gebilden gilt, dass die Anzahl der Ecken S plus Anzahl der Flächen F minus Anzahl der Kanten A gleich zwei sein muss (Eulerscher Polyedersatz):
>
> $$S - A + F = 2 \qquad (G.1)$$
>
> Die Zahl 2 in dieser Gleichung wird durch die sphärische Topologie vorgegeben. Für einen Torus ist 2 durch die Zahl 0 zu ersetzen. Für einen konvexen Polyeder aus H Sechs- und P Fünfecken gelten folgende Beziehungen:
>
> $$F = H + P \qquad (G.2)$$
> $$2A = 6H + 5P \qquad (G.3)$$
> $$3S = 6H + 5P \qquad (G.4)$$
>
> Der Faktor 2 in der Gleichung G.3 rührt daher, dass jede Kante des Polyeders zu zwei Flächen gehört. Aus ähnlichem Grund steht der Faktor 3 auf der linken Seite von G.4, denn jede Ecke gehört zu drei Polyederflächen. Aus diesen Gleichungen folgt durch Einsetzen in G.1
>
> $$P = 12 \qquad (G.5)$$
>
> Wie viele Sechsecke auf der Oberfläche realisiert sind, hängt von der Zahl der Ecken des Polyeders, also von S ab.

Auch in die kristalline Struktur können sich Fremdatome einlagern (K, Rb, ...). Einige der so entstehenden Verbindungen werden bei tiefen Temperaturen supraleitend. Die Übergangstemperaturen in den supraleitenden Zustand liegen bei K_3C_{60} bei 19 K, bei Rb_3C_{60} bei 28 K und bei Cs_2RbC_{60} bei 33 K.

2.3.5 Nanoröhren

Kohlenstoff zeigt noch eine weitere Elementmodifikation, die Nanoröhren. Diese Röhren kann man sich als einatomare Kohlenstoffschichten vorstellen, die zusammengerollt und an den Enden verschlossen wurden. Der Durchmesser der Röhren liegt bei einigen Nanometern, die Länge hingegen zwischen 10 µm bis 100 µm.

Die Wände dieser zylinderförmigen Kohlenstoff-Nanoröhren bestehen aus Ebenen des Graphits, in denen die Kohlenstoffatome eine wabenartige Struktur mit Sechsecken und jeweils drei Bindungspartnern einnehmen. Drei Röhrentypen sind bekannt. Je nachdem wie die Graphitschichten gerollt werden, entstehen, wie in der Abbildung gezeigt, verschieden stark schraubenartig gewundene und sogar nicht-spiegelsymmetrische (chirale) Strukturen (siehe Kasten). Es existieren auch mehrwandige Nanoröhren, die aus mehreren, koaxial gewickelten Graphitflächen bestehen.

2.3 Vom Einzelatom zum Nanoteilchen

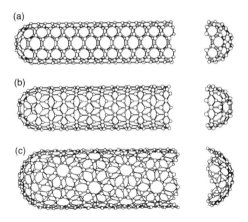

Bild 2.10 Nanoröhren. Sie bestehen aus einer geschlossenen Röhre aus einer einatomigen Lage Graphit, die an den Enden mit einem halben C_{60}-Molekül abgeschlossen werden. Es gibt die drei gezeigten unterschiedlichen Formen.

Struktur der Nanoröhren

Diese Röhren bestehen aus aufgerollten Graphitmonoschichten. Zwei Größen bestimmen die geometrische Form der Röhren: der Durchmesser, d_N, und der Chiralwinkel θ. Der Umfang einer Nanoröhre ist eine Funktion des Chiralvektors, $C_h = n \cdot a_1 + m \cdot a_2$, der zwei kristallographisch äquivalente Punkte in der Graphitmonoschicht verbindet (Bild 2.11).

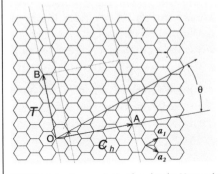

Bild 2.11 Bestimmende Größen für die Nanoröhrenstruktur in einer Graphitmonoschicht

Der Chiralwinkel θ ist der Winkel zwischen dem Vektor C_h und dem primitiven Gittervektor a_1 (im zweidimensionalen Netz). Der Winkel wird mit einem Indexpaar (n, m) aus ganzen Zahlen klassifiziert. Der Vektor OB verbindet als Gittervektor den Ursprung O mit einem äquivalenten Punkt im Wabennetz des Graphits. Die zylindrische Form, die den Nanoröhrentyp festlegt, entsteht, wenn man die Graphitschicht so aufwickelt, dass die Endpunkte des Vektors C_h zusammenfallen. Die Winkel in den Einheitswaben des Graphits werden in der dreidimensionalen Röhre aufgrund der Wölbung der Schicht etwas verformt. Durch das Indexpaar (n, m) lässt sich der Röhrentyp klassifizieren: Vektoren $(n, 0)$ und $(0, m)$ ergeben Nanoröhren vom Typ (a) in Bild 2.10 (engl. Bezeichnung *zigzag*),

Vektoren (n, n) die Form (b) in Bild 2.10 (engl. Bezeichnung *armchair*) und Vektoren (n, m) mit anderen Komponentenwerten die Form (c) in Bild 2.10 (engl. Bezeichnung *chiral*).

Den Durchmesser der Röhre können wir mit der Formel

$$d_N = \frac{a_C}{\pi}\sqrt{3(m^2 + mn + n^2)}$$

berechnen und den Chiralwinkel mit

$$\theta = \arctan\frac{\sqrt{3}n}{2m+n}.$$

Die mechanischen und elektronischen Eigenschaften der Nanoröhren sind bemerkenswert, und das rechtfertigt die vielen wissenschaftlichen Arbeiten über dieses Thema. Nanoröhren können metallische Leitfähigkeit oder halbleitende Eigenschaften zeigen, je nachdem wie viele Sechsecke vom Röhrenumfang geschnitten werden und wie die Sechsecke relativ zur Röhrenachse orientiert sind. Die Röhren verfügen auch über erstaunliche mechanische Festigkeit.

2.3.6 Gefüllte Nanoröhren

Wie die Fullerene sind auch die Nanoröhren innen hohl und deshalb wurde schon bald nach der Entdeckung dieser Kohlenstoffmodifikation versucht, die Röhren mit verschiedenen Substanzen zu füllen. So könnten Nanoröhren als Miniaturreagenzgläser oder Reservoire dienen. Alternativ können die Wände Nanoröhren mit Materialien überzogen und dann zum Transport von Substanzen genutzt oder sogar als Katalysatoren eingesetzt werden, denn die spezifische Oberfläche der Nanoröhren ist sehr groß.

Für diese Applikationen ist es entscheidend, wie Nanoröhren sich im Kontakt mit bestimmten Flüssigkeiten verhalten. Eine Flüssigkeit kann die Oberfläche benetzen, also spontan vollständig bedecken, oder bei ausreichender Kapillarität in die Nanoröhre eindringen. Die Kapillarität ist ein wichtiger Parameter für die Benetzung von Röhrenoberflächen, der mit der Gleichung von Young-Laplace berechnet werden kann:

$$\Delta p = \frac{2\gamma}{r}\cos\theta \qquad (2.35)$$

Hier ist Δp die Druckdifferenz an der Phasengrenze flüssig-gasförmig in der Kapillare. γ bezeichnet wie üblich die Oberflächenspannung der Flüssigkeit und θ ist der Kontaktwinkel, wie in Bild 2.3 gezeigt. r ist der Krümmungsradius des Flüssigkeitstropfens.

Die Flüssigkeit dringt sofort in die Kapillare ein, wenn Δp positiv und θ kleiner als 180° ist. Tatsächlich ist viel schwieriger, theoretisch vorauszusagen, ob eine Flüssigkeit in eine Nanoröhre eindringt oder nicht. Experimentell kann man aber feststellen, welche Flüssigkeit mit

2.3 Vom Einzelatom zum Nanoteilchen

hinreichend niedriger Oberflächenspannung tatsächlich in der Lage ist, in Nanoröhren einzudringen. Einige Beispiele finden sich in Tabelle 2.4.

Tabelle 2.4: Benetzung von Nanoröhren mit verschiedenen flüssigen Substanzen, nach T.W. Ebbesen, Physics Today, Juni 1996, S. 31

Stoff	Oberflächenspannung in mN/m	Dringt in die Nanoröhre ein?
HNO_3	43	Ja
S	61	Ja
Cs	67	Ja
Rb	77	Ja
V_2O_5	80	Ja
Se	97	Ja
Te	190	Nein
Pb	470	Nein
Hg	490	Nein
Ga	710	Nein

2.3.7 Geometrische Formen von gefüllten Clustern

Betrachten wir wieder Cluster, die anders als Fullerene und Nanoröhren keine Hohlräume aufweisen. Wenn man die Teilchen vergrößert, bis die Atomanzahl auf einige Hundert ansteigt, dann können sich wieder regelmäßige Formen ausbilden. Die häufigsten und gleichzeitig interessantesten Formen sind in Bild 2.12 gezeigt.

Es handelt sich um Kuboktaeder, Ikosaeder, regelmäßige bzw. sternförmige Dekaeder und den abgeschnittenen sowie den abgerundeten Dekaeder. Die erste Form, die sich bei kubischer flächenzentrierter Anordnung in natürlicher Weise ausbildet, besitzt verschiedene Varianten. Die verschiedenen Dekaeder sind Derivate der gleichen Grundform. Sie gehören zu den Formen, die sehr häufig auftreten, denn sie sind sehr stabil. Diese geometrischen Formen finden wir bei vielen Metallen und auch bei Silizium.

Die Ikosaederstruktur wird bei Partikeln mit Größen zwischen 1 nm und 100 nm beobachtet. Nach elektronenmikroskopischen Untersuchungen können sich die Ikosaeder, je nach experimentellen Gegebenheiten, verschiedenartig anordnen. Folglich können nur mit Bildverarbeitungsalgorithmen die jeweilige Teilchensorten und ihre Ausrichtung ermittelt werden.

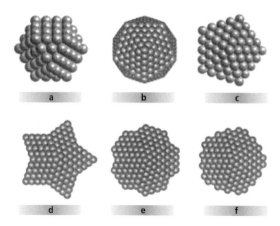

Bild 2.12 Häufige Clusterformen: a) Kuboktaeder, b) Ikosaeder, c) regelmäßiger Dekaeder, d) sternförmiger Dekaeder, e) Markscher Dekaeder, f) abgerundeter Dekaeder. Nach Yacaman et al., 2001, American Institute of Physics.

Die Ausrichtung kann von verschiedenen Faktoren beeinflusst werden, wie der Wechselwirkung mit dem Substrat oder der Anwesenheit von bestimmten Fehlstellen bzw. Zwangsbedingungen. Dies ist das Gleiche wie auch bei anderen geometrischen Strukturen, deren Form von den Details der Präparation abhängen.

Wie auch bei kleineren Partikeln ist die Stabilität der einzelnen Formen gegen Umwandlungen in verwandte Strukturen wichtig. Wegen der recht großen Zahl von Atomen ist es sehr aufwendig, die Gesamtenergien der verschiedenen Formen zu berechnen. Solche Rechnungen sind von den Arbeitsgruppen von Landman und Yacaman durchgeführt worden.

Durch höhere Stabilität zeichnen sich die reduzierten Dekaeder (sternförmig, abgerundet und der Dekaeder von Marks) aus. Bei kleineren Teilchen sind Ikosader und der regelmäßige Dekaeder stabiler als kubisch flächenzentrierte Strukturen. Sobald die Größe zunimmt, werden die abgeschnittenen Dekaeder günstiger, während regelmäßigere Strukturen weniger häufig auftreten.

Jedoch liegen in allen Fällen die Energiewerte der einzelnen Konfigurationen sehr eng beieinander und in einer gegebenen Probe kann meist eine statistische Mischung der verschiedenen Polyedervarianten beobachtet werden, insbesondere wenn man es mit kleineren Partikeln zu tun hat.

Weiterhin laufen die Herstellprozesse, mit denen Nanopartikel gezüchtet werden, in der Regel nicht im thermischen Gleichgewicht ab. Deshalb findet man Verteilungen von Partikelformen, die vielfältiger sind, als dies nach Energiebetrachtungen zu erwarten wäre. Dies ist insbesondere der Fall, wenn die Partikel aus der Gasphase abgeschieden werden. Wenn hingegen die Teilchen aus Kolloiden gewonnen werden und langsam wachsen, kann eine Form gegenüber den anderen bevorzugt sein.

2.3 Vom Einzelatom zum Nanoteilchen

Wie auch bei großen Teilchen läuft das Partikelwachstum nicht ohne die Ausbildung innerer Spannungen ab. Die Mechanismen, mit denen diese Spannungen abgebaut werden, sind ebenfalls an der Formenbildung der erzeugten Partikel beteiligt. Bei Dekaeder-Partikeln können mit geeigneten Modellen für die elastischen Eigenschaften verschiedene Mechanismen identifiziert und auch experimentell nachgewiesen werden:

a) Bildung von Versetzungen,
b) Wachstum von paarweise auftretenden Zwischenschichten in Teilbereichen des Dekaeders (Zwillingskorngrenzen),
c) Teilung von fünfzähligen Achsen,
d) Verschiebung von fünfzähligen Achsen in den Randbereich des Partikels.

2.3.8 Fluktuationen der Formen von Nanoteilchen

Werden Nanopartikel erwärmt und/oder einem Elektronenstrahl (im Elektronenmikroskop) ausgesetzt, der Energie an die Partikel abgibt, treten kontinuierliche Formänderungen auf. 1987 haben zwei japanische Wissenschaftler ein sehr elegantes Experiment durchgeführt, das viele weitere Untersuchungen auf diesem Gebiet ausgelöst hat. Sie haben ein Nanoteilchen aus Gold mit einem Durchmesser von etwa 2 nm im Elektronenmikroskop beobachtet und dessen Verhalten auf Video aufgezeichnet (mit einer zeitlichen Auflösung von 1/60 sec). Das Teilchen enthielt ca. 460 Atome. Im Laufe der Zeit wurden verschiedene Formen beobachtet. So bildeten sich Kuboktader aus einer kubisch flächenzentrierten Phase, dann Ikosaeder, die mit lokalen, periodischen kristallinen Strukturen inkompatibel sind, und schließlich wurden auch fast sphärische Formen beobachtet, die an Flüssigkeitstropfen erinnerten.

Dies zeigt deutlich, dass bei solch geringen Teilchengrößen die Form und Struktur der Partikel sich permanent ändern. Diese Fluktuationen zeigen, dass sich Nanoteilchen weder wie Flüssigkeiten noch wie Festkörper verhalten. Spätere Untersuchungen haben gezeigt, dass auch andere Materialien als Gold grundsätzlich das gleiche Verhalten zeigen. Das Fluktuieren zwischen verschiedenen Strukturen scheint also ein spezifisches Phänomen der kleinen Teilchen zu sein.

Verschiedene Erklärungen sind für dieses Verhalten präsentiert worden. Einige behaupten, dass die Partikel durch die Wechselwirkung mit den Elektronen komplett aufgeschmolzen werden und dann in verschiedenen Formen wieder erstarren. Andere behaupten, dass die geringen Energieunterschiede und die kleinen Aktivierungsenergien Fluktuationen zwischen den Formen stark begünstigen. Das Verhalten wird auch als Quasi-Schmelzen bezeichnet. Nach heutigem Stand kann aber keine der beiden Erklärungen ausgeschlossen oder voll bestätigt werden.

Wir erkennen, dass die Kohäsion bei Nanoteilchen ein weites und vielseitiges Forschungsfeld darstellt. Es ist dabei entscheidend und von grundsätzlicher Bedeutung, dass die chemischen und physikalischen Eigenschaften der Nanosystemen von der exakten Gestalt der Partikel und von der atomaren Anordnung abhängen.

3 Die elektronische Struktur der Nanosysteme

Teilchen mit Abmessungen zwischen 1 nm und 100 nm zeigen besondere physikalische und chemische Eigenschaften. Diese Nanoteilchen befinden sich in einem Zustand zwischen Festkörper und Molekül. In einem kristallinen Festkörper besetzen die Elektronen Zustände in quasikontinuierlichen Energiebändern. Die Berechnung der Bandstruktur wird dadurch vereinfacht, dass Kristalle translationssymmetrisch sind, weil sie aus periodisch aneinandergefügten Einheitszellen bestehen. Die elektronischen Eigenschaften der Kristalle werden in der Festkörperphysik untersucht. Die energetische Breite, der Abstand und die Besetzung der Energiebänder bestimmen die elektrischen, optischen und magnetischen Eigenschaften von festen Werkstoffen.

Auf kleinerer Längenskala, bei den Atomen und Molekülen, sind die Zustandsdichten der Hüllenelektronen nicht mehr quasi kontinuierliche Funktionen der Energie, sondern diskret. Die einzelnen Energieniveaus der Elektronen werden mit den Methoden der Atom- oder Molekülphysik berechnet oder mit Verfahren aus der Quantenchemie. Diese Rechnungen können nur auf sehr leistungsfähigen Rechnern durchgeführt werden. Die numerischen Verfahren sind sehr aufwendig, und dieser Aufwand steigt überproportional mit der Zahl der Atome, die involviert sind. Es ist heute möglich, Nanopartikel mit mehreren Hundert Atomen mit den zur Verfügung stehenden Computern zu untersuchen.

In Nanosystemen können bestimmte Vereinfachungen nicht angewendet werden,[19] die in den theoretischen Untersuchungen der Festkörper und in der Atomphysik zulässig sind. Deshalb ist es sinnvoll, als ersten Schritt einen idealisierten Nanokristall zu studieren, der aus einer regelmäßigen Anordnung von mehreren Quantentöpfen besteht, die die einzelnen Atompotentiale nachbilden, in denen sich die Elektronen bewegen. Untersuchungen solcher abstrakter Systeme helfen, die besonderen Eigenschaften von Nanosystemen zu verstehen.

Im ersten Teil dieses Kapitels werden die Grundlagen wiederholt, die das mikroskopische Verhalten der Elektronen in der Materie bestimmen.

---

[19] Die Ursache ist die niedrigere Symmetrie der Nanoteilchen. In Atomen hat man es mit sphärischen Potentialen zu tun und bei kristallinen Festkörpern mit räumlich translationsinvarianten Systemen. Die hohe Symmetrie schließt viele Lösungsmöglichkeiten von vornherein aus und vereinfacht so das Problem.

3.1 Elektronen in der Materie

Das Verhalten der Elektronen in der Materie wird von den Quantenphänomenen mit geprägt.

3.1.1 Das Elektron im eindimensionalen Potentialtopf

Beginnen wir mit einem sehr einfachen Fall, und zwar der Fragestellung, wie sich ein Elektron in einem eindimensionalen Potential verhält. Das Elektron mit Masse m sei in einem Potential gefangen, dessen Breite a beträgt und das an beiden Seiten von unendlich hohen Barrieren begrenzt ist. Das Verhalten des Elektrons wird von der Wellenfunktion $\Psi_n(x)$ beschrieben, die sich als Lösung der zeitunabhängigen Schrödingergleichung ergibt:

$$H\Psi_n(x) = \left[-\frac{\hbar}{2m}\frac{\partial^2}{\partial x^2} + U(x)\right]\Psi_n(x) = E_n\Psi_n(x) \qquad (3.1)$$

H ist der Hamiltonoperator des Systems und $U(x)$ das Potential, in dem sich das Elektron der Masse m bewegt. E_n sind die Energieeigenwerte des Elektrons, die von der Form und Tiefe des Potentials abhängen. $U(x)$ ist hier durch die Formel

$$U(x) = 0, \forall \left|x \leq \frac{a}{2}\right|; U(x) = \infty, \forall \left|x > \frac{a}{2}\right|; \qquad (3.2)$$

gegeben.

In diesen Gleichungen ist a die Breite des Potentialtopfes. Das Verhalten des Elektrons kann mit elementarer Quantenmechanik bestimmt werden. Die Wellenfunktionen ergeben sich zu:[20]

$$\Psi_n(x) = A \cdot \cos\left(\frac{2\pi x}{\lambda_n}\right)$$
$$\lambda_n = \frac{2a}{n} \qquad (3.3)$$

Die Elektronen besetzen diskrete Energiezustände, die durch die Formel

$$E_n = n^2 \frac{\pi^2 \hbar^2}{2ma^2} \qquad (3.4)$$

---

[20] Dazu müssen wir als Randbedingung annehmen, dass Elektronen den unendlich tiefen Potenialtopf nicht verlassen können. Folglich müssen die Wellenfunktionen, aus denen sich die Aufenthaltswahrscheinlichkeit des Teilchens bestimmen lässt, am Rand des Topfes verschwinden.

3.1 Elektronen in der Materie 63

gegeben sind. Die niedrigsten Energieniveaus und die zugehörigen Wellenfunktionen sind in Bild 3.1 gezeigt.

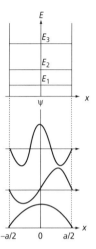

Bild 3.1 Freies Elektron in einem unendlich tiefen Potentialtopf der Breite a. Gezeigt sind die ersten drei Energieniveaus mit den Quantenzahlen n = 0, 1, 2,... und die zugehörigen Wellenfunktionen.

Der energetische Abstand zwischen den Energieniveaus wächst mit der Quantenzahl n:

$$\Delta E_n = E_{n+1} - E_n = \frac{\pi^2 \hbar^2}{2ma^2}(2n+1) \tag{3.5}$$

Da $U(x) = 0$ im Potentialtopf gilt, gibt die Gleichung (3.4) auch die kinetische Energie des Elektrons an. Ausgehend von dieser Gleichung kann man auf den Impuls p des Elektrons in den verschiedenen quantenmechanischen Zuständen schließen. Die Wellenfunktionen sind für das angegebene Potential auch Eigenfunktionen des Impulsoperators, der mit der Quantenzahl k charakterisiert werden kann:

$$E = \frac{p^2}{2m}; p = \hbar k. \tag{3.6}$$

Wenn die Höhe des Potentialtopfes nicht mehr einen unendlichen, sondern den endlichen Wert U_0 annimmt, dann verschwinden die Wellenfunktionen nicht mehr an den Potentialwänden, sondern fallen jenseits der Wände exponentiell von einem endlichen Wert auf Null ab. Nach der Wahrscheinlichkeitsinterpretation der quantenmechanischen Wellenfunktionen bedeutet dies, dass im für klassische Teilchen unzugänglichen Bereich außerhalb des Potentials noch eine von Null verschiedene Wahrscheinlichkeit besteht, das quantenmechanische Elektron dort anzutreffen. Diese Wahrscheinlichkeit wächst mit der Quantenzahl n. Die Gesamtzahl der Energieniveaus, die im Potentialtopf mit der Höhe U_0 gebunden sind, ergibt sich aus

$$a\sqrt{2m \cdot U_0} > \pi\hbar(n-1). \tag{3.7}$$

Die Lage der Energieniveaus bei endlichem U_0 ist gegenüber dem unendlich tiefen Grenzfall nur leicht nach unten verschoben. Dies liegt daran, dass die Wellenfunktionen jetzt etwas über die Potentialtopfränder hinaus ragen und deshalb eine leicht vergrößerte effektive Wellenlänge aufweisen. Die Zustände, deren Energien oberhalb der energetischen Grenze U_0 liegen, sind nicht mehr lokalisiert, sondern ungebundene ebene Wellen mit kontinuierlichem Energiespektrum.

Als Zahlenbeispiel betrachten wir ein Elektron im unendlich tiefen Potential mit der Breite $a = 1$ nm. Als Ergebnis für die ersten Niveaus erhalten wir $E_1 = 0{,}094$ eV; $E_2 = 0{,}376$ eV; ... Zum Vergleich sei an die thermische Energie bei Raumtemperatur von $kT = 0{,}025$ eV erinnert. Ein Übergang zwischen den beiden ersten Niveaus kann durch ein Photon ausgelöst werden, dessen Wellenlänge $\lambda = 4394$ nm beträgt. Diese Wellenlängen gehören zum mittleren Bereich des Infraroten.

3.1.2 Das Elektron im sphärischen Potentialtopf

Der Hamiltonoperator eines Teilchens, das sich in einem sphärischen Potential bewegt, hat die Form

$$H = \left[-\frac{\hbar^2}{2m}\Delta + U(r) \right], \tag{3.8}$$

wobei r für $\sqrt{(x^2+y^2+z^2)}$ steht.[21] Im einfachsten Fall hat das sphärische Potential unendlich hohe Begrenzungen:

$$U(r) = 0, \forall |r| \leq a; \quad U(r) = \infty, \forall |r| > a;. \tag{3.9}$$

In diesem Fall ergibt sich für die Energieeigenwerte

$$E_{nl} = \hbar^2 \frac{\chi_{nl}^2}{2ma^2}. \tag{3.10}$$

---

[21] Δ ist der Laplace-Operator, die dreidimensionale Verallgemeinerung der zweiten partiellen Ortsableitung im eindimensionalen Fall des Potentialtopfes. Bei der hier gegebenen Symmetrie hat dieser Operator angewendet auf die Wellenfunktion Ψ in Kugelkoordinaten (r, θ, φ) die folgende Form:

$$\Delta\Psi = \left(\frac{1}{r^2}\frac{\partial}{\partial r}\left[r^2 \cdot \frac{\partial}{\partial \Psi} \right] + \frac{1}{r^2 \sin\theta}\frac{\partial}{\partial \theta}\left[\sin\theta \frac{\partial}{\partial \theta} \right] + \frac{1}{r^2 \sin\theta}\frac{\partial^2}{\partial \varphi^2} \right) \cdot \Psi$$

3.1 Elektronen in der Materie

χ_{nl} sind die *n*-ten Wurzeln der Besselfunktionen der Ordnung *l*. Für $l = 0$ gilt $\chi_{n0} = n\pi$ und das Energiespektrum ist das gleiche wie beim eindimensionalen Potentialtopf. In Bild 3.2 sind die Energiewerte für die Quantenzahlen $n = 1, 2, 3, \ldots$ dargestellt.

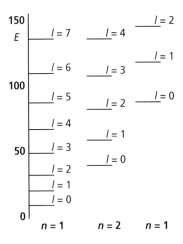

Bild 3.2 Energieniveaus im dreidimensionalen sphärischen Potentialtopf. Die Energieeigenwerte gehören zu Zuständen mit Quantenzahlen n und l, wobei n die Hauptquantenzahl und l die Drehimpulsquantenzahl ist. Jedes Niveau mit gegebenen l ist (2l + 1)-fach entartet.

Wenn das Potential nur endlich hoch ist, dann ändern sich die Eigenwerte nur geringfügig, wenn die Potentialhöhe das Kriterium

$$U_0 \gg \frac{\hbar^2}{8m \cdot a^2} \tag{3.11}$$

erfüllt.

Wenn

$$U_0 = \frac{\pi^2 \hbar^2}{8m \cdot a^2} \tag{3.12}$$

gilt, dann existiert nur ein gebundener Zustand im sphärischen Potentialtopf: $E_1 = U_0$. Sobald U_0 noch niedrigere Werte annimmt, dann findet man keinen einzigen gebundenen Zustand im Potential. Diese Einschränkungen sind der wesentliche Unterschied zwischen dem drei- und eindimensionalen System.

3.1.3 Das Elektron in der Wasserstoffatomhülle

Das H-Atom ist das einfachste quantenmechanische System, das in der Natur auftritt. Ein Elektron mit Masse m bewegt sich um ein Proton mit der Masse M_p. Der Hamiltonoperator in der Schrödingergleichung für das Wasserstoffatom hat die Form:

$$H = -\frac{\hbar^2}{2M_p}\Delta_p - \frac{\hbar^2}{2m}\Delta_e - \frac{e^2}{|r_p - r_e|}. \tag{3.13}$$

Δ_e und Δ_p sind die Laplace-Operatoren des Elektrons und des Protons, r_e und r_p die Ortsvektoren dieser beiden Teilchen. Die stationäre Schrödingergleichung lässt sich in diesem Fall exakt lösen und wir erhalten als Energieeigenwerte

$$E_n = -\frac{Ry}{n^2}. \tag{3.14}$$

Ry bezeichnet die *Rydberg-Konstante*, die den Energieaufwand angibt, der zur Ionisierung eines Wasserstoffatoms im Grundzustand notwendig ist:

$$Ry = \frac{e^2}{2a_B}; a_B = \frac{\hbar^2}{\mu e^2}. \tag{3.15}$$

In diese Konstante geht der Bohrsche Radius des Wasserstoffatoms ein, sowie die reduzierte Masse μ des Systems aus Elektron und Proton:

$$\mu = \frac{m \cdot M_p}{m + M_p}. \tag{3.16}$$

Im Fall des Wasserstoffatoms liegt μ bei 99,95% der Elektronenmasse m.

Qualitativ gleiche Energiespektren weisen alle Systeme auf, bei denen sich zwei Ladungen entgegengesetzter Polarität umkreisen. Allerdings kann die reduzierte Masse anders ausfallen, wie wir dies noch beim Exziton sehen werden.

3.1.4 Das Elektron im periodischen Potential

Jedes Elektron, das sich in einem kristallinen Festkörper bewegt, ist dem gitterperiodischen Potential der Gitteratome ausgesetzt. Im hypothetschen Fall eines eindimensionalen Kristallgitters wirkt das periodische Potential

$$U(x) = U(x+a), \tag{3.17}$$

das unter Translationen um die Gitterkonstante a oder deren Vielfache $n \cdot a$ invariant ist. Diese Translationssymmetrie hat zur Folge, dass die Wellenfunktionen des Elektrons sich

3.1 Elektronen in der Materie

ebenfalls gitterperiodisch verhalten müssen. Nach dem Blochschen Theorem, das in allen Lehrbüchern über Festkörperphysik abgeleitet wird, setzt sich jede Wellenfunktion, die Eigenfunktion zu einem Hamiltonoperator mit Translationssymmetrie ist, aus zwei Faktoren zusammen, einer ebenen Welle und einer gitterperiodischen Ortsfunktion $u_k(x)$, die die ebene Welle moduliert:

$$\Psi(x) = \exp(ikx)u_k(x),$$
$$u_k(x) = u_k(x+a). \tag{3.18}$$

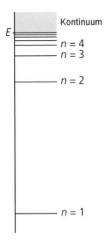

Bild 3.3 Energieniveaus des Elektrons in der Wasserstoffhülle

Zu beachten ist, dass die Ortsfunktion u von der Wellenzahl k abhängig ist. In anderen Worten, k ist die einzige Quantenzahl, die Energieniveaus und Wellenfunktionen klassifiziert. Da jede Verschiebung des Ortes x um $n \cdot a$ die Wellenfunktionen aufgrund der geforderten Translationssymmetrie unverändert lassen muss, folgt, dass zwei Wellenzahlen k_1 und k_2, die sich um ein ganzzahliges Vielfaches von $2\pi/n$ unterscheiden, physikalisch äquivalent sein müssen:

$$k_1 - k_2 = \frac{2\pi}{a}n, n = \pm 1, \pm 2, \pm 3, \ldots. \tag{3.19}$$

Alle physikalisch unterschiedlichen Lösungen der Schrödingergleichung können folglich nur Wellenzahlen aus dem Intervall

$$-\frac{2\pi}{a} \leq k \leq \frac{2\pi}{a}$$

aufweisen. Dieser Bereich im (hier eindimensionalen) Wellenzahlraum heißt *Erste Brillouinzone*.

Die Größe $p = \hbar \cdot k$ hat die Dimension eines Impulses kennzeichnen den Bewegungszustand des Elektrons (*Kristallimpuls*). Dieser Kristallimpuls unterscheidet sich vom üblichen Impuls eines Teilchens dadurch, dass der Kristallimpuls nur bis auf ein Vielfaches von $2\pi\hbar / a$ erhalten ist.

Das Energiespektrum eines Elektrons im periodischen Potential $E(k)$ ist eine Funktion, die wie die Wellenfunktionen auch von der Wellenzahl k abhängt. Wird das Potential im Limes $U(x) = 0$ betrachtet, spricht man von freien Elektronen mit dem Spektrum

$$E(k) = \frac{\hbar^2 k^2}{2m}.$$ (3.20)

Sobald das Potential endliche Werte annimmt ($U(x) \neq 0$), verändert sich das Spektrum merklich und es kommt zu Aufspaltungen an den Rändern der Brillouinzone (siehe Bild 3.4).

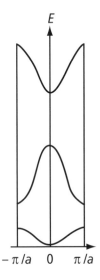

Bild 3.4 Auf die erste Brillouinzone reduziertes Energiespektrum eines Elektrons im eindimensionalen periodischen Potential mit Gitterkonstante a und nicht-verschwindendem Potential U(x) in Abhängigkeit von der Wellenzahl k.

Trotzdem kann das Energiespektrum freier Teilchen beibehalten werden, indem man statt der physikalischen Elektronenmasse eine effektive Masse $m^*(k)$ einführt:

$$E(k) = \frac{\hbar^2 k^2}{2m^*}.$$ (3.21)

3.1 Elektronen in der Materie

Häufig kann man $m^*(k)$ konstant setzen.[22] Dann kann m^* aus der 2. Ableitung der Energie bei $k = 0$ berechnet werden:

$$\frac{1}{m^*} = \frac{1}{\hbar^2} \left.\frac{\partial^2 E(k)}{\partial k^2}\right|_{k=0}. \qquad (3.22)$$

Von dieser effektiven Masse hängt die Reaktion des Elektrons auf eine externe Kraft, F, ab:

$$F = m^* \cdot \gamma . \qquad (3.23)$$

Die Größe γ ist die Beschleunigung, die das Teilchen durch F erfährt.

Wenn man das Energiespektrum in Bild 3.4 anschaut, stellt man fest, dass die effektive Masse m^* am Rand der Brillouinzone viel kleiner sein muss als die des freien Elektrons m. Deshalb können Elektronen in periodischen Potentialen viel „leichter" erscheinen als freie Elektronen. Manchmal können Kristallelektronen aber auch schwerer ausfallen als die echten physikalischen Teilchen. Es sind sogar Fälle mit negativen effektiven Massen möglich, wenn man k-Werte betrachtet, die in der Nähe eines Maximums von $E(k)$ liegen (negative Krümmung). Negative m^*-Werte sind kein Artefakt, sondern erfassen den Zusammenhang zwischen externer Kraftwirkung und gitterperiodischem Potential, die beide gleichzeitig auf ein Elektron im Kristall wirken. Die negative Masse bringt zum Ausdruck, dass Elektronen durch die Einwirkung der Kraft F im Gitter Bewegungszustände annehmen, in denen sich das Teilchen langsamer bewegt. Die hier entwickelten Vorstellungen können leicht auf den Fall eines periodischen dreidimensionalen Potentials ausgeweitet werden, wie man es in einem Kristallgitter antrifft.

Das Energiespektrum eines Kristallelektrons besteht also aus Energiebändern, die von dazwischenliegenden verbotenen Energiebereichen getrennt sind. Die elektrischen Eigenschaften der Festkörper werden davon bestimmt, wie die einzelnen erlaubten Energiezustände in den Bändern besetzt sind[23] und wie groß die Energielücke zwischen dem energetisch höchsten voll besetzen Band und dem ersten darüberliegenden teilweise oder auch gar nicht besetzten Energieband ausfällt. Wenn ein solches nicht vollständig besetztes Band existiert, dann liegt das elektrische Verhalten eines Metalls vor. Sind bei $T = 0$ alle Bänder entweder leer und vollständig gefüllt, dann haben wir es mit Isolatoren oder Halbleitern zu tun. Das energetisch höchste voll besetzte Band heißt *Valenzband*, das erste Band, das nicht vollständig mit Elektronen gefüllt ist, ist das *Leitungsband*. Die Energiedifferenz zwischen der Oberkante des Valenzbandes und der Unterkante des Leitungsbandes wird als *Bandlücke*, E_g, bezeichnet. Die Größe der Bandlücke bestimmt, ob es sich um einen Isolator oder ein halblei-

---

[22] Diese Annahme ist gerechtfertigt, wenn physikalischen Eigenschaften untersucht werden, die in der Nähe von $k = 0$ stattfinden, wie beispielsweise die Übergänge aus dem Valenz- ins Leitungsband bei bestimmten Halbeiterkristallen.

[23] Nach dem Paulischen Ausschließungsprinzip können zwei Elektronen im Gitter nicht den gleichen Zustand annehmen. Sie müssen sich also entweder in der Wellenzahl k oder dem Bandindex oder in der Spinquantenzahl (Eigendrehimpuls $+1/2\,\hbar$ oder $-1/2\,\hbar$) unterscheiden. Das es für jedes Band bei N Gitterzellen N verschiedenen Wellenzahlen in der ersten Brillouinzone gibt, kann jedes Band mit $2N$ Elektronen besetzt werden.

tendes Material handelt. Gilt $E_g > 4$ eV, liegt ein Isolator vor, bei kleineren Lückenenergien ein Halbleiter.

3.1.5 Elektron, Loch und Exziton

Der Zustand eines freien Elektrons ist vollständig bestimmt, wenn neben der Masse m und der Ladung $-e$ der Impuls des Teilchens $\hbar \cdot k$ und die Spinorientierung +1/2 oder -1/2 bekannt sind. In einem halbleitenden oder isolierenden Kristall kann ein Elektron das Valenzband verlassen und ins Leitungsband wechseln. Dazu muss bei einer Temperatur $T > 0$ genügend thermische Anregungsenergie zur Verfügung stehen, die es dem Teilchen erlaubt, mit einer bestimmten Wahrscheinlichkeit die Bandlücke zu überwinden. Im Leitungsband wird das angeregte Elektron jetzt über seine effektive Masse m_e^*, seine Ladung $-e$, die sich nicht geändert hat, seinen Spinzustand und seinen Kristallimpuls $\hbar \cdot k_e$ charakterisiert. Im Vergleich zu einem freien Elektron bleiben im Bänderschema nur die Ladung und die Spinquantenzahl erhalten.

Wenn ein Elektron aus dem Valenz- ins Leitungsband angeregt wurde, bleibt im vorher vollständig gefüllten Valenzband eine Elektronenfehlstelle, ein *Loch*, zurück. Ein solches Loch kann als ein sog. *Quasi-Teilchen* aufgefasst werden, das den Viel-Elektronenzustand der verbliebenen Valenzbandelektronen mit vier Größen beschreibt: der effektiven Masse des Lochs m_h^*, seiner Ladung $+e$, dem Spin des Lochs und dem Kristallimpuls des Lochs $\hbar \cdot k_h$.

In der Quantenphysik wird häufig das Konzept der *elementaren Anregungen* über dem Grundzustand verwendet. Im hier betrachteten Fall ist der Grundzustand der *Vakuumzustand* des Kristalls, ohne elementare Anregungen (Elektronen im Leitungsband und Löcher im Valenzband). Der erste angeregte Zustand über dem Grundzustand entsteht nach der Erzeugung eines Elektron-Loch-Paares: Das Elektron wird im Leitungsband generiert, das Loch im Valenzband. Solche Anregungen kommen durch äußere Einflüsse zustande, neben den bereits erwähnten Temperatureffekten sind dies insbesondere Wechselwirkungen mit elektromagnetischer Strahlung. Dabei absorbiert das Kristallgitter ein Photon mit der Energie $h \cdot \nu$. Hier gibt ν die Frequenz der Strahlung an, für die das absorbierte Photon mit Impuls $\hbar \cdot k_{ph}$ das Energiequant darstellt. Da die Energie genau wie der Impuls eine Erhaltungsgröße darstellt, gilt:

$$h\nu = E_g + E_{cin,e} + E_{cin,h}$$
$$\hbar k_{ph} = \hbar k_e + \hbar k_h \qquad (3.24)$$

E_g ist die Bandlückenenergie des Halbleiterkristalls und $E_{cin,e(h)}$ sind die kinetischen Energien des angeregten Leitungselektrons (Lochs). Bei sichtbarem Licht ist der Photonenimpuls vernachlässigbar klein und wir beobachten einen direkten Übergang, bei dem das Elektron, das ins Leitungsband wechselt, seine Wellenzahl beibehält. Es sind nicht nur Übergänge ins Leitungsband möglich, sondern auch umgekehrt Wechsel von Leitungselektronen in freie Zustände des Valenzbands. Dieser Vorgang heißt *Rekombination*, weil hier ein Leitungselektron und ein Loch verschwinden, indem sie sich zu einem Valenzelektron zusammenschließen.

Ein Elektron-Loch-Paar ähnelt von der gegenseitigen Coulomb-Wechselwirkung her einem Wasserstoffatom, allerdings mit folgenden Abweichungen:

- statt der Protonenmasse hat die positive Ladung die effektive Masse des Lochs, m^*_h,
- das Elektron hat statt der physikalischen Elektronenmasse die effektive Masse m^*_e,
- die beiden Ladungen bewegen sich in einem Medium, dass durch die Dielektrizitätskonstante des Kristalls gekennzeichnet ist.

Da die Wechselwirkung zwischen Loch und Elektron qualitativ die gleiche ist wie beim Wasserstoffatom, kann man das Elektron-Loch-Paar ebenfalls als Quasiteilchen ansehen (*Exziton*). Wie das Wasserstoffatom können wir für Exzitonen den entsprechenden Bohrschen Radius a_B^* und eine reduzierte Masse μ einführen. Auch die entsprechende Rydberg-Konstante Ry^* lässt sich angeben:

$$a_B^* = \frac{\varepsilon \hbar^2}{\mu e^2} = \frac{\varepsilon m}{\mu} \cdot 0,053 nm \ , \tag{3.27}$$

$$\mu = \frac{m_e^* \cdot m_h^*}{m_e^* + m_h^*} \ , \tag{3.16}$$

$$Ry^* = \frac{e^2}{2a_B^*} = \frac{\mu}{m \cdot \varepsilon^2} \cdot 13,6 eV \ . \tag{3.27}$$

Die effektive Masse des Elektron-Loch-Paars ist viel kleiner als die eines Elektrons, weil die dielektrische Konstante hier größer ist als im Vakuum. Deshalb ist der Bohrsche Radius eines Exzitons wesentlich größer als der eines H-Atoms und die Rydberg-Konstante entsprechend kleiner. In Halbleitern liegt der Bohrsche Radius a_B^* zwischen 1 nm und 10 nm, die Rydberg-Konstante Ry^* zwischen 1 meV und 100 meV. Die genauen Parameter einzelner Halbleitermaterialien sind in Tabelle 3.1 aufgelistet.

In einem Halbleiter ist die Bandlückenenergie E_g der minimale Energieübertrag an das Gitter, der für die Erzeugung eines ungebundenen Paares aus Elektron und Loch erforderlich ist. Die gebundenen Exzitonenzustände liegen deshalb dicht unter der Unterkante des Leitungsbandes in der Bandlücke. Die Exzitonenniveaus sind durch folgende Formel gegeben ($M = m_e^* + m_h^*$):

$$E_n(k) = E_g - \frac{Ry^*}{n^2} + \frac{\hbar^2 k^2}{2M} \ . \tag{3.28}$$

Die rechte Seite dieser Relation zeigt, dass die Energielücke mit wasserstoffähnlichen Zuständen gefüllt ist, wobei zu dem aus dem Wasserstoffspektrum bekannten Energieterm Ry^*/n^2 noch die kinetische Energie des Systems aus Elektron und Loch hinzutritt. Wie die ungebundenen Elektron-Lochpaare entstehen auch die Exzitonen durch Absorption von Photonen.

Tabelle 3.1 Parameter für Exzitonen in verschiedenen Halbleitern.

Halbleiter	Bandlücke E_g in eV	Rydberg-Konstante Ry^* in meV	Bohrscher Radius a_B^* in nm
Si	1,17	15	4,3
GaAs	1,518	5	12,5
CdSe	1,84	16	4,9
CdS	2,583	29	2,8
ZnSe	2,82	19	3,8
AgBr	2,684	16	4,2
CuBr	3,077	108	1,2
CuCl	3,395	190	0,7

3.1.6 Null- bis dreidimensionale Quantengitter

In Halbleitern sind die DeBroglie-Wellenlängen von Elektronen und Löchern λ_e bzw. λ_h wie auch der Bohrsche Radius von Exzitonen a_B^* viel größer als die Gitterkonstante a. Folglich kann eine Überstruktur in ein, zwei oder drei Raumrichtungen entstehen, deren Periodizität kürzer oder vergleichbar mit den Längen λ_e, λ_h und auch a_B^* ausfällt, aber trotzdem noch oberhalb der Länge a liegt. In diesen so genannten Quantenstrukturen sind die elementaren Anregungen quantenmechanischen Zwangsbedingungen unterworfen, die die Bewegung in Richtung der wirkenden Zwangsbedingungen einschränken, in anderen Richtungen aber nicht. Wird die Bewegungsfreiheit nur in einer Raumdimension eingeschränkt, kann nur eine zweidimensionale, planare Region besetzt werden. Den dazu nötigen Potentialverlauf bezeichnet man im Englischen als *quantum well* (deutsch: Quantentopf). Schränkt das Potential die Bewegung in zwei Dimensionen ein, entsteht ein Quantendraht (*quantum wire*). Wenn die Bewegungen von Elektronen, Löchern und Exzitonen in allen drei Raumdimensionen so weit eingeschränkt sind, dass diese Anregungen lokalisiert werden, entsteht eine Struktur mit Null Dimensionen, sog. Quantenpunkte (*quantum dots*).

In Quantendrähten und Quantentöpfen verhalten sich die elementaren Anregungen des Halbleiterkristalls in geringen Konzentrationen wie die des quantenmechanischen Elektronengases in drei Dimensionen. Die Zustandsdichte von Elektronen und Löchern kann in folgende allgemeine Form gebracht werden, wobei d die Raumdimension angibt:

3.2 Vom Festkörper zum Nanoteilchen

$$\rho(E) \sim E^{\frac{d}{2}-1}. \tag{3.29}$$

Die Energien von Löchern werden ab der Oberkante des Valenzbands gemessen, die der Elektronen vom Minimum des Leitungsbands nach unten. In drei Dimensionen wächst die Zustandsdichte wie die Quadratwurzel der Energie. In niedrigeren Dimensionen ($d = 1, 2$) treten in Folge der Einschränkungen Unterbänder aus diskreten Zuständen auf. In diesen Subbändern verhält sich die Zustandsdichte wie von (3.29) vorgegeben. Quantenpunkte ($d = 1$) haben wie Atome nur diskrete Energieniveaus.

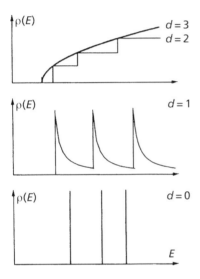

Bild 3.5 Elektronische Zustandsdichten in verschiedenen Dimensionen

Die bisherigen Betrachtungen gelten nur für Idealsysteme. In realen Gittern werden stets Fehlstellen und Verunreinigungen vorhanden sein, die viele neue Eigenschaften bei Quantenüberstrukturen hervorrufen.

3.2 Vom Festkörper zum Nanoteilchen

Als einfachste Nanopartikel kann man sich idealisiert kleine Kriställchen vorstellen, von sphärischer oder kubischer Form, die auch als Quantentöpfe bezeichnet werden. Obwohl solche Quantenstrukturen in der Natur nicht auftreten, gibt die Bezeichnung Quantentopf die wesentlichen Eigenschaften eines Nanoteilchens wieder.

Beim Übergang vom Festkörper zum Nanopartikel müssen wir vorab untersuchen, ob die Quasiteilchen in kleinen Systemen die gleichen Eigenschaften behalten wie in unendlich ausgedehnten Kristallen, und dann, wenn nötig, die Auswirkungen der Partikelgrenzen einbeziehen. Da die räumlichen Parameter der relevanten Quasiteilchen (DeBroglie-Wellenlänge und der Bohrsche Radius von Exzitonen) viel größer sind als die Abmessungen der Einheitszelle des Kristallgitters der meisten Halbleiter, können wir davon ausgehen, dass die Quasiteilchen viele Atome umfassen und folglich auch bei Nanopartikeln so behandelt werden können wie in makroskopischen Kristallen. Das endliche Gitter selbst stellt dann einen Potentialkasten, den Quantentopf, für die Quasiteilchen dar, in dem sie lokalisiert bleiben. Man kann daher davon ausgehen, dass Löcher und Elektronen wie im unendlich ausgedehnten Gitter durch eine effektive Masse charakterisiert werden können (*Effektive-Massen-Näherung*).

Um die Auswirkungen der Lokalisierung der Quantenzustände zu untersuchen, werden wir mit dem einfachsten Fall beginnen, und zwar einem Nanoteilchen, das mit einem sphärischen Potentialtopf beschrieben werden kann, in dem Elektronen und Löcher isotrope, also überall gleiche effektiven Massen aufweisen.

3.2.1 Schwache Lokalisierung

In diesem Bereich ist der Radius des Partikels, a, klein, aber immer noch so groß, dass er den Bohrschen Radius von Exzitonen um ein Vielfaches übertrifft. Dann ist die Beschreibung der Bewegung von Exzitonen über die Veränderung der Lage des Massenzentrums der Quasiteilchen gerechtfertigt. Ausgehend von der Dispersionsrelation eines Exzitons (3.28) in einem Kristallgitters fügen wir statt der kinetischen Energie von ungebundenen Quasiteilchen die Energie eines Teilchens ein, das sich im sphärischen Potential bewegt (siehe Gl. 3.10):

$$E_{nml}(k) = E_g - \frac{Ry^*}{n^2} + \frac{\hbar^2 \chi_{ml}^2}{2Ma^2}. \qquad (3.30)$$

Exzitonenzustände werden durch die Quantenzahl n klassifiziert. Diese Zustände entstehen als Folge der Coulombschen Wechselwirkung zwischen Elektron und Loch (1S; 2S, 2P; 3S 3P, 3D;....). Dazu treten im sphärischen Potential noch die Quantenzahlen m und l, die die Bewegung des Schwerpunkts des Exzitons im sphärischen Potential charakterisieren (1s, 1p, 1d, ..., 2s, 2p, 2d, ...).

Die Grundzustandsenergie ($n = 1$, $m = 1$, $l = 0$) ist

$$E_{1S1s} = E_g - Ry^* + \frac{\pi^2 \hbar^2}{2Ma^2} = E_g - Ry^* \left[1 - \frac{\mu}{M}\right] \frac{\pi^2 a_B^*}{a^2}. \qquad (3.31)$$

Charakteristisch für das erste Exziton ist die Energieerhöhung um

$$\Delta E_{1S1s} = Ry^* \frac{\mu}{M} \frac{\pi^2 a_B^*}{a^2}. \qquad (3.32)$$

3.2 Vom Festkörper zum Nanoteilchen

Diese Energieerhöhung ist aber klein im Vergleich zur Rydberg-Konstante Ry^*, weil der zusätzlich der Faktor $a/a_B^* \ll 1$ eingeht (wegen Voraussetzung $a \gg a_B^*$). Dies rechtfertigt den Begriff „schwache Lokalisierung", die Exzitonen sind gut beweglich.

Da durch Photonenabsorption nur Exzitonen mit Drehmoment Null erzeugt werden können, besteht das Absorptionsspektrum aus Linien, die zu Zuständen mit $l = 0$ gehören. Das Absorptionsspektrum lässt sich also aus den Energiewerten des Exzitons mit $\chi_{m0} = \pi \cdot m$ ableiten:

$$E_{nm} = E_g - \frac{Ry^*}{n^2} + m^2 \frac{\hbar^2 \pi^2}{2Ma^2}. \tag{3.33}$$

Das freie Elektron und das ungebundene Loch im Partikel haben die Energien

$$E^e_{ml} = E_g + \frac{\hbar^2 \chi_{ml}^2}{2m_e^* a^2}$$
$$E^h_{ml} = \frac{\hbar^2 \chi_{ml}^2}{2m_h^* a^2} \tag{3.34}$$

Daher ist die zusätzliche Energie der ersten Niveaus von Elektron und Loch gegeben durch

$$\Delta E_{1s1s} = E^e_{1s} + E^h_{1s} - E_g = \frac{\pi^2 \hbar^2}{2\mu a^2} = Ry^* \frac{\pi^2 a_B^{*2}}{a^2}, \tag{3.35}$$

auch diese Energiedifferenz ist viel kleiner als die Rydberg-Konstante.

3.2.2 Starke Lokalisierung

Die Bedingung, die zu starker Lokalisierung führt, ist $a \ll a_B$ (Bohrscher Exzitonenradius ist viel größer als der Partikeldurchmesser). In diesem Fall gibt es keinen gebundenen Zustand für Elektron und Loch und die kinetische Energie von Elektron und Loch ist viel größer als die Rydberg-Konstante Ry^*. Die Coulombanziehung zwischen Elektron und Loch kann vernachlässigt werden und man kann in erster Näherung davon ausgehen, dass die Bewegung der beiden entgegengesetzt geladenen Quasiteilchen nicht korreliert erfolgt. Deshalb haben Elektron und Loch jeweils die Energiespektren, die in Gl. 3.34 angegeben und in Bild 3.6 dargestellt sind.

Nach den Auswahlregeln sind nur optische Übergänge erlaubt, bei denen die Haupt- und Drehimpulsquantenzahlen erhalten sind. Folglich besteht das optische Absorptionsspektrum aus Linien, die zu folgenden Energiewerten gehören:

$$E_{nl} = E_g + \frac{\hbar^2 \chi_{ml}^2}{2\mu a^2}. \tag{3.36}$$

Die Quantentöpfe haben im Grenzfall starker Lokalisierung das gleiche Spektrum wie Atome und man bezeichnet sie deshalb auch als künstliche Atome oder Hyperatome.

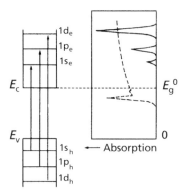

Bild 3.6 Optische Eigenschaften von idealen sphärischen Quantentöpfen. Links erkennen wir die Niveaus von Elektronen und Löchern eines Nanopartikels mit unendlich hohen Potentialwänden. Die optischen Auswahlregeln lassen nur bestimmte Übergänge zu, bei denen die Haupt- und Drehimpulsquantenzahlen erhalten sind. Das entsprechende Absorptionsspektrum ist rechts gezeigt. Es reduziert sich auf diskrete Linien, während das eines unendlichen Kristalls (gestrichelt gezeichnet) kontinuierlich verläuft.

Jedoch ist zu beachten, dass Elektron und Loch in einem Raumsegment konzentriert sind, das die Ausdehnung eines Exzitons in einem unendlichen Kristallgitter hat. Daher können wir die beiden Teilchen nicht als unabhängig voneinander ansehen. Das bedeutet, dass wir im Hamiltonoperator nicht nur die kinetischen Energien und das sphärische Potential, sondern auch die Coulomb-Anziehung von zwei Teilchen berücksichtigen müssen. Dies führt auf die folgende Grundzustandsenergie für das Elektron-Loch-Paar:

$$E_{1s1s} = E_g + \frac{\hbar^2 \pi^2}{2\mu a^2} - \frac{1{,}786 e^2}{\varepsilon \cdot a} \ . \tag{3.37}$$

Der letzte Term auf der rechten Seite steht für die effektive Coulomb-Wechselwirkung. Dieser Term kann nicht vernachlässigt werden und ist viel wichtiger als im Fall von unendlich ausgedehnten Kristallen. Hierin liegt der grundlegende Unterschied zwischen Quantentöpfen im Vergleich zu Kristallen und zu ein- oder zweidimensionalen Systemen, in denen die Coulomb-Anziehung innerhalb eines freien Elektron-Loch-Paares Null ist.[24]

Berücksichtigen wir alle Terme, dann ist die Grundzustandenergie eines Exzitons (die wie im unendlichen Gitter mit der Bandlückenenergie definiert ist) durch folgende Gleichung gegeben:

---

[24] Aufgrund des in der Regel größeren Abstandes kann sich im unendlichen Kristallgitter die Coulumb-Anziehung nicht so stark auswirken. Ihr Beitrag ist aber in der effektiven Masse teilweise mit berücksichtigt.

$$E_{1s1s} = E_g + \frac{\pi^2 a_B^{*2}}{a^2} Ry^* - 1{,}786 \frac{a_B^*}{a} Ry^* - 0{,}248 Ry^*. \tag{3.38}$$

Diese Energie hängt offensichtlich von der Partikelgröße a ab. Wenn der Partikeldurchmesser abnimmt, verschiebt sich die Absorptionsschwelle für optische Übergänge zu höheren Energien hin (*Blauverschiebung*). Beispiele sind in Bild 3.7 gezeigt.

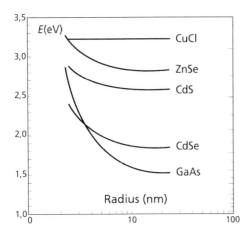

Bild 3.7 Energie der optischen Absorptionsschwelle für einige Halbleiter als Funktion der Partikelgröße. Wenn der Durchmesser der Teilchen größer als 20 nm ist, dann ist die Schwelle die gleiche wie für große Kristalle. Wenn der Durchmesser kleiner als 4 nm ausfällt, dann ist die verwendete effektive Massennäherung nicht immer gültig.

Bei den bisherigen Betrachtungen gingen wir davon aus, dass Elektronen und Löcher in Partikeln die gleichen Parameter (effektive Masse …) aufweisen wie in ausgedehnten Festkörpern. Diese Betrachtungsweise führt nur zu halbquantitativen Erkenntnissen über die Eigenschaften von kleinsten Partikeln. Für eine genauere Beschreibung müssen die Einflüsse der Größe auf die elektronischen Eigenschaften genau wie die tatsächliche Gestalt der Nanopartikel mit einbezogen werden. In Wirklichkeit sind Nanoteilchen in der Regel in Substratmaterialen (Halbleiter-, Polymer-Matrix usw.) eingebettet, die Einfluss auf die Barrierenform am Rand der Partikel haben. Das Exzitonenspektrum, wie auch die Auswahlregeln für optische Übergänge, können sich ebenfalls ändern.

3.3 Optische Eigenschaften von metallischen Nanopartikeln

Die optischen Eigenschaften der Nanoteilchen werden von der Form der Wechselwirkungen zwischen Leitungselektronen und der elektromagnetischen Strahlung bestimmt. Diese Wechselwirkungen verursachen kollektive Anregungen des Elektronensystems. Diese Effekte sind besonders ausgeprägt bei Au, Ag und Cu, weil es hier besonders viele Leitungselektronen gibt. Der elektrische Feldanteil in der einfallenden Strahlung löst die Bildung von elektrischen Dipolen im Partikel aus. Um dem entgegenzuwirken (*actio = reactio*), entstehen Kräfte im Partikel und es kommt zu Schwingungen mit einer spezifischen Resonanzfrequenz.

Diese Frequenz hängt von verschiedenen Faktoren ab, wie von Größe und Form des Teilchens oder der Beschaffenheit des Milieus, das die Teilchen umgibt. Sind die Teilchen nicht sphärisch, dann hängt die Resonanzfrequenz zusätzlich von der Orientierung des Feldes relativ zu den Achsen des Partikels ab und wir beobachten longitudinale und transversale Schwingungen. Liegen die Partikel eng beieinander, dann können auch die interpartikulären Wechselwirkungen Einfluss auf das Schwingungsverhalten haben.

Die theoretische Beschreibung der optischen Eigenschaften von Systemen aus gelösten Nanopartikeln mit sphärischer Form und Radius R stammt von Gustav Mie. Der Extinktionsquerschnitt σ_{ext} genügt der folgenden Gleichung

$$\sigma_{ext} = \frac{24\pi^2 R^3 \varepsilon_m^{3/2}}{\lambda} \left\{ \frac{\varepsilon''}{(\varepsilon'+2\varepsilon_m)^2 + \varepsilon''^2} \right\}.$$

Hier bezeichnet $\varepsilon = \varepsilon' + i\varepsilon''$ die komplexe dielektrische Konstante des Metalls und ε_m die dielektrische Konstante des Milieus, in dem die Partikel gelöst sind.

Systeme aus gelösten Nanoteilchen zeigen typische, starke Farbverschiebungen, wenn sich der Teilchendurchmesser, die Form der Partikel oder das Lösungsmittel ändert. Dies sagt auch das Modell vorher, denn nach der Formel führt der Nenner zu einem Absorptionsmaximum bei $\varepsilon' = -2\varepsilon_m$. Dann fällt die Absorptionskante des Metalls mit einem schmalen Band der Oberflächenplasmonen zusammen.

Sind die Partikel länglich, dann spielt die Polarisationsrichtung des Lichtes relativ zu den Symmetrieachsen der Teilchen eine wichtige Rolle und muss in die theoretischen Betrachtungen einbezogen werden.

3.4 Elektrische Eigenschaften: Coulomb-Blockade

Die geringe Größe von Nanosystemen beeinflusst nicht nur die Energieniveaus der Elektronen, sondern auch den Ladungstransport.

Wird ein Nanopartikel von einem Elektron durchquert, dann lädt sich das Teilchen elektrisch auf. Folglich verhält es sich wie ein Kondensator und seine Kapazität muss berücksichtigt werden. Diese Ladungseffekte führen zu einem charakteristischen Verhalten, dass als Coulomb-Blockade (engl. *Coulomb Blockage*) bezeichnet wird.

Will man ein weiteres Elektron in einem Partikel unterbringen, muss diesem die Energie

$$E_{add} = \Delta E + \frac{e^2}{C} \tag{3.39}$$

mitgegeben werden. Hier ist ΔE die Energiedifferenz zwischen den Niveaus eines Partikels mit N bzw. $N + 1$ Elektronen und C die Kapazität des Partikels. Das elektrische Verhalten eines Nanopartikels zeigt Bild 3.8.

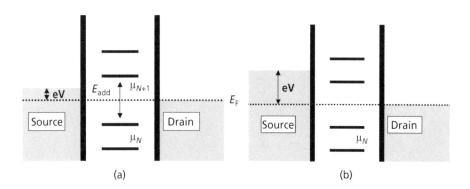

Bild 3.8 Die Coulomb-Blockade

Wenn an den Enden des Partikels eine Potentialdifferenz angelegt wird, die geringer ausfällt als der Energieunterschied zwischen den Fermi-Niveaus der Systeme mit N bzw. $N + 1$ Elektronen, kann das Elektron den Partikel nicht durchqueren (Bild 3.8a). Die Elektronenquelle (*Source*) ist blockiert, kann also kein Elektron einspeisen. Dies ist erst möglich, wenn die angelegte Spannung V die Fermi-Energie auf der Source-Seite so weit erhöht, dass dieses Niveau auf gleiche Höhe oder höher verschoben wird als das Niveau des Systems mit $N + 1$ Elektronen (Bild 3.8b).

3.5 Elektrische Leitfähigkeit

Da die mittlere freie Weglänge der Elektronen bei Raumtemperatur mehr als einige zehn Nanometer beträgt und damit größer ausfällt als die typischen Durchmesser der Teilchen, können wir die klassische Theorie der Ladungsträgerdiffusion nicht anwenden, vielmehr trifft hier die Theorie von R. Landauer aus dem Jahr 1957 zu, die sich mit der räumlichen Verteilung von Strömen und Feldern bei Anwesenheit von lokalisierten Streuzentren befasst. Das wichtigste Resultat dieser Untersuchungen besteht darin, dass nach dieser Theorie die Leitfähigkeit eine quantisierte Größe ist. Das Leitfähigkeitsquantum ist durch

$$G_{qu} = \frac{e^2}{\pi \hbar} = 8{,}10 \cdot 10^{-5} \frac{1}{\Omega} \tag{3.40}$$

gegeben. Deshalb ist die Strom-Spannungskennlinie eines Nanoteilchens oder einer molekularen elektrischen Verbindungsleitung ebenfalls eine quantisierte (stufenförmige) Kurve, wie in Kapitel 4 noch genauer diskutiert werden wird.

Die elektronischen Eigenschaften von Nanosystemen unterscheiden sich also qualitativ von denen ausgedehnter Kristalle. Auf diesen neuen Eigenschaften beruhen die Bauelemente der Nanotechnologie mit ihren neuartigen physikalischen und chemischen Eigenschaften.

4 Molekulare Elektronik

Gordon Moore, der Urheber des Mooreschen Gesetzes, hat mit Robert Noyce im Jahre 1968 die Firma INTEL gegründet, die bis heute der führende Hersteller von Mikroprozessoren ist. Wie das Mooresche Gesetz es vorhersagt, sind die Transistorzahlen pro Chip ausgehend vom ersten Mikroprozessor (INTEL 4004) mit 2250 Transistoren bis heute (PENTIUM 4) mit 42 Millionen Transistoren exponentiell gewachsen (siehe Bild 4.1).

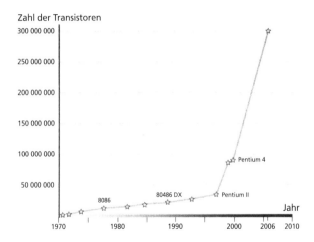

Bild 4.1 Mooresches Gesetz

Die Zusammenschaltung sehr vieler elektronischer Komponenten in einem monolithischen Halbleiterchip, der eine spezifische Funktion ausführt (z.B. arithmetische Operationen in einem Mikroprozessor oder Daten in einem Speicher ablegt), führt auf eine integrierte Schaltung. Das wichtigste Trägermaterial für integrierte Schaltungen sind nach wie vor Siliziumeinkristallplättchen. Bei der Chipherstellung kommt die Photolithografie zum Einsatz, bei der mit der Hilfe von Lichtstrahlen die nötigen Strukturen auf den Siliziumscheiben definiert werden. Die ungeheuere Steigerung der Leistungsdaten, die bei Mikroprozessoren im Laufe der Zeit zu beobachten war, ging und geht einher mit einer fortschreitenden Strukturverkleinerung. Heute ist man bei minimalen Strukturbreiten von etwa einem zehntel Mikrometer (100 nm) angekommen. Die mit der Miniaturisierung wachsende Komplexität der Schaltkreise und der Fertigungsprozesse hat zu einem zweiten Mooreschen Gesetz geführt, nach dem sich die Kosten für die Fertigung jeder neuen Generation von Mikroprozessoren ebenfalls verdoppeln. Die Kosten für eine Fabrikationsanlage für die nächste Prozessorgeneration werden von INTEL auf 2,5 Milliarden Euro geschätzt.

Die Zukunft des Siliziums scheint in den nächsten Jahren in Frage gestellt, weil es immer schwieriger wird, die Technologie nach den Vorgaben des Mooreschen Gesetzes weiter zu entwickeln. Abweichungen vom exponentiellen Wachstum der Integrationsdichte sind nicht nur aus ökonomischen Gründen zu erwarten, sondern auch aufgrund von technologischen Grenzen. So hängt das Auflösungsvermögen der Photolithografie entscheidend von der Wellenlänge des verwendeten Lichtes ab. Eine weitere Miniaturisierung der heutigen Schaltkreise ist nur mit zuverlässigen Lichtquellen und Abbildungssystemen für ultraviolete Strahlung oder niederenergetischer Röntgenstrahlung möglich. Die Skalengesetze für die Entwicklungstendenzen der Mikroelektronik deuten an, dass bereits 2010 die Entscheidung, ob ein Transistor sperrt oder Strom leitet, von wenigen Elektronen abhängt, die auf der Steuerelektrode des Transistors vorhanden sind oder nicht. Dies kann statistisch zu Fehlern bei einer rein binären Informationsverarbeitung mit den beiden Zuständen 0 und 1 führen. Deshalb sind neue Ansätze nötig, um die Mikro- zur Nanoelektronik weiterzuentwickeln, damit auch zukünftig Mikroprozessoren mit immer besseren Leistungsdaten gefertigt werden können.

Ein molekularer Zugang zu elektronischen Funktionen hat viele Vorteile:

- Im Gegensatz zu anorganischen Halbleitern lassen sich die Eigenschaften von organischen Molekülen leicht durch Prozesse gezielt verändern, indem man beispielsweise die Größe oder Struktur der Moleküle modifiziert oder bestimmte Atomgruppen substituiert.
- Außerdem verfügen Moleküle über die Fähigkeit, sich selbst zu organisieren, also spontan komplexe Strukturen auszubilden.
- Werden molekulare elektronische Bauelemente verwendet, dann führt dies automatisch zu einer Verkleinerung der Strukturen um bis zu 2 Größenordnungen (Faktor 100) im Vergleich zu den heutigen Bauelementabmessungen.

In diesem Kapitel haben wir uns vorgenommen, die Entwicklung der molekularen Elektronik zu beschreiben. Besonderes Gewicht legen wir dabei auf diejenigen Bauelementtypen, die auf molekularer Skala zur Verfügung stehen und mit denen zukünftige integrierte Schaltkreise aufgebaut werden können.

4.1 Molekulare elektrische Verbindungsleitungen

4.1.1 Mechanische Verbindungen

Die einfachsten Komponenten, die für eine elektronische Schaltung benötigt werden, sind elektrische Verbindungen, die elektrische Ladung zwischen zwei Bauelementen (z.B. zwei Transistoren) transportieren können. Auf diesem Gebiet war die Gruppe um Mark Reed von der Yale University eine der ersten, die gezeigt haben, dass dies mit linear strukturierten Molekülen zwischen zwei metallischen Kontakten möglich ist. Diese Moleküle lassen sich wie gewöhnliche metallische Leitungen einsetzen. Für diese Versuche wurden zwei Gold-

4.1 Molekulare elektrische Verbindungsleitungen

kontakte mit Abständen von einigen Zehntel Nanometern durch gezielte mechanische Unterbrechung einer Goldleitbahn erzeugt (Bild 4.2). Diese Golddrähte hatten nur einige Nanometer Durchmesser und, wie in der Abbildung gezeigt, besteht die Idee darin, dass die Goldleitbahnen auf ein flexibles Substrat aufgebracht werden, welches mit Hilfe eines piezoelektrischen Stempels von der Rückseite her kontrolliert gebogen wird. Piezomaterialien ändern ihre mechanischen Abmessungen, wenn sie von einem elektrischen Strom durchflossen werden. Die Änderung kann mit Hilfe der angelegten Spannung gesteuert werden. Die Golddrähte auf dem flexiblen Substrat reißen bei Erhöhung der Spannung am Piezoelement aufgrund des zunehmenden Stempeldrucks an bestimmten Stellen. Anschließend werden Benzenedithiol-Moleküle in Kontakt mit den unterbrochenen Goldleitungen gebracht, die sich an die Bruchstellen anlagern, indem sie eine kovalente Verbindung zwischen einem Gold- und einem Schwefelatom des Moleküls eingehen (dabei wird ein Wasserstoffatom in der SH-Gruppe des Moleküls frei). Am Schluss wird der Abstand zwischen den beiden Goldkontakten schrittweise reduziert, indem das Piezoelement, das auf die Rückseite drückt, mit immer geringeren Spannungen beaufschlagt wird. Die Goldkontakte rücken dabei immer weiter zusammen, bis nur noch ein einzelnes Molekül zwei Elektroden verbindet (Bild 4.2b).

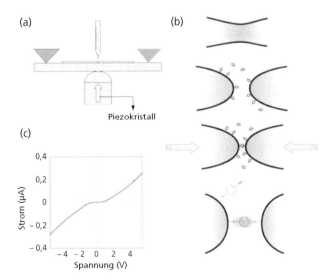

Bild 4.2: Elektrische Verbindungen: a) Herstellung einer Unterbrechung in einer schmalen Goldleitbahn mit Hilfe eines Piezoelements. b) Erzeugung einer leitfähigen Verbindung zwischen den Kontaktstellen der Unterbrechung über ein Benzenedithiol-Molekül. c) Auftragung des typischen Stroms I durch das Molekül in Abhängigkeit der Spannung V (nach Reed et al., Science, vol. 278, p.252, 1997)

In diesem Stadium ist es möglich, den Strom durch das Molekül als Funktion der an die Goldkontakte angelegten Spannung zu messen (Bild 4.2c). Die Abbildung zeigt, dass ein Strom in der Größenordnung Mikroampere durch das Molekül fließt, wenn einige Volt zwischen beiden Kontakten anliegen. Die Stromstärke ist dabei keine lineare Funktion der anliegenden Spannung. Das heißt, dass der Zusammenhang zwischen Strom I und Spannung V bei molekularen Leitern vom ohmschen Gesetz, das in der herkömmlichen Elektronik gilt, abweicht. Ohmsches Verhalten bedeutet, dass das Verhältnis zwischen V und I konstant ist und den Widerstand R der Verbindung angibt:

$$R = \frac{V}{I}.\tag{4.1}$$

Messungen haben gezeigt, dass der effektive Widerstand solcher einmolekularer Verbindungen typischerweise in der Größenordnung von einigen Megaohm (MΩ) liegt.

4.1.2 Einsatz hoch auflösender Mikroskope

Ein alternativer Zugang wurde von der Gruppe um Paul Weiss (Pennsylvania State University) erarbeitet. Diese Methode beruht auf dem Einsatz von Raster-Tunnel-Elektronenmikroskopen (STM, *Scanning Tunnel Microscopy*). Diese Technik wurde Anfang der 80er Jahre von Gerd Binnig und Heinrich Rohrer im IBM-Forschungslabor Zürich entwickelt und mit dem Physiknobelpreis 1986 gewürdigt. Hier wird eine dünne Metallspitze eingesetzt (in der Regel aus Platin oder Iridium), die am Ende nur aus wenigen Atomen besteht. Die Spitze wird dicht über eine elektrisch leitende Oberfläche gebracht und dann wird lokal der Strom gemessen, der von der Spitze zur Oberfläche fließt. Da keine direkte leitfähige Verbindung zwischen der Spitze und der Oberfläche besteht, müssen die Elektronen das Vakuum durchqueren, sonst würde kein Strom zustande kommen. Der dabei zugrunde liegende Effekt ist das quantenmechanische Tunneln (*Tunneleffekt*). Die Tunnelwahrscheinlichkeit für Elektronen von der Spitze zur Oberfläche hängt exponentiell vom Abstand ab, den die Elektronen im Vakuum überwinden müssen, und ist auf sehr kleine Abstände beschränkt. Folglich variiert der Tunnelstrom zwischen den beiden Elektroden sehr stark mit dem Abstand. Ein piezoelektrisches Abtastgerät erfasst die kleinste Veränderung mit einer Genauigkeit von 0,1 Ångström (1/10.000 eines mm). Diese Abstände sind viel kleiner als ein Atomdurchmesser. Die Abtastvorrichtung liefert die Messdaten an einen Rechner, der aus den Daten ein Bild der abgetasteten Oberfläche erstellt. Diese Messtechnik erlaubt beispielsweise die Erfassung der Oberflächenstruktur einer Metallplatte auf atomarer Skala, indem bei der Abtastung der Abstand zwischen Spitze und Fläche dadurch konstant gehalten wird, dass der Tunnelstrom regelungstechnisch auf einem festen Wert gehalten wird.

Im Rahmen der molekularen Elektronik kann man mit der STM-Methodik Goldoberflächen untersuchen, an denen Moleküle gebunden sind (Oligomere[25] aus der Paraphenylen-Ethynylen-Familie mit drei Wiederholeinheiten), die wiederum von Molekülen umgeben sind, die ein gesättigtes Kohlenstoff-Skelett aufweisen (Alkanäthiol), wie in Bild 4.3 gezeigt. In diesem Fall hängt der fließende Tunnelstrom in kritischer Weise von der Anordnung der Moleküle ab. Soll ein konstanter Strom fließen, dann muss die Spitze umso näher an die Moleküle

---

[25] Oligomere sind ähnlich wie Polymere kettenartige Moleküle, haben aber eine ganz genau definierten Länge von in der Regel weniger als zehn Wiederholeinheiten.

4.1 Molekulare elektrische Verbindungsleitungen 85

herangeführt (von den Molekülen weggezogen) werden, je schlechter (besser) leitend die Moleküle sind, die den Tunnelstrom zur Oberfläche der Metallplatte weiterleiten. Solche STM-Messungen zeigen deutlich, dass die gebundene Moleküle viel besser leiten als die Alkanäthiolkettenmoleküle mit gesättigtem Kohlenstoffskelett.

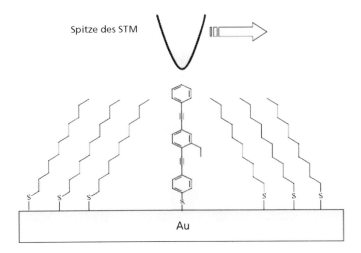

Bild 4.3 Untersuchung der elektrischen Eigenschaften von gebundenen Molekülen mit Rastertunnel-Mikroskopie.

4.1.3 Der Stromfluss durch ein Molekül

Wie kommt nun der Strom zustande, der in einer molekularen elektrischen Verbindungsleitung gemessen wird? Wenn ein Molekül in Kontakt mit zwei metallischen Elektroden gebracht wird, dann liegt das Ferminiveau E_F der Elektroden (die Energie des Niveaus an der Grenze zwischen dem Valenz- und Leitungsband, VB bzw. LB) innerhalb des verbotenen Energiebereichs E_L des Moleküls, der besetzte und unbesetzte molekulare Orbitale trennt (Bild 4.4). Die Wahrscheinlichkeit, dass bestimmte elektronische Zustände im VB bzw. LB des Metalls bei einer gegebenen Temperatur besetzt sind, ist durch die Fermifunktion gegeben:

$$f(E) = \frac{1}{\exp\left[\dfrac{E - E_F}{k \cdot T}\right] + 1} . \qquad (4.2)$$

Diese Funktion ist in Bild 4.4 b für T = 0 und T > 0 K aufgetragen. Am Nullpunkt ist $f(E)$ = 1, solange $E < E_F$ gilt, und verschwindet andernfalls. Dies bedeutet, dass das Valenzband voll gefüllt und das Leitungsband leer ist. Sobald die Temperatur erhöht wird, können Elektronen in das Leitungsband wechseln.[26] Beim Molekül hingegen sind die besetzten und unbesetzten Orbitale energetisch weit getrennt. Daraus folgt, dass unbesetzte Orbitale kaum bei normalen Umgebungstemperaturen durch thermische Anregungen mit Elektronen bevölkert werden können.

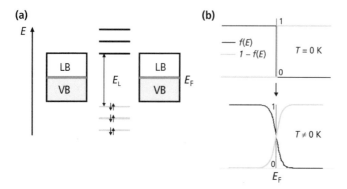

Bild 4.4 Strom durch ein Molekül: a) Elektronische Struktur einer unpolarisierten molekularen elektrischen Verbindung. Hier bezeichnen VB bzw. LB Valenz- und Leitungsband, E_F das Ferminiveau und E_L die Lückenenergie der relevanten molekularen Orbitale. b) Fermifunktion bei 0 K und bei einer Temperatur oberhalb des Nullpunktes.

Damit ein Elektron das Molekül durchqueren kann, müssen die relevanten elektronischen Energieniveaus übereinstimmen (Weg 1 in Bild 4.5). Im Leitungsband des Metallkontakts auf der einen Seite muss ein Zustand besetzt sein, der die gleiche Energie aufweist wie ein unbesetztes Molekülorbital. Im Kontakt und auf der anderen Seite muss ein unbesetzter Elektronenzustand im *LB* des Metalls mit entsprechender Energie frei sein, in den das eingespeiste Elektron aus dem molekularen Orbital wechseln kann (*Resonanzbedingung*). Ladungstransport durch das Molekül kann auch erfolgen, wenn ein nicht besetzter Zustand in der einen Elektrode mit einem besetzten Orbital des Moleküls und einem besetzten Elektronenzustand in der anderen Metallelektrode in Resonanz ist. Dann kann ein Loch (unbesetzter Elektronenzustand) in das Orbital übertragen werden und danach in das VB der zweiten Elektrode wechseln (Weg 2 in Bild 4.5). Beide Situationen können in spannungslosen Kontakten nicht auftreten. Wie das Energieschema aus Bild 4.4 zeigt, können weder Löcher noch Elektronen ohne Energiezufuhr in das *VB* oder *LB* der Metallkontakte wechseln. Deshalb werden auch keine Ströme bei Potentialdifferenzen von $V = 0$ zwischen den Metallkontakten gemessen. Nur eine angelegte Spannung V verschiebt die Fermienergien so, dass Resonanz auftreten kann.[27] Nach Anlegen einer Spannung V fließt messbarer Strom, weil die Fermienergie des positiv gepolten Kontaktes um $-V/2$ abgesenkt und die des negativen Kontaktes

---

[26] Ohne, dass wie bei Halbleitern dazu eine Energielücke zu überwinden wäre!

[27] Eine angelegte Spannung V erhöht die Elektronenenergie im Metall um den Betrag $e \cdot V$ (e Elementarladung) und verschiebt die Bänder bzw. die molekularen Energieterme entsprechend.

4.1 Molekulare elektrische Verbindungsleitungen

um $+V/2$ angehoben wird (siehe Bild 4.5). Diese gleichförmige Verschiebung der Energieskalen setzt natürlich zwei identische (symmetrische) Kontakte voraus.

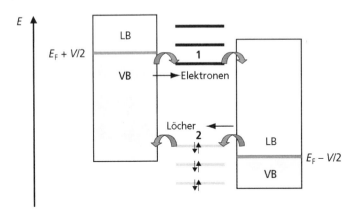

Bild 4.5 Ladungstransport durch ein Molekül zwischen zwei Elektroden, an denen die Spannung V anliegt.

Wie Bild 4.5 deutlich zeigt, können nur die Orbitale zum Ladungstransport beitragen, die zwischen den Niveaus $E_F - V/2$ und $E_F + V/2$ liegen. Löcherleitung erfolgt dabei über besetzte und Elektronenleitung über unbesetzte molekulare Zustände. Der Strom, der über ein molekulares Orbital fließt, das energetisch an die Niveaus i und j der beiden Elektroden gekoppelt ist, kann mit folgender Formel berechnet werden:

$$I = \frac{4\pi e}{\hbar} f(E_i)(1 - f(E_j)) n_i \cdot n_j \cdot T_{ij}^2 \cdot \delta(E_i - E_j) . \qquad (4.3)$$

Hier bezeichnet e die Elementarladung, $f(E_i)$ die Besetzungswahrscheinlichkeit des i-ten Niveaus der ersten Elektrode und $(1 - f(E_j))$ gibt die Wahrscheinlichkeit an, dass in der zweiten Elektrode das Niveau j unbesetzt ist. Es existieren im System n_i bzw. n_j Niveaus mit Energie E_i und E_j und in die Übergangswahrscheinlichkeit T_{ij} geht die Kopplungsstärke zwischen molekularen Orbitalen und den Metallkontakten ein. Das Kronecker-Delta-Symbol stellt die Resonanzbedingung zwischen den Niveaus sicher (für $E_i = E_j$ gilt $\delta = 1$, ansonsten $\delta = 0$).

Der Kopplungsterm T_{ij} hängt entscheidend davon ab, wie stark die Goldatome in der Elektrodenoberfläche an die Schwefelatome im Benzenedithiol-Molekül gebunden sind und ob auch die Form des Orbitals zum betrachteten Niveau passt. Sind die Elektronen im Orbital lokalisiert, steht also nur eine begrenzte Region im Molekül zu Verfügung, in der sie sich aufhalten können, wird der Stromfluss behindert. Sind die elektronischen Zustände des betrachteten Orbitals aber delokalisiert und die Elektronen können sich längs des gesamten Moleküls bewegen, dann steigt die Leitfähigkeit. Auf dieser Basis kann der gesamte fließende Strom durch Aufsummieren der Beiträge der einzelnen Orbitale zum Ladungstransport berechnet werden. Der Strom bei gegebener Spannung ist bei symmetrischem Aufbau der molekularen Struktur und der Metallkontakte unabhängig von der Stromflussrichtung. Jede Asymmetrie führt aber zu unterschiedlichen Leitfähigkeiten für die beiden Vorzeichen einer anliegenden Spannung. Dies deutet auf Gleichrichtereigenschaften von molekularen Verbindung hin, die im folgenden Abschnitt genauer beschrieben werden.

Die hier entwickelte einfache Vorstellung vom Zustandekommen des Ladungstransports beruht auf einer Theorie von Landauer, die heute häufig zur Berechnung des Stroms durch eine molekulare Verbindungsleitung verwendet wird. Das Modell berücksichtigt bereits die gesamte Komplexität des Problems, nämlich die Kopplungsstärke zwischen Molekül und Metallelektrode, sowie die Form und die Energie der Molekülzustände. Diese Einflussgrößen variieren mit der anliegenden Spannung. Merken wir uns für das Folgende, dass die Energie der Orbitale hier nur deshalb kaum vom Stromfluss verändert werden kann, weil das Molekül und die Elektrodenanordnung spiegelsymmetrisch aufgebaut sind.

4.1.4 Die Coulomb-Blockade

Wenn sich nur ein sehr schwacher Kontakt zwischen dem Molekül und den Elektroden ausbildet, weil es zu keiner kovalenten Bindung kommt, dann sind die Strom/Spannungskurven (Kennlinien der Kontakte) in der Regel Treppenfunktionen (Bild 4.6), die vom Effekt der Coulomb-Blockade herrühren. In diesem Fall können die Ladungen nicht kontinuierlich durch das Molekül fließen, sondern werden für eine gewisse Zeit vom Molekül eingefangen.

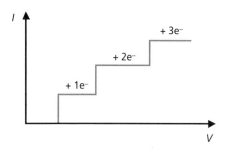

Bild 4.6 Schematische Darstellung der I/V-Kennlinie einer molekularen Verbindung. Der Elektronentransport wird durch Coulomb-Blockade behindert. Dies führt zur Treppenform der Stromkurve als Funktion der anliegenden Spannung.

Wenn der Strom von Elektronen getragen wird, dann ist der erste Schritt beim Ladungstransport die Injektion einzelner Elektronen in einen geeigneten molekularen Zustand. Paarweise Injektionen von Elektronen in das Molekül sind nicht so leicht möglich, denn die Coulomb-Abstoßung der zusätzlichen Elektronen in den Molekülorbitalen behindert den Übergang. Deswegen bleibt der Strom zunächst konstant, bis die externe Spannung an den Elektroden soweit angewachsen ist, dass sie die Abstoßungsenergie für Elektronenpaare kompensiert. Dann steigt die Stromstärke sprunghaft an und verharrt wieder auf diesem Niveau, bis die anliegende Spannung ausreicht, die gleichzeitige Injektion von drei Elektronen ermöglicht, usw. Im Allgemeinen sind diese Blockade-Effekte sehr deutlich in den Kennlinien sichtbar weil sie viel ausgeprägter sind als Temperatureinflüsse. Dies erleichtert die Messungen sehr.

4.2 Molekulare Gleichrichtung

1974 haben Ari Aviram (IBM Research, Yorktown Heights) und Mark Ratner von der Northwestern University als Erste ein theoretisches Konzept für die Gleichrichtung von Strom auf molekularer Ebene vorgestellt. Die vorgeschlagene molekulare Struktur wandelt Wechselstrom genau wie Halbleiterdioden in Gleichstrom um. Ihre Entdeckung machte die beiden Wissenschaftler zu den Gründervätern der molekularen Elektronik. Der gleichrichtende Mechanismus dieser molekularen Strukturen zeigt sich in einer starken Asymmetrie in den I/V-Kennlinien. Der bei einer gegebenen Spannung V fließende Strom I hängt stark von der Polung, also dem Vorzeichen der Spannung ab (siehe Bild 4.7).

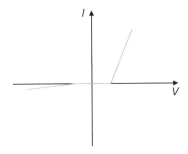

Bild 4.7 Schematische Auftragung einer Diodenkennlinie

Das Konzept von Aviram und Ratner beruht auf einer Verbindung zwischen zwei Metallelektroden über ein Molekül. Ein kontaktiertes Segment des Moleküls fungiert als Elektronen-Donator für π-Elektronen[28]. Ein mit der anderen Elektrode gebundener Teil des Moleküls nimmt die Elektronen über eine gesättigte Kohlenstoffkette auf und wirkt als Akzeptor. In einem solchen Molekül hat der Akzeptorencharakter des einen Endes zur Folge, dass dessen Energieniveaus gegenüber denen des Donatorteils deutlich abgesenkt (also stabilisiert) sind. Relevant sind die als HOMO (*Highest Occupied Molecular Orbital*) und LUMO (*Lowest Unoccupied Molecular Orbital*) bezeichneten Orbitale. Wie Bild 4.8 zeigt, liegen deshalb die Energien des HOMO-Niveaus des Donators sowie des LUMO-Niveau des Akzeptors nahe bei der Fermi-Energie der Metallkontakte.

---

[28] Die π-Elektronen sind für die Bindung des Moleküls an das Metall verantwortlich. Im Gegensatz zu σ-Bindungen sind ihre Aufenthaltswahrscheinlichkeiten nicht um die Verbindungsachse zentriert, sondern stehen senkrecht dazu. Dies führt zu einer schwächeren Bindung und deshalb sind diese Elektronen im Molekül beweglich.

Legt man nun in dieser Situation eine kleine Spannung in Vorwärtsrichtung an, dann verschiebt sich das Fermi-Niveau der beiden Metallelektroden energetisch so, dass ein Elektron in das LUMO-Orbital des Akzeptors injiziert wird und ein Elektron aus dem Donatorsegment entnommen wird. Im Molekül wird also ein unbesetzter Elektronenzustand erzeugt oder gleichbedeutend ein Loch injiziert. So fließt ein Strom, indem das injizierte Elektron aus dem LUMO-Orbital des Akzeptors in das frei gewordenen Niveau im HOMO-Niveau des Donators übergeht. Es ist zu beachten, dass sich die HOMO- und LUMO-Niveaus der beiden Segmente in gleicher Weise als Funktion der angelegten Spannung verschieben, wie die Fermi-Niveaus des benachbarten Metallkontakts. Dieses Verhalten kommt deshalb zu Stande, weil die beiden Segmente des Moleküls, die den Ladungsaustausch mit den Metallkontakten bewerkstelligen, dicht an je einer Metallelektrode sitzen und keine perfekt symmetrische Anordnung vorliegt.

Bei Sperrpolung ist eine wesentlich höhere Potentialdifferenz nötig, damit ein Strom fließen kann. Hier müssen die Orbitale so weit verschoben werden, dass das HOMO-Orbital des Donators mit dem LUMO-Orbital des Akzeptors in Resonanz ist, also energetisch übereinstimmt. Diese Asymmetrie in den benötigten Spannungen bewirkt den Diodencharakter dieser Anordnungen (Bild 4.8).

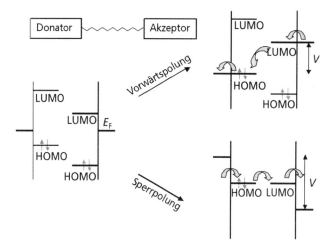

Bild 4.8 Gleichrichtende Struktur auf molekularer Ebene, die von einem Molekül gebildet wird, das über zwei Metallelektroden kontaktiert wird. Das Molekül hat zwei Endsegmente, die an die Kontakte gebunden sind. Das eine Segment gibt π-Elektronen ab (Donator), das andere nimmt diese auf (Akzeptor). Durch Anlegen einer geeigneten Spannung in Sperr- und Durchlassrichtung werden die molekularen Niveaus und die Fermi-Energien des Metalls so verschoben, dass der Übergang sperrt bzw. Strom leitet.

Erst Anfang der 90er Jahre entdeckten die Gruppen um die Professoren Roy Sambles (Exeter University) und Robert Metzger (University of Alabama) tatsächlich ein Molekül, das die von Aviram und Ratner für die Gleichrichterfunktion geforderten Eigenschaften aufweist:

4.3 Molekulare Transistoren

Hexadecylquinolinium Tricyanoquinodimetanuran, Bild 4.9. Eine Drehung der zentralen Vynelin-Gruppe, die mit steroiden Effekten ausgelöst werden kann, entkoppelt die Molekülsegmente, die dann als π-Elektronen-Akzeptor und Donator fungieren. Die Gleichrichterwirkung des Moleküls erreicht ein Verhältnis von 26:1. Der Sperrstrom wird bei Raumtemperatur also um den Faktor 1/26 im Verhältnis zum Durchlassstrom bei gleicher Potentialdifferenz ($V = 1,5$ V) bei Raumtemperatur gedämpft. Jedoch hat sich durch neuere Forschungen herausgestellt, dass der Aviram-Ratner-Mechanismus nicht für die hier beobachtete gleichrichtende Wirkung verantwortlich sein kann, was nicht leicht zuzugeben ist. Die Diodencharakteristik resultiert in Wirklichkeit aus der asymmetrischen Struktur des eingebetteten Moleküls und insbesondere durch die $C_{16}H_{33}$-Alkyl-Kette. Außerdem ist der gemessene Strom für eine Monolage des Moleküls zwischen zwei Metallplatten extrem klein (< 1 Mikroampere). Dies zeigt, dass die lineare gesättigte Kohlenstoffkette nur geringe Leitfähigkeit besitzt, und das erklärt, warum diese molekularen Gleichrichter bisher kein großes Interesse in der Nanotechnik gefunden haben. In den meisten bisher untersuchten Fällen entsteht das Diodenverhalten allein aus asymmetrischen Kontakten zu beiden Elektroden eines gleichrichtenden Übergangs und/oder aus dem asymmetrischen Aufbau der eingebetteten Moleküle. Deshalb bleiben wissenschaftliche Untersuchungen neuer Molekülstrukturen, die ein besseres Gleichrichterverhältnis aufweisen und höhere Vorwärtsströme ermöglichen, nach wie vor aktuell.

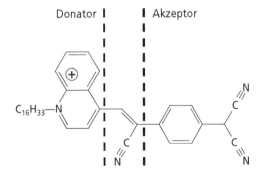

Bild 4.9 Chemische Struktur des Hexadecylquinolinium-Tricyanoquinodimetanuran-Moleküls.

4.3 Molekulare Transistoren

Transistoren sind die Bausteine, aus denen sich heute integrierte Schaltungen zusammensetzen. Dort verarbeiten sie in logischen Gattern binäre Informationen, die in Form elektrischer Signale vorliegen. Anders als Dioden verfügen Transistoren nicht über zwei, sondern über drei Metallelektroden. Die Transistorfunktion beruht bei den Feldeffekttransistoren auf der kontrollierten Auslösung des gleichnamigen Effekts. Dazu ist eine der Elektroden, die sog. Gate-Elektrode, über eine nicht-leitende Schicht von einer halbleitenden Schicht isoliert, die mit zwei weiteren Metallkontakten (Source- und Drainelektrode) angeschlossen wird (Bild 4.10). Ein Transistor arbeitet im Prinzip wie ein Schalter, der den Stromfluss zwischen Source- und Drainanschlüssen zulässt oder nicht, je nachdem welche Spannung zwischen Gate und Source anliegt. Die Leistungsfähigkeit eines Transistors bemisst sich daran, in welchem Verhältnis der Drain-Strom im An-Zustand zum Strom im abgeschalteten Zustand steht (typischerweise 10^6 : 1 oder mehr). Ein zweites Kriterium ist die Schaltgeschwindigkeit, also die Zeit, die benötigt wird, den Transistor an- oder auszuschalten. Die Schaltgeschwindigkeit wird wesentlich von der Ladungsträgergeschwindigkeit im verwendeten Halbleiterwerkstoff bestimmt und diese Verzögerungszeit geht wesentlich in die Datendurchsatzraten von integrierten Schaltungen ein. In der Molekularelektronik wurden spektakuläre Durchbrüche von der Arbeitsgruppe um Cees Dekker von der Universität Delft erreicht. Den Wissenschaftlern gelang es, unter Verwendung einer Kohlenstoff-Nanoröhre einen molekularen Transistor herzustellen (Bild 4.10).

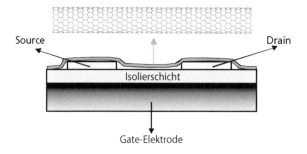

Bild 4.10 Chemische Struktur einer Nanoröhre und Architektur eines Transistors.

Kohlenstoff-Nanoröhren wurden zuerst von Dr. Sumio Iijima (NEC Fundamental Research Laboratory) 1991 hergestellt. Diese Röhren bestehen aus einer Vielzahl von zusammengefügten Benzolringen, die eine dünne Graphitschicht bilden, die dann zu einer Röhre aufgerollt ist. Der Röhrendurchmesser liegt im Bereich zwischen 1 nm und 2 nm, während die Längen einige Mikrometer betragen können. Nanoröhren können, wie die bekannten russischen Holzpuppen, auch ineinandergeschachtelt werden. So entstehen mehrwandige Nanoröhren (Bild 4.11) aus konzentrischen Zylindern. Diese Strukturen finden aktuell erhebliches Interesse, weil sowohl die mechanischen als auch die elektrischen Eigenschaften außergewöhnlich sind. So ist das Young-Modul dieser Röhren höher als das von Stahl, sie sind also mechanisch viel belastbarer. Elektrisch betrachtet können sich die Röhren sowohl wie Halbleiter, als auch wie Metalle verhalten, je nachdem welchen Durchmesser die Röhren oder welche Anordnung die Benzolringe auf der Oberfläche relativ zueinander aufweisen (siehe Chiralwinkel θ in Abschnitt 2.3.5).

Für einen molekularen Transistor, der die halbleitenden Eigenschaften der Nanoröhren ausnutzt, haben Dekker und Mitarbeiter zunächst mit den üblichen Lithografieverfahren zwei Platinelektroden für den Source- und den Drain-Anschluss auf einer isolierenden Silizium-

4.3 Molekulare Transistoren

oxidschicht erzeugt. Die Isolierschicht bedeckt die eine als Gate fungierende Schicht aus dotiertem Silizium. Die Nanoröhre wird dann aus einer Lösung zwischen den beiden Elektroden abgeschieden. Ihre Länge von 140 nm entspricht dem Abstand der beiden Elektroden.[29] Der Strom, der durch die Nanoröhre von der Source- zur Drainelektrode fließt, wird genau wir beim üblichen Silizium-Feldeffekt-Transistor stark von der Spannung beeinflusst, die zwischen der Source- und Gateelektrode angelegt wird. Dekker konnte diese Struktur durch Anlegen einer geeigneten Spannung sowohl einschalten (Source und Drain leitend verbunden), als auch deaktivieren (Source-Drain-Verbindung unterbrochen). Dieser Transistoreffekt war ein erster relevanter Schritt in Richtung einer neuartigen molekularen Elektronik, der hoffen lässt, dass die aktuellen mikroelektronischen Schaltungen auch in Zukunft weiter substantiell verkleinert werden können.

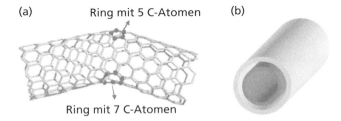

Bild 4.11 Gleichrichtender Übergang innerhalb einer Nanoröhre (a). Mehrwandige Kohlenstoff-Nanoröhre (b).

Das starke Interesse, das die Kohlenstoff-Nanoröhren derzeitig in der Forschung finden, ist jedoch nicht nur auf den Transistoreffekt beschränkt. Diese Strukturen scheinen auch gleichzeitig exzellente Ausgangsstrukturen für elektrische Verbindungsleitungen auf Molekülebene zu sein. Aktuelle experimentelle Studien in diesem Gebiet zeigen, dass die molekularen Orbitale vollständig delokalisiert sind und sich entlang der Röhren ausdehnen, was den Ladungstransport begünstigt. Coulomb-Blockaden treten erst bei tiefen Temperaturen auf. Die Sprungstellen zwischen den verschiedenen Stromplateaus liegen dabei nur einige mV auseinander. Weil Nanoröhren hohe thermische Stabilität aufweisen, können sie mit viel höheren Strömen belastet werden als entsprechende Kupfer- oder Golddrähte. Durch Zusammenfügen zweier Kohlenstoffnanoröhrchen mit halbleitenden und metallischen elektrischen Eigenschaften lassen sich Dioden herstellen. Der gleichrichtende Übergang entsteht, wenn gezielt chemische Fehlstellen in die Röhrenstruktur eingefügt werden (ein Kohlenstoffring mit 5 und einer aus 7 Kohlenstoffatomen, siehe Bild 4.11).

Kohlenstoff-Nanoröhren haben aber nicht nur Vorteile. Bei der Synthese dieser Strukturen entsteht in der Regel eine weit gestreute Mischung von Röhren, die sich in Dicke und in der

---

[29] Diese 140 nm stellen in der üblichen mikroelektronischen Nomenklatur die Kanallänge des Transistors dar. In den aktuellen Technologien der Mikroelektronik hat man mittlerweile Kanallängen bis hinunter zu 65 nm in Großserien erreicht. Natürlich bietet der neuartige Zugang über Kohlenstoffnanoröhren prinzipiell noch weiteres Verkleinerungspotential.

Zahl der ineinandergefügten Röhren bei den mehrwandigen Röhren unterscheiden. Dies zieht einen Sichtungs- und Auswahlprozess nach sich. Erst danach können die geeigneten Röhren in Systemen eingesetzt werden. Die großen Schwankungen der Röhreneigenschaften behindern den Einsatz von Nanoröhren im technischen Maßstab. Diese Probleme treten bei den oben diskutierten zusammengesetzten Molekülen nicht auf. Diese lassen sich in identischer Form milliardenfach produzieren. Deshalb sehen viele Forscher heute die Integration dieser Moleküle in nanometergroßen Transistoren als zukunftsweisend an. Es soll auch darauf hingewiesen werden, dass die korrekte Platzierung der Nanoröhren in den in Bild 4.10 gezeigten Transistorstrukturen nicht wie in der Mikroelektronik quasi automatisch durch die Fertigungsprozesse erfolgt, sondern eine individuelle Manipulation verlangt. So sind bspw. Abtastspitzen von STMs nötig, um die Nanoröhrchen in die gewünschte Position zu bringen. Für die weitere Anwendung solcher Transistoren sind also Verfahren zu entwickeln, mit denen halbleitende Werkstoffe in molekularer Form oder als Nanoröhre auf quasi natürliche Weise durch geeignete Prozessentwicklung zwischen die Elektroden gebracht werden.

4.3.1 Molekulare Dioden und der resonante Tunneleffekt

Bei der Entwicklung von molekularen Varianten der bekannten elektronischen Bauelemente (Verbindungsleitungen, Dioden und Transistoren) hat sich quasi beiläufig herausgestellt, dass auf molekularer Ebene neuartige Bauelemente realisiert werden können, die mit den gängigen mikroelektronischen Prozessen nicht herstellbar sind. Ein wichtiger Vertreter solcher neuartiger elektronischer Strukturen sind Dioden, die auf dem *resonanten* Tunneleffekt beruhen. Diese Dioden zeigen nicht nur den Gleichrichtereffekt, sondern sind auch durch das Auftreten einer schmalen Stromspitze in der Kennlinie (Bild 4.12) gekennzeichnet. Diese Spitze bedeutet, dass sich der Strom mit wachsender Spannung überproportional erhöht. Dies kann als negativer differentieller Widerstand[30] interpretiert werden (NDR, *Negative Differential Resistance*). Die Eigenschaft kann in neuartigen elektronischen Schaltelementen angewendet werden, denn, wie die Kennlinie zeigt, kann der Strom durch die Diode mit der Spannung stark erhöht bzw. fast unterbrochen werden. Dieses einzigartige Verhalten wurde zunächst in Bauelementen aus anorganischen Materialien ausgenutzt, die auf Resonanzeffekten, also der energetischen Übereinstimmung der beteiligten elektronischen Niveaus und auf dem Tunneln von Elektronen durch dünne isolierende Barrieren beruhen. Da diese Bauelemente den Strom nur in einer Richtung durchlassen, wurden sie als *Resonante Tunneldioden* bezeichnet.

---

[30] Der differentielle Widerstands eines Bauelements mit zwei Klemmen (Zweipol) bezieht sich auf die Steigung der Tangente in einem Arbeitspunkt auf der Kennlinie $R_{diff} = \Delta U / \Delta I$. In einem ohmschen Widerstand ist der differentielle Widerstand konstant. In der resonanten Tunneldiode wächst durch Absenken der Spannung der Strom, wenn man sich die Stromspitze von größeren Spannungen kommend durchfährt. Dies entspricht einem negativen differentiellen Widerstand!

4.3 Molekulare Transistoren

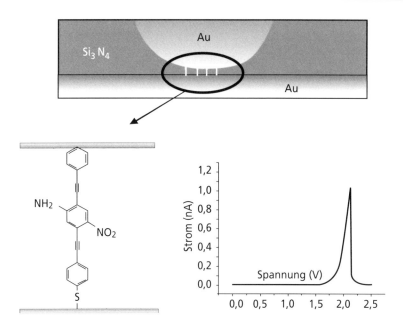

Bild 4.12 Nanoporen (oben) in Siliziumnitrid mit Goldkontakten, die mit Oligomeren gefüllt sind, und das NDR-Verhalten. Die Struktur der Oligomere ist unten links gezeigt. Unten rechts sehen wir die Kennlinie der nanoporigen Struktur, die den resonanten Tunneleffekt zeigt.

Die erste molekulare Diode, die auf dem resonanten Tunneleffekt beruht, wurde von Mark Reed und Mitarbeitern hergestellt. Dieses Bauelement besteht aus einer Nanopore, also einem Hohlraum, der in einem anorganischen Material mit Hilfe von Ionenstrahlen geschaffen wurde. Der Hohlraum wird an den Endflächen mit Goldelektroden versehen und mit Oligomeren aus drei Ringen gefüllt. Am mittleren Phenylen-Ethylen-Ring sind zwei Wasserstoffatome durch eine Nitro- bzw. eine Aminogruppe ersetzt (Bild 4.12). Bei einer Temperatur von 60 K zeigt dieses Bauelement bei 2V eine Stromspitze mit einer Amplitude, die um einen Faktor 1000 größer ist als der Strom im Plateaubereich (1 nA im Vergleich zu einem 1 pA). Die negative differentielle Widerstandscharakteristik tritt aber bei Raumtemperatur nicht mehr auf. Die besondere NDR-Kennlinie wird bei normaler Umgebungstemperatur nur dann beobachtet, wenn der zentrale Ring nur eine Nitrogruppe aufweist. Ist aber das zentrale Segment des Moleküls überhaupt nicht mit Molekülgruppen substituiert oder trägt dieser Ring lediglich eine Aminogruppe, dann wird bei keiner Temperatur NDR-Verhalten festgestellt.

Die Ursache für die Stromspitze in der Kennlinie ist noch umstritten und ungeklärt. Ein möglicher Auslösemechanismus könnte daraus resultieren, dass die molekularen Orbitale nicht alle im Kohlenstoffgerüst des Moleküls delokalisiert sind. Betrachten wir zum Beispiel ein Molekül, bei dem das LUMO-Niveau [LUMO+1] auf der linken [rechten] Seite des Moleküls lokalisiert ist (siehe Bild 4.13). Nehmen wir weiter an, dass die anliegende Spannung eine Wanderung von Elektronen von links nach rechts begünstigt. Dies führt zur Injektion eines Elektrons in das LUMO-Niveau, ohne dass es gleich zu einem größeren Strom längs des Moleküls kommt, weil das LUMO-Niveau lokalisiert ist. Wächst die Spannung, dann wird das LUMO-Niveau [LUMO+1] so lange destabilisiert [stabilisiert], bis sich eine kritische Situation ausbildet, bei der die Energien der beiden Niveaus gleich sind. In diesem Zustand bilden die beiden Niveaus einen kombinierten Zustand, der mit zwei über das gesamte Molekül ausgedehnten Wellenfunktionen beschrieben wird. Damit wird der Stromtransport möglich. Bei noch höheren Spannungen verschieben sich die Niveaus weiter und die Resonanzbedingung ist nicht mehr erfüllt. Die delokalisierten Zustände zerfallen wieder in Niveaus mit räumlich begrenzter Aufenthaltswahrscheinlichkeit für die Ladungsträger und der Stromfluss wird wieder unterbrochen.

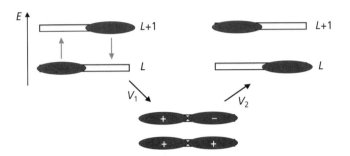

Bild 4.13 Kombination von lokalisierten molekularen Orbitalen bei geeigneter anliegender Spannung. Die so entstehende Leitfähigkeit zeigt NDR-Verhalten.

Im Ganzen betrachtet wird der erhöhte Strom folglich nur für einen schmalen Spannungsbereich beobachtet, was sich am Auftreten der schmalen Spitze in der Kennlinie äußert. Im Fall von Oligomeren des Phenylen-Ethylen-Typs wird die Lokalisierung der Orbitale durch Drehungen des zentralen Rings bewirkt, die aufgrund von thermischer Anregung zustande kommen, oder durch Wechselwirkungen zwischen dem Dipolmoment des Moleküls und dem von der anliegenden Potentialdifferenz erzeugten elektrischen Feld verursacht werden. Der NDR-Effekt entsteht, wenn sich die Orbitale des mittleren Rings auf die äußeren Ringe hin ausrichten. Dann fließt ein Tunnelstrom durch den mittleren Ring. Nur weitere intensive Untersuchungen können klären, ob das beschriebene molekulare Zusammenwirken von Resonanz und Tunneln das Bauelementverhalten der äquivalenten Systeme aus anorganischen Stoffen widerspiegelt.

4.3.2 Molekulare Informationsspeicher

Ein elektronisches Speicherelement ist eine elektronische Schaltung, die aus mehreren Bauelementen besteht (in der Regel aus einem Transistor und einem Kondensator). In solchen Speicherzellen können digitale Informationen (1 Bit mit den Werten 0 oder 1) mit Hilfe von elektrischer Ladung abgelegt und wieder aufgerufen werden. Ein Speicherelement kann gelesen oder auf Wunsch gelöscht oder neu beschrieben werden. Dank der wissenschaftlichen Arbeiten von James Heath und Fraser Stoddart (University of California) können wir

4.3 Molekulare Transistoren

diese Funktionen auch auf molekularer Ebene durchführen. Der speichernde Effekt von Molekülen kann beobachtet werden, wenn eine Monolage von Rotoxan-Molekülen oben und unten mit Metallelektroden kontaktiert wird. Wenn man die Strom-Spannungs-Kennlinie dieses Systems aufnimmt, kann man den gespeicherten logischen Wert auslesen. Ein Rotaxan-Molekül besteht aus einer langen Kohlenstoffkette, auf der ein molekularer Ring entlanggleiten kann, wie ein Ring über einen Finger.

Dies ist in Bild 4.14 für ein Rotaxan-Molekül gezeigt, das aus einer linearen Kette besteht, die von einer Moleküleinheit A (ein Derivat des Tetrathiafulvalens) und einer Einheit B (Dioxinaphtalen) gebildet wird. Die Kette ist von einem Ringmolekül umschlossen. Dieses Molekül ist vierfach positiv geladen und aus Bipyriden-Molekülen zusammengesetzt. Im neutralen Zustand besteht im Gesamtmolekül eine starke Wechselwirkung zwischen dem Ring und der Einheit A. Gleichzeitig kann ein gut messbarer Strom durch das Molekül fließen. Wird eine negative Spannung an das Molekül gelegt, dann wird das Molekül oxidiert, indem ein Elektron aus der Moleküleinheit A entnommen wird. Dies zieht eine Verschiebung des Ringmoleküls zum Molekülsegment B hin nach sich, denn der Ring ist wie das Segment A positiv geladen. Durch Coulomb-Abstoßung kommt es zur Verschiebung. Die Verschiebung verursacht ein drastisches Absinken des Stroms und kann als Umschalten des Systems aus einem leitenden in einen sperrenden Zustand aufgefasst werden. Der Strom lässt sich wieder einschalten, wenn eine positive Spannung über die Elektrodenplatten angelegt wird. Dann wird die Einheit A wieder reduziert (Elektronenaufnahme) und der Ring verschiebt sich die wieder in die Ausgangsposition (siehe Bild 4.14).

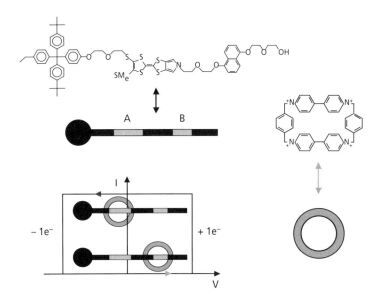

Bild 4.14 Rotaxan-Molekül und die molekulare Informationsspeicherung. Chemische Struktur des Moleküls und schematische Darstellung des Verhaltens einer Molekülmonoschicht zwischen zwei Metallplatten. Diese Ergebnisse sind im Detail von Stoddart et al. in der Zeitschrift Accounts of Chemical Research, Vol. 34, p. 433, 2001 beschrieben.

Durch Anlegen von negativer Spannung kann also die Leitfähigkeit mess- und reproduzierbar verringert werden. Eine Umpolung der angelegten Spannung setzt das System wieder in den Ausgangszustand zurück. Die beiden Leitwerte des Moleküls können als die beiden binären Zustände 0 und 1 interpretiert werden. Die jeweiligen Zustände bleiben auch beim Übergang vom leitenden in den nicht-leitenden Zustand in intermediären Spannungsbereichen m.E. zunächst erhalten. Es tritt eine Hysterese auf.[31] Der Wechsel in den leitenden bzw. nicht leitenden Zustand tritt bei unterschiedlichen Schwellwerten auf, je nachdem in welche Richtung die Spannungsänderung erfolgt. Deshalb kann die Information des Systems auch jederzeit störsicher gelesen werden. Dieses molekulare Speicherelement erfüllt damit alle Anforderungen, die auch an aktuelle mikroelektronische Speicher gestellt werden.

4.4 Auf dem Weg zum molekularen Computer

Die nötigen Bauelemente für integrierte Schaltkreise stehen heute schon auf molekularer Skala zur Verfügung. Folgt daraus auch, dass die zukünftigen Computer aus solchen molekularen Nanoelementen bestehen? Dies ist derzeit noch nicht sicher, denn es gibt noch viele Probleme, die auf dem Weg zum Nanocomputer gelöst werden müssen. Es ist dabei entscheidend, effiziente und reproduzierbare Methoden zu finden, mit denen die verschiedenen Nanobauelemente elektrisch sicher verbunden werden können und mit denen sich unerwünschte wechselseitige Beeinflussungen benachbarter Bauelemente effektiv unterdrücken lassen. Genauso bedeutsam sind die Fragestellungen, ob die lokale Wärmeentwicklung bei den einzelnen Nanokomponenten nicht zur unüberwindbaren Hürde wird, oder wie die nanoskopischen Teilsysteme mit der technisch relevanten Makrowelt in Verbindung gebracht werden können. Es gibt aber auch noch alternative neue Technologien, die bei der weiteren Verkleinerung der Elektronik an die Stelle der Nanotechnologien treten könnten. Es gibt heute beispielsweise schon Bauelemente, bei denen die Information nicht mehr von der Ladung von Elektronen transportiert wird, sondern über deren Spinzustand (*Spintronics*[32]), oder von einem Photon vermittelt wird (*Photonik*) oder sogar über Quantenzustände (*Quantenelektronik*). Die Informationsverarbeitung mit Nanokomponenten bedarf also noch vielfältiger neuer Ideen und es ist nicht leicht vorherzusehen, wann die Technik technisch einsatzbereit sein wird.

---

[31] Hysterese-Effekte, wie sie bekanntermaßen bei der Magnetisierungskennlinie eines Ferromagnetikums auftreten, werden bei elektronischen Bauelementen auch heute schon gezielt eingesetzt, wie z.B. beim Schmitt-Trigger, der zwei verschiedene Schaltschwellen aufweist, je nachdem ob die Eingangsspannung von hohen (logische 1) auf niedrige (logische 0) oder umgekehrt von niedrigen auf hohe Werte wechselt.

[32] Einen Übersichtsartikel über dieses noch junge Fachgebiet findet sich in einem Sonderheft der IEEE Proceedings, Bd. 91, Nr. 5, Mai 2003

5 Neuroelektronik

5.1 Elektronik und Biologie kommen zusammen

Mikroprozessorschaltungen können als künstliche „Gehirne" aufgefasst werden. Die Informationsübertragung erfolgt hier zwischen den verschiedenen Schaltelementen (Transistoren, Logikgatter) durch elektrische Signale. Interessanterweise werden auch alle Informationen zwischen den Nervenzellen im menschlichen Gehirn elektrisch übertragen, und das gilt auch für die Kommunikation zwischen dem Gehirn und den Körperorganen. Die Informationsübertragung über eine Nervenbahn erfolgt durch Ladungsänderungen an den Membranen der beteiligten Nervenzellen. Ein elektrischer Puls durchläuft so das Nervensystem bis zu dem Organ, an das die Information geschickt werden soll. Die elektrische Natur der Nervenleitung wurde schon vor mehr als zwei Jahrhunderten durch die berühmten Froschschenkel-Experimente von Volta entdeckt. Aber erst kürzlich wurde die Ähnlichkeiten zwischen der Informationsübertragung in der Biologie und in der Mikroelektronik genauer studiert und versucht, Nervenzellen mit Transistoren direkt zu verschalten. Das neue Wissenschaftsgebiet, das Mikroelektronik und Neurobiologie zusammenführt, wird in der Fachwelt als *Neuroelektronik* oder *Bioelektronik* bezeichnet.

Warum sollte man Transistoren mit Nervenzellen verbinden? Ein nahe liegender Grund ist, dass eine mit Neuronen verbundene integrierte Schaltung die Aktivität der Nervenzellen erfassen und aufzeichnen kann. Solche Systeme können dann *in vitro* (in einer Laborumgebung) die Wirkung neuer Medikamente auf das Nervensystem testen und so die Zahl der Tests *in vivo* (also in Tierversuchen) reduzieren.

Die Funktionsweise des menschlichen Gehirns als Netzwerk von Milliarden von Nervenzellen ist ebenfalls nur in Ansätzen verstanden. Wird nun ein integrierter Schaltkreis mit einem Neuronennetz verbunden, dann kann man nicht nur das Netz bei der Informationsverarbeitung beobachten und so besser die Funktion unseres Gehirns verstehen. Es ist außerdem möglich, die integrierte Schaltung bei der Datenverarbeitung dadurch zu entlasten, dass das Netz als neuronaler Zusatzprozessor eingesetzt wird. Dies ist der zweite interessante Aspekt bei der Neuroelektronik.

Schließlich kann man sich künstliche mikroelektronische Systeme vorstellen, die die Kommunikation im Nervensystem wieder herstellen, wenn Nervenbahnen durch eine Verletzung oder eine Krankheit geschädigt wurden. Solche Neuroprothesen könnten beispielsweise bei Rückenmarksverletzungen eingesetzt werden. Natürlich bestehen diese phantastischen Möglichkeiten derzeit nur in den Köpfen von Wissenschaftlern, aber die ersten Fortschritte der

Neuroelektronik, einer Disziplin, die gerade zehn Jahre alt wurde, sind vielversprechend. Die ersten Erfolge werden wir im Folgenden vorstellen.

5.1.1 Kommunikation zwischen Transistoren und Neuronen

Dreh- und Angelpunkt der Neuroelektronik ist die Anbindung von einer elektronischen Baugruppe (ein Transistor) an ein neurobiologisches System (Nervenzelle). Dabei gibt es zwei Aufgabenbereiche:

- die Wandlung eines elektronischen Signals in ein Aktionspotential eines Neurons (d. h. die Erzeugung eines Potentialverlaufs, wie er in der Nervenleitung auftritt),
- die Einflussnahme auf die elektrischen Eigenschaften eines Transistors mittels Aktionspotentialen, wie sie Neuronen erzeugen.

Erstmalig ist diese Anbindung Peter Fromherz und Mitarbeitern im Max-Planck-Institut für Biochemie in Martinsried bei München gelungen. Zuerst konnten die Forscher 1991 zeigen, dass Aktionspotentiale von Nervenzellen ausreichen, das Gate-Potential von MOS-Transistoren so weit zu verändern, dass der Strom im Kanal zwischen Source und Drain der Transistoren messbar verändert wird. Mit Messungen des Drainstroms konnte die neuronale Aktivität verfolgt werden. Als Nächstes konnte die Gruppe 1995 zeigen, dass spezifische elektrische Pulse mit Kondensatoren erzeugt werden können, die als Aktionspotential einer Nervenzelle wirken. Da die Kondensatoren bei der Pulserzeugung von Transistoren kontrolliert werden, die Teile eines integrierten mikroelektronischen System sind, ist der Kreis geschlossen: Transistoren können mit Nervenzellen kommunizieren.

5.1.2 Neuronen in integrierten Schaltungen

Bei der Erstellung von komplexen bioelektronischen Systemen ist es nötig, Neuronen räumlich zu fixieren und auf den Oberflächen integrierter Schaltungen wachsen zu lassen. Nur so können die Transistoren der Schaltung mit den Nervenzellen gekoppelt werden. Lässt man die Neuronen in Ruhe, dann wachsen sie ungestört und bilden ihre Dendriten in zufälligen Richtungen aus. Dendrite sind die feinen Fortsätze, über die die Neuronen mit anderen Neuronen kommunizieren. Außerdem haben Neuronen die Angewohnheit, ihre Lage beim Wachsen auf der Unterlage zu verändern. Es ist daher für das Zusammenspiel mit ortsfesten Transistoren entscheidend, dass auch die Neuronen und ihre Dendriten fest und präzise auf der Oberfläche des Chips platziert werden, ansonsten können die Neuronen nicht zuverlässig mit Elektroden stimuliert werden. Um die Neuronen zu lokalisieren, stehen zwei Vorgehensweisen zur Auswahl: die biochemische und die topographische Methode.

Die biochemische Methode
Bei dieser Methode werden mit lithografischen Verfahren räumlich selektiv an bestimmten Orten dünne Proteinschichten aufgebracht, an die sich Außenmembrane von Neuronen gerne anlagern. Deshalb wachsen die Neuronen bevorzugt auf den Proteinkissen (Bild 5.1).

5.1 Elektronik und Biologie kommen zusammen

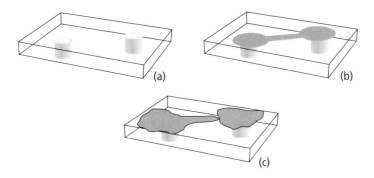

Bild 5.1 Lagekontrolle für Neuronen aus Chipoberflächen mit biochemischen Methoden. a) Aus der integrierten Schaltung ist ein Ausschnitt mit zwei schematisch über ihre zylindrischen Anschlüsse angedeuteten Transistoren gezeigt. b) Zwischen und über den Anschlüssen wird eine dünne Proteinschicht abgeschieden. c) Die Neuronen lagern sich an die Proteinschicht an und wachsen weiter.

Topographische Methode

Hier wird das Neuronenwachstum durch räumliche Zwangsbedingungen gesteuert. Zuerst wird eine Polymerschicht auf die gesamte Chipoberfläche abgeschieden. Dann wird diese Schicht in bestimmten Zonen, deren Durchmesser einige Miromiter beträgt, wieder mit lithografisch gesteuerten geeigneten Strukturierungsverfahren entfernt. Die so entstehenden Vertiefungen in der Oberfläche nehmen später die Neuronen auf. Die Nervenzellen vernetzen sich dann über ihre Dendriten, die in Gräben wachsen, die zwischen den Vertiefungen mit den gleichen Verfahren gezogen werden (Bild 5.2).

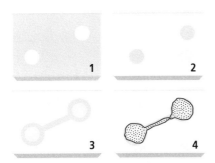

Bild 5.2 Lagekontrolle für Nervenzellen durch topographische Abkapselung. (1) Ein Oberflächenausschnitt des Chips mit zwei durch Kreise angedeutete Transistoren. (2) Die Chipoberfläche wird als Ganzes mit einem Kunststoff (Polymer) bedeckt. (3) Durch Lithografie und Ätzen werden die Transistoren und ein Verbindungsgraben zwischen diesen freigelegt. (4) Die Neuronen wachsen in den Öffnungen über den Transistoren und die Dendriten verbinden sich längs des Grabens.

Eine Variante dieses Vorgehens besteht darin, 40 μm hohe Polymerkontaktflecken abzuscheiden, die einige Mikrometer Durchmesser aufweisen und kreisförmig angeordnet sind.

So entsteht eine Art Einfriedung, in die die Neuronen verbracht werden können. Dendriten können zwischen den Kontakten hindurchwachsen und sich mit den Fortsätzen anderer Neuronen, die in benachbarten Einfriedungen lokalisiert sind, verbinden.

Mit diesen verschiedenen Methoden ist es also möglich, ein Netzwerk von miteinander kommunizierenden Neuronen zu schaffen, das präzise relativ zur geometrischen Anordnung der Halbleiterbauelemente des unterliegenden integrierten Schaltkreises justiert ist.

5.1.3 Elektronische Schaltung mit zwei Neuronen

Ein aktuelles Ergebnis aus der Arbeitsgruppe von Peter Fromherz ist die Verschaltung zweier räumlich getrennter Neuronen über eine mikroelektronische Transistorschaltung (Bild 5.3). Das eine Neuron ist über einem Feldeffekt-Transistor platziert, der die Aktivität der Nervenzelle überwacht. Der Transistor ist mit einer mikroelektronischen Schaltung verbunden, die seinen Kanalwiderstand überwacht. Dieser Widerstand ändert sich mit dem Wert des Aktionspotentials an den Dendriten des Neurons. Die Schaltung erzeugt eine Pulsfolge, sobald das Aktionspotential des Neurons 1 einen bestimmten Schwellwert überschreitet. Die Pulse werden an das Neuron 2 über Stimulationselektroden weitergeleitet. Als Folge erzeugt das Neuron 2 ebenfalls ein Aktionspotential, das von Mikroelektroden, die in das Neuron implantiert sind, aufgenommen wird. So wird die Aktivität des Neurons 2 von der Aktivität des Neurons 1 kontrolliert. Das Verhalten dieses hybriden bioelektronischen Systems zeigt klar, dass die Mikroelektronik zwischen den Neuronen als Kommunikationskanal zwischen Nervenzellen wirkt. Damit ist ein erster Schritt in Richtung einer Neuroprothese prinzipiell gelungen, die unterbrochene Nervenstränge überbrücken kann.

Bild 5.3 Mikroelektronik als Kommunikationsstrecke zwischen zwei Neuronen. Die Emission eines Aktionspotentials durch Neuron 1 (angedeutet durch die Blitzsymbole) wird von einem Transistor unter dem Neuron erkannt, an die Elektronik gemeldet und dort in eine Pulsfolge übersetzt. Diese Pulsfolge wird durch Elektroden an das Neuron 2 weitergeleitet (aufsteigende Blitzsymbole).

Dieses bahnbrechende Experiment zeigt, dass Neuronennetze und elektronische Schaltungen integriert werden können. Somit werden hybride Rechenwerke vorstellbar, bei denen lebende Materie und auf der Nanoskala strukturierte Elektronik zusammenarbeiten. Viel versprechende Perspektiven für künstliche informationsverarbeitende Systeme bietet auch der Einsatz von DNA, dem molekularen Träger der Erbinformation.

5.2 Rechenwerke auf Basis der DNA-Doppelhelix

Neben siliziumbasierten Mikrorechnern oder molekularer Elektronik gibt es noch weitere seltsam anmutende und futuristische Ansätze für die Computer von morgen. DNA-Computer sind dafür ein Beispiel. Die DNA ist ein Makromolekül, das aus zwei Strängen aus Nukleinsären besteht, die in Form einer rechtgängigen Doppelhelix ineinander gewickelt sind. Entdeckt wurden DNA und ihre Funktion als Träger der genetischen Information in den Zellen von James D. Watson und Francis H. Crick im Jahre 1953. Die gesamte genetische Information wird in den DNA-Strängen in Form eines Alphabets aus vier Buchstaben kodiert. Jeder der Buchstaben wird dabei durch eine charakteristische Folge von 4 Basenmolekülen (Adenin, Thymin, Adenosin und Guanin) dargestellt.

In der Doppelhelixstruktur der DNA gilt die Basenkomplementarität, d.h. wenn in einem Strang eine der vier Basen auftritt, dann findet sich im anderen Strang die komplementäre Base. Beispielsweise ist Adenin stets mit Thymin gepaart und Adenosin mit Guanin, siehe Bild 5.4.

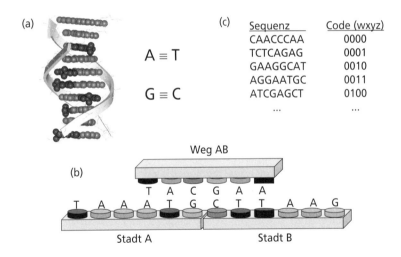

Bild 5.4 *a) Basenkomplementarität zwischen Adenin (A), Thymin (T), Guanin (G), Cytosin (C) und die Doppelhelix der DNA. b) Schematische Darstellung der Kodierung der Städte und der Routensegmente des Handlungsreisenden in komplementären DNA-Fäden. c) Weitere Möglichkeit der Kodierung zur Lösung des Problems mit speziellen Basensequenzen*

Die komplementären Basen sind mit einer Wasserstoffbrücke verbunden Diese Form der Informationsdarstellung ist sehr kompakt, denn es passen Tausende von Milliarden Strängen in einen Kubikzentimeter. Da es möglich ist, die Information in den Strängen durch bestimmte Abläufe zu verändern, kann man sich vorstellen, logische Operation auf die DNA-Ketten anzuwenden und so Berechnungen auszuführen (indem man beispielsweise die Komplementarität der Basen ausnutzt, s.u.). Die Forscher halten es daher für denkbar, Supercomputer zu konstruieren, die Milliarden von Operationen gleichzeitig (parallel) durchführen können. In diesen massiv parallel arbeitenden Systemen spielen die einzelnen DNA-Stränge die Rolle von Nanoprozessoren.

Im Jahre 1994 wurde ein erster Schritt in diese Richtung getan. Leonard Adleman von der Universität von Südkalifornien hat DNA benutzt, um ein Standardproblem der diskreten Optimierung zu lösen, das Problem des Handlungsreisenden. Dieser Reisende sucht die kürzeste Route, die alle anzufahrenden Punkte (Städte) auf einer Landkarte verbindet, wobei jedes Ziel nur einmal besucht werden darf. Sind nur wenige Ziele vorgegeben, dann kann die optimale Route mit Papier und Bleistift ausgerechnet werden. Wächst die Zahl der Zielpunkte, dann steigt die Zahl der möglichen Routen, die ein Computer sequentiell bewerten muss, exponentiell an und die benötigte Rechzeit wächst entsprechend. Dies macht die Lösung des Problems bei sehr vielen Städten, die besucht werden sollen, praktisch unmöglich.

Adleman hat das Handlungsreisendenproblem mit einigen Gramm DNA gelöst und zwar so, dass auf einmal alle möglichen Routen gleichzeitig untersucht wurden. Dies sind die einzelnen Schritte des Adlemanschen Algorithmus:

- Es werden zufällige Routen zwischen allen Städten generiert. Die Städte werden dazu als einfache wohldefinierte DNA-Sequenzen dargestellt; die Routen werden ebenfalls mit DNA-Sequenzen ausgedrückt, indem die erste Hälfte einer Sequenz komplementär zu einer Stadt und die zweite komplementär zu einer anderen Stadt ist (Bild 5.4b). Diese als Oligonukleotide bezeichneten kurzen Nukleinsäure-Fäden mit nur wenigen Bausteinen werden in Lösung gebracht und gemischt. Jeder Faden kann sich mit der Base eines zweiten DNA-Fadens (der eine Stadt darstellt) wie in der Doppelhelix unter Berücksichtigung der Komplementarität paaren. So entsteht eine Vielfalt von zufälligen Routen.
- Jetzt müssen nur noch die Routen ausgewählt werden, die das gesamte Problem lösen. Dieser Schritt ist aufwendig und langwierig (sieben Tage im Labor!). Es wird nach den Hybriden aus Städte- und Routeninformationen gesucht, die *alle* Städte zwischen Start und Ziel *nur einmal* beinhalten. Die nötigen Labormethoden sind komplexe molekularbiologische Prozesse.

Andere Wissenschaftler haben alternative Verfahren vorgeschlagen, bei denen die DNA-Fäden auf einer festen metallischen Unterlage fixiert sind, anstatt in einer Flüssigkeit gelöst zu sein. Dadurch konnte die Leistungsfähigkeit des Systems gesteigert werden. Die DNA wird beispielsweise auf einer Goldoberfläche angelagert und es wird versucht, ein ähnlich komplexes Problem wie das des Handlungsreisenden zu lösen. Die Lösung sollte im Beispiel aber auch gleichzeitig bestimmte logische Bedingungen erfüllen, in die mehrere Variable eingehen. Die Vorgehensweise ist hier die Folgende: Wie bei Adleman wird jede Information wieder in Form von Oligonukleotiden kodiert (Bild 5.4.c). Dann werden alle DNA-Fäden, die zu den möglichen Lösungen des behandelten Problems gehören, auf der Goldoberfläche fixiert. Dann werden die Oligonukleotide, die die erste logische Bedingung erfüllen, hinzugefügt und können sich mit passenden DNA-Sequenzen paaren, die auf der Oberfläche sitzen. So entstehen an die Oberfläche gebundene Doppelstränge und einzelne Fäden, die zu Lösungen gehören, die die erste logische Bedingung nicht erfüllen. Diese ungeeigneten Fäden werden mit Hilfe von Enzymen zerstört. Dann wird die Oberfläche so erwärmt, dass alle

5.2 Rechenwerke auf Basis der DNA-Doppelhelix

komplementären DNA-Sequenzen eliminiert werden, und anschließend wird die Oberfläche gereinigt. Im nächsten Schritt werden neue Oligonukleotid-Fäden aufgebracht, die die zweite logische Bedingung erfüllen, und mit den Sequenzen gepaart, die sowohl Lösung des gesamten Problems wie auch der ersten logischen Bedingung sind. Dieser Vorgang wird so lange wiederholt, bis alle logischen Bedingungen eingearbeitet sind und zum Schluss nur noch solche DNA-Sequenzen auf der Oberfläche anzutreffen sind, die das Gesamtproblem mit allen Bedingungen lösen.

Der Weg zu einem kommerziellen DNA-Computer ist aber trotz dieser Erfolge im Labormaßstab noch weit. Ein größerer Problemkreis hängt mit der komplexen Struktur der DNA-Moleküle zusammen. Die Komplexität zieht Fehlermöglichkeiten nach sich. DNA-Operationen laufen im Labor deshalb nicht fehlerfrei ab. Es treten gehäuft Seiteneffekte auf, die sich in die Berechnungsergebnisse beim DNA-Computing fortpflanzen. In der Natur werden diese Fehler in den Zellen als Mutationen wieder korrigiert. Im Labor steht ein entsprechend systematischer Zugang zur Fehlerkorrektur hingegen bis heute nicht zur Verfügung. Ein zweiter Problemkreis, dessen Bedeutung betont werden muss, ist die schwierige Ergebnisermittlung. Nur mit komplexen, langwierigen molekularbiologischen und gentechnischen Methoden kann die letztendliche Lösung einer DNA-Berechnung „abgelesen" werden, während die Generierung aller möglichen Lösungen praktisch instantan erfolgt. Deshalb ist es unwahrscheinlich, dass schon bald DNA-Computer Aufgaben übernehmen werden, die auch mit konventionellen Rechnern gelöst werden können. Vorschläge für sinnvolle Anwendungen der DNA-Computer liegen deshalb eher im biologischen Bereich, statt auf Standardanwendungen. Man kann sich vorstellen, dass die neuen Rechner in Biosensoren pathogene Elemente in der Umwelt nachweisen können oder in Zellen selbst biochemische Prozesse detektieren oder auch direkt in der Gentechnik Anwendung finden werden.

6 Verformbare elektronische Werkstoffe

Die meisten polymeren Materialien verhalten sich elektrisch wie sehr gute Isolatoren. So sind beispielsweise die Isolationen von elektrischen Kabeln meist aus Polyethylen. Allerdings zeigen einige spezielle Kunststoffe, die zur Gruppe der konjugierten Polymere gehören, erstaunliche elektrische Eigenschaften. Mit einfachen chemischen Prozessen können diese Stoffe dotiert werden. Dadurch lässt sich ihre Leitfähigkeit um mehrere Größenordnungen steigern. Die Leitwerte erreichen die Werte von Eisen oder Kupfer. Deshalb werden die dotierten konjugierten Polymere auch *plastische Metalle* genannt. Die wissenschaftliche Zeitschrift, in der Arbeiten über elektrisch leitfähige Polymere den Schwerpunkt bilden, heißt interessanterweise sogar *Synthetic Metals* (Synthetische Metalle). Hier war Alan Heeger, der Nobelpreisträger für Chemie des Jahres 2000 lange der leitende Herausgeber. Das Spezifische an den konjugierten Polymeren besteht darin, dass hier in einem Werkstoff die elektrischen Eigenschaften von Metallen mit den Eigenschaften von Kunststoffen (Elastizität, geringes Gewicht, preiswerte Herstellung und damit geringer Preis) kombiniert werden können. Dies hat natürlich sofort erhebliche Anstrengungen ausgelöst, um neue leitfähige Polymere für neue Anwendungen zu synthetisieren. Einige dieser Entwicklungen werden schon kommerziell genutzt, wie z.B. die antistatischen Plastikfilme, mit denen die photografischen Filme von AGFA Gevaert SA überzogen sind.

6.1 Konjugation von Polymeren

Bevor wir die (elektronische) Struktur der konjugierten Polymere genauer untersuchen, gehen wir einige Jahrzehnte zurück und geben einen kurzen historischen Überblick. Obwohl etliche Veröffentlichen schon in den 60er Jahren des letzten Jahrhunderts auf die Möglichkeit der guten elektrischen Leitfähigkeit von Polymeren hingewiesen hatten, ließ sich der metallische Charakter eines Polymers erst 1973 zuverlässig beim Poly-Schwefel-Nitrid $(SN)_x$ nachweisen. Dieses anorganische Polymer war die Pioniersubstanz bei der Entwicklung leitfähiger Kunststoffe. Die elektrische Leitfähigkeit erreichte hier den Wert vom 10^3 S/cm, was im Beziehung zum Kupfer 10^5 S/cm oder aber zum Polyethylen 10^{-14} S/cm zu setzen ist. Interessanterweise wird Poly-Schwefel-Nitrid sogar supraleitend (hat also den elektrischen Widerstand 0), wenn die Umgebungstemperatur den Wert von 0,3 K unterschreitet.

In den Jahren um 1970 herum zeigte sich, dass die Leitfähigkeit von (SN)$_x$ um eine ganze Größenordnung gesteigert werden konnte, wenn das Material Bromdämpfen oder anderen Oxidantien ausgesetzt wurde. Dann verändert sich das Polymer und liegt in Form eines Polykations (postiv geladen) vor. Die Ladungsneutralität wird wieder dadurch hergestellt, dass die reduzierte Form des Oxydanten eingebaut wird (Br$_3^-$ im Beispiel).

Die Übertragung dieser Erkenntnisse auf das Polyacetylen (siehe Bild 6.1), ein anderes konjugiertes Polymer[33], hat zu einem Durchbruch bei der Entwicklung leitfähiger Kunststoffe geführt. 1977 haben die Professoren MacDiarmid, Heeger und Shirikawa entdeckt, dass Polyacetylen dessen intrinsische Leitfähigkeit nur bei 10^{-5} S/cm liegt, fast metallische Leitfähigkeit aufweist, wenn es mit Stoffen in Kontakt gebracht wird, die es reduzieren oder oxidieren (also Ladungen an das Polymer übertragen). Es ist dabei hervorzuheben, dass diese Entdeckung zum Teil darauf beruht, dass Ende der 60er Jahre Verfahren entwickelt wurden, mit denen dünnste Polyacetylenfilme mit besten mechanischen Eigenschaften hergestellt werden konnten. Zuvor war Polyacetylen nur als schwarzes unlösliches, nicht schmelzbares Material verfügbar. Die Filmabscheidung von Polyacetylen brachte den Verfahrensentwicklern im Jahr 2000 den Nobelpreis für Chemie ein.

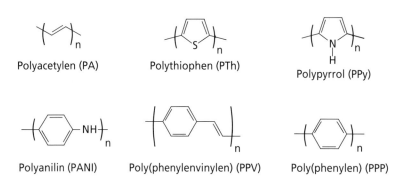

Bild 6.1 Chemische Struktur von einigen konjugierten Polymeren

In der Folge wurden die gleichen chemischen Methoden auf viele andere Polymere angewendet, um sowohl ihre Leitfähigkeit als auch ihre photochemische Beständigkeit zu verbessern. Polyacetylen beispielsweise zersetzt sich rasch an der Luft durch Oxidation und war deshalb nicht der ideale Werkstoff für technische Anwendungen. Die Strukturformeln der wichtigsten leitfähigen Kunststoffe, die unter Einwirkung von Oxidations- und Reduktionsmittel ebenfalls leitfähig werden, sieht man in Bild 6.1. In den 80er Jahren wurden große Fortschritte dadurch erzielt, dass man die leitfähigen Kunststoffe, die in ihrer ursprünglichen Form völlig unlöslich, unschmelzbar und deshalb auch schwer verarbeitbar sind, über strukturelle Veränderungen in gewöhnlichen organischen Lösungsmitteln löslich machen kann. Dazu werden in die Polymerketten Alkylgruppen oder andere Gruppen eingefügt, z. B. die

---

[33] Konjugierte Polymere sind Kettenmoleküle, in denen sich Einfach- und Doppelbindungen zwischen den Kohlenstoffatomen abwechseln (*konjugierte Doppelbindungen*).

Benzolringe des Polythiophens. Dann werden Lösungen dieser leitfähigen Polymere in sehr dünne Filme gegossen und können so leicht verarbeitet werden. Zur Dünnfilmabscheidung verwendet man beispielsweise das *Spin-Coating*. Bei diesem Verfahren wird die Lösung des Polymers auf eine schnell rotierende Platte gegossen. Die Zentrifugalkräfte ziehen die Flüssigkeit auseinander. Sie bedeckt dann die ganze Platte und gleichzeitig verdampft das Lösungsmittel. So entstehen sehr dünne, aber homogene Polymerfilme.

Eine weitere bemerkenswerte Entdeckung wurde von Richard Friend und seiner Gruppe 1990 veröffentlicht. Hier wurden die ersten Leuchtdioden auf Basis von diesmal halbleitenden Polymeren (Polyphenylenvinylen) vorgestellt. Wieder einmal wurden hier interessante Materialeigenschaften der Kunststoffe mit denen der konjugierten Polymere kombiniert. Dabei waren optische Eigenschaften, genauer das Phänomen der Elektrolumineszenz, entscheidend. So haben sich weitere vielfältige Anwendungsmöglichkeiten für diese Stoffgruppe aufgetan. Parallel zu Anwendungen in großflächigen flachen Displays zur Informationsdarstellung können die konjugierten Polymere auch als Basis für aktive Schaltelemente dienen (Plastikfeldeffekttransistoren) oder auch zur Energiegewinnung (Plastiksolarzelle). Alle diese Bauelemente, die im Folgenden beschrieben werden, beruhen auf dem Halbleitercharakter des reinen konjugierten Polymers. Um die elektronischen, optischen und sogar magnetischen Eigenschaften dieser Stoffgruppe zu verstehen, ist es entscheidend, die elektronische Struktur der konjugierten Polymere genauer zu untersuchen. Dies geschieht im folgenden Abschnitt.

6.2 Elektronische Struktur und Elektron-Phonon-Kopplung

Ein konjugiertes Polymer ist ein Makromolekül, das aus Kohlenstoffatomen oder Heteroatomen aufgebaut ist, von denen jedes ein atomares π-Orbital besitzt. Dies ist bei allen in Bild 6.1 gezeigten Verbindungen der Fall. Die Bedeutung dieser π-Orbitale liegt darin, dass sie sich zu molekularen Orbitalen überlagern, die zu delokalisierten Elektronenzuständen gehören, die sich längs des gesamten Moleküls ausdehnen und so die interessanten Eigenschaften der konjugierten Polymere hervorrufen. Im idealisierten Fall eines unendlich langen Polymers unterscheiden sich die Eigenenergien der ausgedehnten Orbitale nur infinitesimal voneinander. So entstehen kontinuierliche Energiebänder, wie wir dies schon vom Teilchen im Potentialtopf aus Kapitel 2 kennen. Diese Bänder werden als π-Bandstruktur bezeichnet. Wie in den Festkörperkristallen heißt das energetisch höchste besetzte Band Valenzband und das darauf folgende nicht voll besetzte Band Leitungsband. Beide Bänder sind wieder durch eine Energielücke getrennt, also einen Energiebereich, für den es keine Zustände gibt, die von Elektronen besetzt werden können. In reinen Polymeren beträgt die Lückenenergie 2 eV bis 3 eV. Die Materialien verhalten sich also wie Isolatoren oder Halbleiter.

Aus dem einfachen Bändermodell folgt direkt, wie sich die Eigenschaften der Polymere ändern, wenn sie oxidiert oder reduziert werden. Durch Redox-Vorgänge oder Dotierung auf chemische oder elektrochemische Weise wird die elektronische Struktur der Poymere so verändert, dass sie aus dem neutralen Zustand, in dem sie isolierend oder intrinsisch halbleitend sind, in den dotierten elektrisch leitfähigen Zustand übergehen. Die π-Elektronen können bei der Dotierung leicht von den konjugierten Kettenmolekülen abgelöst oder diesen hinzugefügt werden, denn die Ionisationspotentiale sind klein und die Elektronenaffinitäten hoch. Die Dotierung hat außerdem kaum Einfluss auf die chemische und strukturelle Stabilität der Moleküle, da deren Bindung im Wesentlichen durch σ-Orbitale zu Stande kommt.

Ein anderer wichtiger Aspekt für das Verständnis der Leitungsmechanismen in konjugierten Polymeren ist die starke Wechselwirkung, die zwischen der Struktur des Moleküls und den elektronischen Zuständen besteht, die als Elektron-Phonon-Kopplung[34] bezeichnet wird. Diese Kopplung ist entscheidend am Entstehen von elektrisch geladenen oder angeregten neutralen Zuständen bei konjugierten Polymeren beteiligt. Wird einem konjugierten Polymer ein Elektron oder ein Loch zugeführt, also die Kette oxidiert bzw. reduziert, dann verformt sich das Netzwerk der Atome in der Kette lokal. Dies entspricht in der Begriffswelt der Festkörperphysik einem Polaron[35]. In der Sprache der Chemiker stellt dieses Polaron ein Radikal mit elektrischer Ladung dar (Kation bei positiver bzw. Anion bei negativer Ladung), das mit einer lokalen Verformung des Kettenmoleküls (Ausdehnung ca. 30 Å) verknüpft ist. Wird eine weitere Ladung gleichen Vorzeichens zugeführt, dann bildet sich ein Bipolaron, also zwei Verformungen der Kette in enger Nachbarschaft. Die strukturellen Veränderungen fallen bei Bipolaronen stärker aus.

Die Verformungen verändern ihrerseits wiederum die elektronische Struktur des Moleküls. So entstehen lokalisierte Niveaus in der Bandlücke, die neue optische Übergänge implizieren. Dies verändert das Absorptionsspektrum des Polymers und damit dessen Farbe deutlich. Auf diesen Farbänderungen nach der Dotierung beruhen die Anwendungen von bestimmten konjugierten Polymeren in der Displaytechnik. Die lokalen Veränderungen in einer Polymerkette durch Oxidation sowie die Auswirkungen auf die elektronische Struktur und die optischen Eigenschaften ist in Bild 6.2 gezeigt. Als Beispiel dient eine Polythiophenkette. Wir erkennen im Bild, dass die verformungsbedingte Umorganisation der elektronischen Zustände durch den Ladungsentzug bei der Oxidation die auftretenden Bipolaronen thermodynamisch stabilisiert, obwohl sich die beiden Bipolaronen als negative Ladungen gegenseitig abstoßen. Die Stabilisierung der dotierten Kette mit Bipolaronen erfolgt durch energetisch günstige Niveaus, die in Folge der Dotierung in der Bandlücke entstehen. Die zusätzliche Coulomb-Energie der durch die Oxidation geschaffenen sich abstoßenden Ladungszentren wird so ausgeglichen.

---

[34] Phononen sind die Energiequanten der Gitterschwingungen. Die Stärke der Elektron-Phonon-Kopplung beschreibt, wie stark die Elektronenzustände von Moleküldeformationen beeinflusst werden oder inwieweit spezielle Elektronenzustände das Molekül selbst verformen.

[35] Wenn ein geladenes Teilchen durch einen Festkörper wandert, dann polarisiert es das Kristallgitter, und dies führt zur Verformung. Dieser kollektive Zustand von Gitter und Ladung (Elektron, Loch), bei dem man sich das Elektron in einer Wolke von quantisierten Verzerrungen vorstellen kann, kann als Bewegung eines Quasiteilchens, eines *Polarons*, durch das Gitter oder hier das Molekül aufgefasst werden.

6.3 Ladungstransport

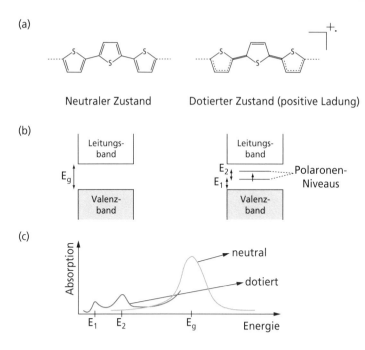

Bild 6.2 (a) Geometrische Veränderung in der Polythiophenkette nach der Dotierung durch Oxidation. (b) Bandstruktur im intrinsischen (links) und dotierten Zustand (rechts). (c) Absorptionsspektrum des Polythiophens im dotierten und intrinsischen Zustand.

6.3 Ladungstransport

Anfänglich wurde primär die gute elektrische Leitfähigkeit der konjugierten Polymere untersucht und in Anwendungen genutzt. In letzter Zeit hat sich aber das Interesse zunehmend in Richtung von Systemen verlagert, die elektrisch halbleitend sind und sowohl aus polymeren Strukturen, als auch aus Oligomeren und Einzelmolekülen aufgebaut sein können. Die Moleküle oder Polymere sind dabei in einem ungeladenen Zustand. Der Schlüsselmechanismus, der den Wirkungsgrad in vielen Anwendungen bestimmt, ist der Ladungstransport im Inneren von organischen Materialien.

Die Natur des Ladungstransports in Materialien aus kleinen konjugierten, organischen, elektrisch neutralen Molekülen oder Molekülketten wird immer noch intensiv erforscht. Zwei extreme Varianten treten dabei je nach experimentellen Gegebenheiten auf. Im einen Grenzfall wird die Leitfähigkeit durch ein Bändermodell beschrieben. Hier treten die HOMO-Niveaus der Moleküle (*Highest Occupied Molecular Orbital*) in Wechselwirkung und bilden ein intermolekulares (zwischenmolekulares) Valenzband (im Gegensatz zu den intramolekularen Bändern, die im vorherigen Abschnitt für konjugierte Polymere angesprochen wurden). In gleicher Weise interagieren die LUMO-Niveaus (*Lowest Unoccupied Molecular Orbital*) der Moleküle und bilden ein intermolekulares Leitungsband (Bild 6.3). In diesem Bändermodell sind die Elektronen und Löcher delokalisiert, die Wellenfunktionen erstrecken sich über mehrere Moleküle und dementsprechend sind die Ladungsträger räumlich auf viele Moleküle verteilt.

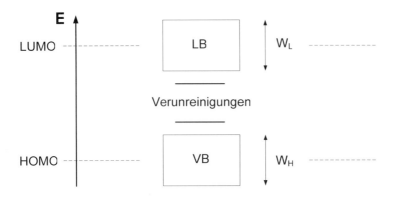

Bild 6.3 Bandstruktur aus Valenz- und Leitungsband für intermolekulare elektronische Zustände und das Auftreten von lokalisierten Zuständen in der Bandlücke aufgrund von Verunreinigungen.

Die Kenngröße für den Ladungstransport ist hier die Ladungsträgerbeweglichkeit (μ), die als Verhältnis aus Ladungsträgergeschwindigkeit und angelegter elektrischer Feldstärke F definiert ist: $\mu = v / F$. Die Beweglichkeit kann auf verschiedene Weisen gemessen werden. Weit verbreitet sind Flugzeitmessungen (*TOF, Time-of-Flight*). Hier wird der organische Stoff als Film zwischen zwei Metallelektroden eingebracht. Ladungen werden im organischen Material durch Bestrahlung an der einen Elektrode frei gesetzt; die Löcher oder Elektronen wandern dann durch das organische Material, wie von der Polarität der angelegten Spannung vorgegeben. Die Zeit bis zum Erreichen der entsprechenden Gegenelektrode (t) wird gemessen. Aus der Feldstärke und der Filmdicke (d) können wir die Beweglichkeit nach der Formel $\mu = d/t F$ berechnen. Die so ermittelten Beweglichkeiten sind häufig durch Verunreinigungen und Defekte negativ beeinflusst und stellen deshalb eine untere Grenze dar, die jedoch auch häufig in technischen Systemen nur erreicht wird. Eine andere Möglichkeit zur Bestimmung der Beweglichkeit ist die Extraktion dieses Parameters aus den elektrischen Eigenschaften eines Transistors, der aus dem interessierenden halbleitenden organischen Material hergestellt wurde (siehe unten); auch diese Messungen führen auf eine untere Grenze von μ. Die obere Grenze, also die maximal im betrachteten Material mögliche Beweglichkeit, kann mit einer wesentlich aufwendigeren Technik festgestellt werden, dem PR-TRMC-Verfahren (*Pulse Radiolysis Resolved Microwave Conductivity*). Hier wird die Probe mit hochenergetischen Elektronen beschossen. Die so erzeugten Ladungsträger verändern das Absorbtionsverhalten des Materials für Mikrowellen. Aus dem gemessenen Absorptionsspektrum kann man direkt auf die Beweglichkeit der Ladungen schließen.

Im Bereich der Bänder ist die Beweglichkeit erhöht (ca. 10^2 cm^2/ Vs) und μ hängt direkt mit der energetischen Breite des Valenzbandes (W_H) für die Löcher (*holes*) und der des Leitungsbandes (W_L) für die Elektronen zusammen. Diese Energiebereiche betragen einige hun-

6.3 Ladungstransport

dert meV. Je größer die Bandspreizung, desto größer ist der Beweglichkeitszuwachs, denn die Ausdehnung von W_H und W_L spiegelt direkt die intermolekulare Kopplung wieder. Im Bandbereich wächst die Beweglichkeit, wenn die Temperatur sinkt, genau wie bei einem Metall, weil die Schwingungen der Moleküle bei niedrigen Temperaturen gedämpft werden. Dies reduziert die Streuwahrscheinlichkeit für Ladungsträger mit den Molekülkernen. Bei hohen Temperaturen nehmen die Schwingungsamplituden der Moleküle und damit die Streuraten zu. Die Ladungsträger werden durch die Streuprozesse (*scattering* im Englischen) in alle Richtungen diffus abgelenkt, und dies behindert die Bewegung der Ladungen in Feldrichtung. Bei ganz tiefen Temperaturen wird häufig ein drastischer Abfall der Beweglichkeit beobachtet, der durch die Anwesenheit von Verunreinigungen verursacht wird. Solche Fremdatome oder -moleküle sind in der Regel unvermeidbar. Verunreinigungen erzeugen manchmal lokalisierte elektronische Zustände innerhalb der Bandlücke, wie dies Bild 6.3 zeigt.

Wenn ein Elektron von einem solchen Niveau eingefangen wird, dann fehlt ihm bei tiefen Temperaturen die Energie, die Elektronenfalle wieder zu verlassen. Mit jedem eingefangenen und damit immobilisierten Elektron verringert sich die mittlere Beweglichkeit und zusätzlich auch die Dichte der beweglichen Ladung. Folglich sinkt der elektrische Strom, der zur Ladungsdichte und zur Beweglichkeit proportional ist.

Das Bändermodell mit fast frei beweglichen Ladungsträgern kommt zu falschen Vorraussagen für die Materialparameter, die mit der Lokalisierung der Elektronen in einem Molekül zusammenhängen. Dies ist der Fall für

1. Temperatureffekte: Erhöhte Temperaturen verstärken die Molekülschwingungen und die damit einhergehenden Verformungen des Netzwerks. Dadurch nimmt die Beweglichkeit ab und folglich verändert sich auch das Bänderschema. Die energetischen Bandbreiten W_H und W_L werden kleiner. Die Energieabsenkung durch Delokalisierung, also Besetzung eines Bandzustandes, kann dann geringer ausfallen als der Gewinn bei Besetzung eines molekularen Löcher- oder Elektronenzustandes (Lokalisierung), siehe Punkt 2 und 3 in dieser Liste.

2. Elektron-Phonon-Kopplung: Wenn die Ladung lokalisiert ist, also Molekülen zugeordnet werden kann, dann ist es für das System möglich, seine Gesamtenergie durch Bildung von Polaronen und der damit einhergehenden Verformung von Molekülen abzusenken. Dies wurde bereits oben angesprochen.

3. Polarisierung: Die Existenz einer räumlich begrenzten Ladung kann dadurch stabilisiert werden, dass Dipole in benachbarten Molekülen induziert werden. Solche Polarisationseffekte sind umso stärker ausgeprägt, je begrenzter die Ladungsverteilung ist. Auch dieser energieabsenkende Effekt begünstigt demzufolge die Ladungslokalisierung.

4. Molekulare Unordnung: In ungeordneten Systemen können die Energien der HOMO/LUMO-Niveaus der Moleküle unterschiedlich ausfallen, weil entweder verschiedene räumliche Anordnungen der Atome im betrachteten Moleküle vorliegen (koexistierende Konformationen) oder weil sich die Positionen der Liganden von

Molekül zu Molekül unterscheiden.[36] Diese Fluktuation der Niveaus von Molekül zu Molekül führen dazu, dass sich die molekularen Orbitale nur innerhalb eines Moleküls ausdehnen. Dieser Effekt tritt nebenbei bemerkt schon beim Übergang vom H_2-Molekül (symmetrische HOMO/LUMO-Niveaus) zum HCl-Molekül auf, bei dem die Wellenfunktionen des HOMO-Niveaus beim Wasserstoff und die des LUMO-Niveaus beim Chlor konzentriert sind. In einer variierenden Umgebung schrumpft also die Ausdehnung der Wellenfunktionen auf den Durchmesser eines einzelnen Moleküls.

Wenn die Ladungen nur lokalisierte Zustände besetzen können, dann wandern die Ladungsträger, indem sie von lokalisiertem Niveau zu lokalisiertem Niveau also von Molekül zu Molekül springen (*Hopping-Mechanismus*, Bild 6.4).

Bild 6.4 Karrikatur der beiden möglichen Ladungstransportmechanismen in konjugierten Polymeren. Hopping-Transport (rechts: der Ladungsträger springt zwischen lokalisierten Zuständen) und das Bändermodell (links: der Ladungsträger bewegt sich rasch innerhalb der Bandstruktur)

Dieser Mechanismus tritt primär in ungeordneten Systemen auf, zu denen die organischen Werkstoffe in der Regel gehören. Im Gegensatz dazu ist die Vorstellung von Energiebändern bei tiefen Temperaturen in kristallinen Festkörpern ohne Verunreinigungen sehr gut gerechtfertigt. Allerdings sind die effektiven Mechanismen beim Ladungstransport in Kristallen bei hohen Temperaturen wiederum umstritten und können mit guter Berechtigung als Zwischenform des Hoppings und des Bändermodells aufgefasst werden. Die Ladungsträgerbeweglichkeit beim Hopping ist allerdings viel kleiner als beim Vorliegen von Elektronenbändern, weil jeder Ladungstransfer von einem Molekül zum nächsten mit Verformungen der Moleküle einhergehen muss. Geladene und neutrale Moleküle sind geometrisch verschieden und wenn ein Elektron von einem Molekül zum nächsten hüpft, zieht dies eine Verformung von zwei Molekülen nach sich. Weiterhin verändert sich zwangläufig auch die Polarisierung der molekularen Umgebungen in Folge des Ladungsaustauschs. Die Geschwindigkeit des Übertrags einer Ladung kann in erster Näherung im Rahmen der Theorie von Marcus mit folgender Formel ausgedrückt werden:

---

[36] Die Ausbildung von Energiebändern wird immer dann begünstigt, wenn die Elektronen sich in einem translationssymmetrischen System befinden, wie etwa in kristallinen Festkörpern.

$$k_{hop} = \frac{2\pi}{\hbar^2} t^2 \frac{1}{\sqrt{4\pi\lambda k_B T}} \exp\left[-\frac{(\lambda + \Delta E)^2}{4\lambda k_B T}\right].$$

t ist das Transferintegral, das die Wechselwirkungskräfte zwischen den beiden beteiligten Molekülen beschreibt. Dieser Parameter nimmt exponentiell mit dem Abstand zwischen den betrachteten Molekülen ab und ist darüber hinaus stark von der Relativposition der beiden Moleküle zueinander abhängig. λ ist die Reorganisationsenergie, die den Einfluss der Verformung der beiden Moleküle aufgrund des Ladungsübertrags erfasst. Dabei gibt es einen internen Beitrag, der sich auf geometrische Veränderungen des jeweiligen Moleküls bezieht, und einen externen Beitrag, der die Verformung der molekularen Umgebungen beschreibt. Damit die Ladung rasch übertragen wird, muss, wie die Formel zeigt, das Transferintegral möglichst groß und die Reorganisationsenergie möglichst klein sein. Der zweite Parameter im Exponenten ΔE enthält zwei Beiträge: (i) den Energiegewinn beim Übertrag aufgrund eines elektrischen Feldes und (ii) die Energiedifferenz zwischen den HOMO/LUMO-Niveaus der beiden Moleküle aufgrund der räumlichen Unordnung.

Die Beweglichkeit von Ladungen beim Hopping-Transport hängt stark vom Ordnungsgrad im Material ab (je größer ΔE wird, desto kleiner bleiben die Geschwindigkeitkonstante k und damit die Beweglichkeit). Die Beweglichkeit kann zwischen 10^{-7} cm^2/Vs und 10^{-1} cm^2/Vs liegen, je nachdem welcher Ordnungsgrad vorliegt. Die Mindestbeweglichkeit für technische Anwendungen liegt bei 10^{-2}. Die Beweglichkeit wächst mit der Temperatur und der elektrischen Feldstärke, die angelegt wird. Beide Effekte unterstützen die Ladungsträger dabei, die Energiebarrieren zu überwinden, die sich wegen der fehlenden Ordnung im System aufbauen. Die Beweglichkeit steigt ebenfalls mit der verfügbaren Ladungsträgerdichte, weil dann die lokalisierten Niveaus der Verunreinigungen im System, in denen Ladungsträger eingefangen werden könnten, alle abgesättigt sind. Damit werden diese Elektronenfallen deaktiviert und können folglich bei hohen Ladungsdichten die Leitfähigkeit nicht mehr negativ beeinflussen.

Da die meisten Polymere gestreckte, quasi eindimensionale Gebilde sind, gibt es viel stärkere Wechselwirkungen zwischen den Monomeren in einer Kette als zwischen Monomeren, die zu verschiedenen Ketten gehören. Deshalb findet der Ladungstransport in der Regel primär entlang einer einzelnen Kette statt (hier trifft wieder das Bändermodell zu) und weniger zwischen Ketten. Der Ladungstransport innerhalb von isolierten makromolekularen Ketten kann technisch für nanometrische Transistoren oder Verbindungsleiter genutzt werden (vgl. Kapitel 4). In Systemen, deren Abmessungen die mittlere Länge der enthaltenen Polymere übertrifft (typischerweise 1/10 µm), gehört zum Ladungstransport notwendigerweise das Hopping, denn nur so können Ladungen von Kette zu Kette gelangen. Die reine Bänderleitung scheidet aus, weil die Polymere in der Regel amorphe oder teilkristalline Gebilde sind. Der Übergang von Kette zu Kette stellt den eigentlich begrenzenden Prozess beim Ladungstransport dar. Wenn bestimmte chemische Fehlstellen oder strukturelle Defekte innerhalb der einzelnen Ketten vorhanden sind, wird der Hopping-Mechanismus auch für den Ladungstransport innerhalb der Ketten wichtig.

6.4 Elektronische Anregungen und optische Eigenschaften

In den vorherigen Abschnitten haben wir in aller Kürze die elektronische Struktur der leitfähigen konjugierten Polymere besprochen und dabei die Grundzustände der reinen und der dotierten Form im Hinblick auf die elektrische Leitfähigkeit behandelt. Nun wollen wir uns mit Anwendungen der Polymere beschäftigen, die ihre optischen Eigenschaften ausnutzen und zwar mit elektrolumineszenten (Leucht-)Dioden[37], Solarzellen und Lasern. Diese Bauelemente nutzen das Anregungsspektrum der Kettenmoleküle. In einem anorganischen Halbleiter entstehen angeregte Zustände, wenn Elektronen aus dem Valenzband in das nahezu unbesetzte Leitungsband gehoben werden. Diese Anregungen können durch Relaxationsprozesse wieder abgebaut werden, bei denen Elektronen aus dem Leitungs- ins Valenzband zurückfallen. Allerdings geschieht dies nicht sofort nach einer Anregung, sondern um die Ladungsträgerlebensdauer zeitversetzt. Bei optischen Anregungen können von Halbleitern Photonen aus einem breiten Energiebereich zu absorbiert werden. Das Absorptionsband beginnt bei einer Photonenenergie, die durch die Energiedifferenz zwischen Leitungsbandunterkante und Valenzbandoberkante bestimmt ist. Bei Molekülen sind die als HOMO (*Highest Occupied Molecular Orbital*) und LUMO (*Lowest Unoccupied Molecular Orbital*) bezeichneten Orbitale relevant. Der Energieabstand zwischen HOMO und LUMO bestimmt die Frequenz, also die Farbe des absorbierten oder emittierten Lichtes.

Die Beschreibung der Absorptionsprozesse und der optischen Eigenschaften ist für konjugierte Polymere komplexer als für anorganische kristalline Halbleiter, weil hier die Coulomb-Wechselwirkung und die Elektron-Phononkopplung deutlich wichtiger sind. Zur Veranschaulichung betrachten wir das Molekül des Oktatetraens, einem Oligomer des Acetylens oder eines Polyens mit 4 monomeren Einheiten (Bild 6.4). Die elektronische Struktur des Oligomers ist bestimmt durch acht molekulare π-Orbitale mit abwechselnd gerader (*g*) und ungerader (*u*) Symmetrie. Der zugehörige Energiewert wächst mit der Zahl der Knoten der jeweiligen Wellenfunktion. Die acht π-Elektronen verteilen sich auf die acht π-Orbitale. Jede dieser Verteilungen gehört zu einer elektronischen Konfiguration des Systems. Im Grundzustand besetzen die Elektronen paarweise mit entgegengesetztem Spinzustand die vier Orbitale mit den niedrigsten Energieeigenwerten.

Aufgrund der Elektron-Phonon-Kopplung unterscheiden sich die Symmetrieeigenschaften der angeregten Zustände von denen des Grundzustands. Der Grundzustand ist dadurch gekennzeichnet, dass auf eine Doppelbindung, also einen kurzen Abstand zwischen zwei Monomeren eine Einfachbindung mit größerem Abstand folgt. Dementsprechend wechseln sich immer Bindungen mit hohen Elektronendichten und Bereiche mit geringer Elektronendichte ab und die Verteilung der π-Elektronen entlang der Kohlenstoffkette ist folglich nicht gleich-

---

[37] Lumineszenz ist die Ausstrahlung von Licht nach vorheriger Anregung durch Energieabsorption. Bei der Elektrolumineszenz erfolgt die Anregung durch Anlegen eines elektrischen Feldes an den Festkörper, das die Elektronen (und Löcher) beschleunigt und so in angeregte Zustände bringt. Beim Rückfall in den Grundzustand oder bei der Rekombination wird die gewonnene Energie als Licht emittiert.

6.4 Elektronische Anregungen und optische Eigenschaften

förmig. Es ist interessant festzustellen, dass sich diese alternierende Struktur auch in der Wellenfunktion des HOMO-Orbitals wiederfindet: Hier wechseln sich gleichgerichtete Orbitale bei benachbarten doppelt gebundenen Atomen mit einfach gebundenen Atompaaren ab, bei denen die Wellenfunktionen um 180° gegeneinander verdreht sind und antiparallel stehen (Bild 6.5). Im LUMO-Zustand haben wir es ebenfalls, soweit die Wellenfunktionen betroffen sind, mit einer alternierenden Struktur mit parallel und antiparallel orientierten Orbitalen zu tun. Hier haben einfach gebundene Atome gleichgerichtete Orbitale und doppelt gebundene entgegengesetzt orientierte Wellenfunktionen. Aus diesen Betrachtungen folgt direkt, dass eine elektronische Anregung aus dem HOMO-Niveau in das LUMO-Niveau mit einer qualitativen und folglich bedeutsamen Änderung der Elektronendichte und der geometrischen Gegebenheiten im Molekül einhergeht.

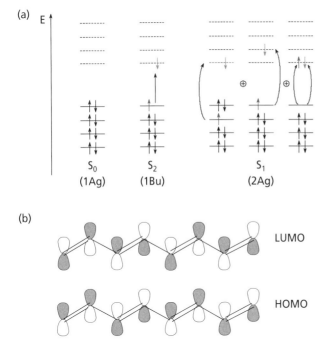

Bild 6.5 Elektronische Struktur im Oktatetraen-Molekül. a) Elektronenkonfiguration im Grundzustand und in den beiden ersten angeregten Zuständen. b) Wellenfunktion des HOMO- und des LUMO-Zustands.

Die Natur der elektronischen Anregungen in konjugierten Polymeren wird heute immer noch diskutiert. Zwei Modellvorstellungen werden häufig benutzt, um die experimentellen Befunde zu deuten: (1) Ein Modell, das von den gleichen Konzepten ausgeht, die wir schon von den anorganischen Halbleitern kennen, in denen die elektronischen Anregungen sich zwischen Bändern abspielen und folglich keine räumliche Zuordnung erlauben und (2) das Exzitonen-ähnliche Modell, bei dem das Zusammenspiel von Coulomb-Wechselwirkung und einer räumlichen Verzerrung zu einer Lokalisierung der angeregten Zustände führt, die sich dann nur in einem Teilbereich des Moleküls abspielen. Der Begriff Exziton bezeichnet hier ein Elektron-Loch-Paar, das über die Coulomb-Anziehung an ein bestimmtes Gebiet des Moleküls gebunden ist. Beide Modelle unterscheiden sich substanziell im Wert der Bindungsenergie eines Exzitons, E_b, die den Unterschied zwischen den Energien einer Anregung aus dem Valenz- ins Leitungsband und der tatsächlichen Anregungsenergie angibt. Im Bändermodell ergibt sich $E_b \leq kT$, während im Exzitonen-ähnlichen Modell $E_b \gg kT$ gilt.[38] Bei den meisten konjugierten Polymeren, die Elektrolumineszenz zeigen, liegt die Bindungsenergie des Exitons im ersten angeregten Zustand, der für die Lichtemission verantwortlich ist, bei einigen Zehntel Elektronenvolt (z.B. $E_b \approx 0{,}4$ eV in PPV). Dies entspricht einer räumlichen Ausdehnung des korrelierten Elektron-Loch-Paares von etwa 30 bis 40 Å. Diese räumliche Beschränkung hat eine gewisse Bedeutung bei den konjugierten Polymeren und beruht zum Teil auf ihren erhöhten dielektrischen Konstanten und der geringen Abschirmung der Coulomb-Wechselwirkung.

Ein weiteres Anzeichen, das die Bedeutung der elektronischen Wechselwirkungen in den konjugierten Polymeren unterstreicht, ist die dreifache Bahnentartung (Triplett) im wasserstoffähnlichen Spektrum der lokalisierten Anregungen in diesen Materialien. Wären die Coulomb-Wechselwirkungen nämlich vernachlässigbar klein, dann wären Singulett- und Triplett-Zustand bei den Exzitonen entartet, denn die energetische Aufspaltung zwischen diesen Zuständen ist proportional zur Kopplung zwischen den Elektronen, die in den quantenmechanischen Austauschterm eingeht. Viele aktuelle experimentelle Untersuchungen geben nun aber die Energiedifferenz zwischen den Singulett- und Tripplett-Zuständen (S_1 bzw. T_1) für eine breite Gruppe von konjugierten Polymeren mit größer als 0,5 eV an, was das Exzitonen-ähnliche Modell 2 klar bestätigt. Außer für grundsätzliche Fragestellungen über die exzitonischen Anregungen in konjugierten Polymeren sind diese Aspekte auch für die Quantenausbeute von elektrolumineszenten Dioden aus Kunststoffen bedeutsam. Die Rekombination eines positiven und negativen Polarons führen zur Bildung von Exzitonen mit zwei Spinmultiplizitäten (Singulett und Triplett). In organischen Materialien ist die Spin-Bahn-Kopplung schwach und die Emission von Lichtquanten kommt über Zerfallsprozesse von Singulett-Exzitonen-Zuständen zustande, während die Triplett-Exzitonen nur mit nicht strahlenden Prozessen ihre Energie abgeben können. Diese Eigenschaft begrenzt die Quantenausbeute bei der Elektrolumineszenz.

Die bis hier besprochenen elektronischen Anregungen beruhen auf der Vorstellung, dass die Polymerketten isoliert voneinander behandelt werden können. Dies trifft natürlich nur für verdünnte Lösungen von konjugierten Polymeren zu, in denen die Moleküle kaum in Kontakt treten. Im festen Zustand (dünner Film, kristalliner Festkörper) können die intermolekularen Wechselwirkungen nicht mehr negiert werden. Vielmehr gehen diese Wechselwirkungen in die Anregungsspektren und die optischen Eigenschaften ein. Bild 6.6 zeigt dies schematisch für den Fall, dass zwei Ketten direkt aufeinander liegen. Als Folge der Wechselwirkung zwischen den beiden Ketten spaltet sich der erste angeregte Zustand des isolierten Moleküls (das Singulett, das für die Lichtemission verantwortlich ist) in zwei neue Zustände auf. Diese werden durch Wellenfunktionen beschrieben, die sich über beide zusammenliegende

---

[38] Die thermische Energie kT bei 300 K in eV gemessen, beträgt nur 0,025eV!

6.4 Elektronische Anregungen und optische Eigenschaften

Molekülketten ausdehnen. Im Fall des diskutierten Molekülpaares ist damit der Übergang aus dem Grundzustand in den ersten angeregten Zustand aus Symmetriegründen verboten und die gesamte Intensität konzentriert sich auf den Zustand mit höherer Energie. Infolgedessen verändert sich bei Molekülpaaren die Situation gegenüber Einzelmolekülen in zweierlei Hinsicht: (1) Im optischen Absorptionsspektrum verschieben sich die Linien zu höheren Frequenzen und (2) die Quantenausbeute wird kleiner aufgrund der Regel von Kasha[39].

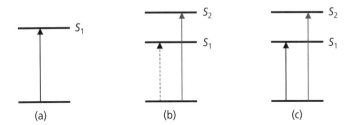

Bild 6.6 Angeregte Singulett-Zustände (S_n). a) Angeregte Singulett-Zustände des isolierten Moleküls, b) angeregte Singulett-Zustände in einem Paar von Molekülen, die auseinanderliegen oder c) im rechten Winkel zueinander stehen. Durchgezogene Pfeile kennzeichnen mögliche Übergänge, punktierte verbotene.

Wie im Fall von geladenen Ketten beim Stromtransport, hängt der Lokalisationsgrad von elektronischen Anregungen innerhalb der beiden benachbarten Moleküle davon ab, wie sich die Stärke der intermolekularen Kopplung und die Verformungsenergien innerhalb einer Kette zueinander verhalten. Der erste Effekt begünstigt die Delokalisierung, der zweite die räumliche Begrenzung des angeregten Zustands. Es ist zu beachten, dass anders als bei den Betrachtungen zum Ladungstransport die fehlende Ordnung in konjugierten Polymeren den Wirkungsgrad bei elektroluminiszenten Dioden verbessert, weil dies die angeregten Zustände stabilisiert.

Die Situation ist jedoch komplexer, da der Wirkungsgrad bei der Erzeugung von neutralen angeregten Zuständen, die Licht emittieren können, in den Dioden zusätzlich eine gute Ladungsträgerbeweglichkeit im konjugierten Polymer voraussetzt. Damit eine bessere Luminiszenzausbeute zustande kommt als im geordneten Milieu, kann man beispielsweise die konjugierten Ketten mit Hilfe von substituierten sperrigen sterischen Gruppen auseinander halten, was ihre Kopplung reduziert. Eine andere Möglichkeit, die sich allerdings nicht so leicht umsetzen lässt, besteht darin, die konjugierten Polymermoleküle so anzuordnen, dass die Emission begünstigt wird: Dies ist beispielsweise dann der Fall, wenn die Ketten im rechten Winkel zueinander stehen (Bild 6.6c).

---

[39] Die Regel besagt, dass die Emission von Fluoreszenzlicht vom angeregten Zustand mit der geringsten Energie aus erfolgt.

6.5 Plastik-Elektronik

Wenn sich auch anfänglich das Interesse an konjugierten Polymeren auf ihre gute elektrische Leitfähigkeit konzentrierte, sind mittlerweile Anwendungen wichtiger geworden, die verschiedene Polymere, kurze Oligomere und bestimmte Moleküle einsetzen und die halbleitenden Eigenschaften der Kunststoffe ausnutzen. Wir werden im Folgenden die drei Einsatzgebiete der konjugierten Polymere genauer diskutieren, die im Bereich der Plastik-Elektronik die meisten Erfolgsaussichten haben. Dabei handelt es sich um elektrolumineszente Dioden, Lichtdetektoren und Solarzellen, um organische Transistoren, die zu integrierten Schaltungen zusammengefasst sind, sowie um (bio)chemische Sensoren.

6.5.1 Organische Leuchtdioden

Eine elektrolumineszente Diode ist ein Bauelement, das Licht abstrahlt, sobald die Diode an eine elektrische Spannung mit Vorwärtspolung angeschlossen und von einem Strom durchflossen wird. Die ersten Nachweise von Elektroluminizenz in Dioden aus organischen Materialien gelangten 1960 an Anthrazenkristallen. Dieses Phänomen wurde allerdings kaum beachtet. Erst als Dr. Tang und Dr. van Slyke von den Kodak-Laboratorien die starke Emission von grünem Licht durch AlQ_3 (Tris(8-hydroxychinolin)Aluminium(III)) beobachteten, änderte sich dies. Drei Jahre später hat die Gruppe von Richard Friend (Universtät Cambridge) zum ersten Mal am Beispiel des Poly-p-Phenylen-Vinylen (PPV) gezeigt, dass auch konjugierte Polymere Elektroluminszenz zeigen können (siehe Bild 6.7).

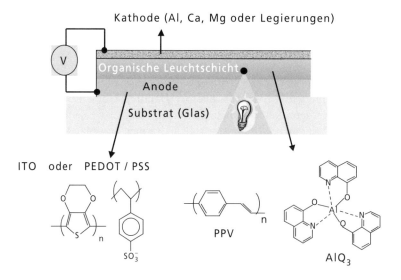

Bild 6.7 Aufbau einer organischen Elektroluminiszenz-Diode auf Basis von konjugierten Polymeren

6.5 Plastik-Elektronik

Die Herstellung einer Diode aus konjugiertem organischen Material läuft stark vereinfacht wie folgt ab: Zuerst wird eine metallisch leitende, aber durchsichtige Anode aus Indium-Zinn-Mischoxid (ITO) oder aus einem dotierten konjugierten Polymer auf ein Trägermaterial (meist Glas) aufgebracht. Auf die Anode folgt vor der luminiszenten Schicht eine weitere Hilfsschicht, z.B. Poly(3,4-Ethylendioxythiophen) (PEDOT), das mit Polystyrolsulfonat-Ketten (PSS) gemischt ist. Darauf folgt die dünne, Licht emittierende Schicht aus konjugierten Polymeren, die aufgeschleudert wird (Spin-on-Verfahren). Mit einer weiteren metallischen Elektrode, der Kathode, die aufgedampft wird, ist der Schichtaufbau abgeschlossen. Als Kathodenmaterial kommen Kalzium, Aluminium, Magnesium oder Legierungen aus diesen Metallen in Frage. Meist wird eine Mehrschicht-Kathode für molekulare Bauelemente verwendet.

Die beiden Metalle auf der Ober- und Unterseite der Kunststoffschicht sind nicht zufällig gewählt. Das Metall für die Kathode muss eine Fermi-Energie besitzen, die energetisch nahe am LUMO-Niveau der konjugierten Ketten liegt, während die Anode als Fermi-Niveau eine Energie nahe am HOMO-Niveau aufweisen sollte. Insgesamt sind vier ineinandergreifende Mechanismen dafür verantwortlich, dass die Kunststoff-Diode Licht emittiert, wenn eine Vorwärtsspannung zwischen Anode und Kathode anliegt. Aufgrund der externen Spannung steigt die potentielle Energie von der Kathode zur Anode vom HOMO- auf das LUMO-Niveau der Polymerketten an (siehe Bild 6.8). Elektronen und Löcher werden von den Elektroden in die Polymerschichten injiziert und rekombinieren unter Lichtaussendung. Wird die Polung der anliegenden Spannung umgedreht, können nur wesentlich kleinere Ströme fließen. Die Sperrströme liegen etwa einen Faktor 1000 unter den Vorwärtsströmen. Organische Dioden haben deshalb eine gleichrichtende Wirkung.

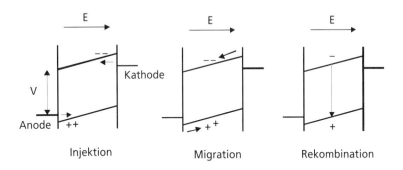

Bild 6.8 Elektrolumineszenz in organischen Dioden. Die drei Prozesse Injektion, Migration und Rekombination der Ladungsträger im Inneren einer in Vorwärtsrichtung gepolten organischen Diode bestimmen die Stärke der Lichtemission.

Der erste der vier Mechanismen, die zur Lichtemission führen, ist ein elektrochemischer Redox-Prozess. Dabei werden entweder Elektronen als Ladungsträger aus der Kathode in das LUMO-Niveau der Ketten injiziert oder aus dem HOMO-Niveau der Ketten in die Anode übertragen, was der Injektion von Löchern in die Kunststoffschicht entspricht. Da das Fermi-Niveau der Kathode unterhalb des LUMO-Niveaus der Polymerketten liegt, reicht die thermische Energie der Elektronen im Allgemeinen nicht aus, um die Elektronen aus der Kathode direkt in die Ketten zu injizieren, sondern hierfür ist ein als *Ionische Thermoemission* bezeichneter Mechanismus erforderlich. Da ein Potentialgradient vorhanden ist, nimmt die Energie des LUMO-Niveaus zu tieferen weiter von der Kathode entfernten Kunststoffschichten hin ab. So tunneln die Elektronen mit hoher Wahrscheinlichkeit vom Fermi-Niveau der Kathode in ein energetisch passendes LUMO-Niveau im Inneren der Kunststoffschicht. Diese Überlegungen lassen sich auf die anodenseitige Löcherinjektion anwenden. Nur über den Tunneleffekt bildet sich eine gut von Ladungsträgern besetzte Schicht im Kunststoff aus, die von der Kathode durch eine Isolierschicht getrennt ist. Diese Isolierschicht entsteht, weil das LUMO-Niveau zu hoch liegt, um direkte Injektion zuzulassen. Die Anpassung der energetischen Verhältnisse zwischen LUMO- und Fermi-Niveau kann mit Hilfe weiterer Schichten aus Metalloxiden oder mit Hilfe von chemischen Reaktionen zwischen Polymer und Kathodenmaterial optimiert werden. Die genaue Beschaffenheit der Grenzschicht zwischen den organischen Stoffen und metallischen Elektroden geht damit wesentlich in die Injektion der Elektronen und damit die Lichtausbeute der Bauteile ein.

Sobald die Ladungsträger in die organischen Schichten der Diode gelangt sind, können sie Energie dadurch abbauen, dass sie Polaronen bilden und sich dann im elektrischen Feld durch die Plastikschicht bewegen. Liegt das organische Material in Form ungeordneter Moleküle vor, dann bewegen sch die Polaronen durch Hüpfen von Kette zu Kette weiter. Bei dieser Bewegungsart kommen die Ladungen nicht sehr schnell voran. Die Beweglichkeit ist also klein und folglich sind die Antwortzeiten solcher Leuchtdioden nach unten begrenzt. Wenn sich ein negativ geladenes und ein positiv geladenes Polaron in einer Kette treffen oder in eng benachbarten Ketten zu finden sind, dann rekombinieren sie und es bildet sich ein Exziton. Dieses Exziton stellt einen angeregten elektronischen Zustand der jeweiligen Polymerkette dar, der von den Coulomb-Kräften und von lokalen Verformungen der Kette stabilisiert wird. Die Gesetze der Quantenmechanik fordern, dass sich dabei statistisch verteilt, drei Triplett-Zustände und ein Singulett-Exzitonen-Zustand bilden. Bei der Rekombination von Elektron und Loch haben diese entweder einen Spin α oder β.[40] Nur der Zerfall von Singulett-Exzitonen erfolgt strahlend unter Lichtaussendung (siehe unten).

Aus diesen Überlegungen folgt, dass die Quantenausbeute bei der Elektrolumineszenz, die sich aus dem Verhältnis der Zahl der emittierten Photonen zur Zahl der injizierten Elektronen ergibt, maximal 25% betragen kann. Es ist jedoch gezeigt worden, dass die Wirkungsquerschnitte für die Rekombination für Singulett- und Triplett-Exzitonen unterschiedlich sind. die Wahrscheinlichkeiten für den Zerfall von Singulett-Exzitonen fällt dabei größer aus. Schließlich kann aber nur ein Teil der in einer Polymerkette freigesetzten Photonen die Diode tatsächlich verlassen, ohne wieder absorbiert zu werden. Die Abstrahlung erfolgt durch die transparente Anode und den Glasträger.

Die Triplett-Anregungen, die innerhalb der Diode stattgefunden haben, werden beim Zerfall in Wärme umgesetzt, denn Lichtstrahlung kann bei der Rekombination in den Grundzustand

---

[40] Die Exzitonen werden nach ihrem Gesamtspin S in Singulett- ($S = 0$) und Triplett-Exzitonen ($S = 1\,\hbar$) eingeteilt, die im Verhältnis von 1:3 auftreten. Da der Übergang der Triplett-Exzitonen in den Grundzustand spinverboten ist, tragen nur die Singulett-Exzitonen zur Elektrolumineszenz bei.

6.5 Plastik-Elektronik

nicht freigesetzt werden, weil dies aufgrund von Auswahlregeln in vielen organischen Materialien verboten ist. Strahlende Übergänge können nur wie bei der Phosphoreszenz durch indirekte Übergänge zustande kommen, weisen aber eine schwache Intensität auf und finden zeitversetzt zur Anregung statt (Nachleuchten). Werden aber Schwermetallatome, wie Indium oder Iridium zudotiert und in die Polymerstränge eingebaut oder werden metallorganische Komplexe gebildet, dann können die Triplettzustände mit höherer Wahrscheinlichkeit strahlend zerfallen, weil hier zusätzlich relativistische Quantenkopplungen hinzutreten. Dies erhöht die Lichtausbeute und deshalb wird heute versucht, auf diesem Wege die Quantenausbeute zu steigern.

Organische Leuchtdioden stehen im Wettbewerb und übertreffen inzwischen sogar ihre anorganischen Gegenstücke, denen man fast überall in Form von roten oder grünen Lämpchen begegnet, wie an der Stereoanlage oder am PC. Die Gründe dafür sind:

- Eine Spannung unterhalb von 5V genügt, um ein hinreichend starkes Lichtsignal zu erzeugen, dessen Intensität zwischen 100 und 200 cd/m^2 liegt. Das emittierte Licht wird dabei außerdem in alle Raumwinkel abgestrahlt und der Betrachtungswinkel ist folglich viel größer als bei LCD-Displays.
- Die Farbe des ausgesandten Lichtes kann über den gesamten sichtbaren Bereich durch Veränderungen der chemischen Struktur der konjugierten Polymere variiert werden.
- Die Herstellung des organischen Diodenmaterials im technischen Maßstab ist besonders einfach. Die konjugierten Polymere werden dazu in Lösung auf ein Substrat aufgebracht, dass sich für das *Spin-Coating-Verfahren* eignet. Bei diesem auch als Rotationsbeschichtung bezeichneten Verfahren werden die konjugierten Polymere nach dem Einbau von Alkylketten in handelsüblichen Lösungsmitteln aufgelöst. Dann wird mit einer Dosiereinrichtung die gewünschte Menge der Lösung über dem Zentrum des rotierenden Substrats aufgebracht und durch die Zentrifugalkraft gleichmäßig über die Substratoberfläche verteilt. Das Lösungsmittel verdampft und zurück bleibt ein dünner und gleichmäßiger Film, dessen Abmessungen ohne Probleme bis in den Bereich von Quadratmetern gehen können, je nach der verwendeten Aufschleudereinrichtung. Damit sind Anwendungen möglich, die mit den heutigen Halbleiterdioden nicht realisiert werden können. Die einfache Herstellung von organischen Dioden ist ein deutlicher Vorteil gegenüber den aufwendigen Prozessen bei den üblichen Halbleiterdioden. Hier werden Abscheide- und Dotierverfahren im Hoch-Vakuum und damit teure Fertigungseinrichtungen eingesetzt. Allerdings sei hier noch darauf hingewiesen, dass bestimmte Typen von organischen Lumineszenzdioden auf der Basis kleiner Moleküle hergestellt werden. Dazu werden dann die gleichen Fertigungseinrichtungen und Vakuumbedingungen wie bei den Halbleiterdioden benutzt.
- Die Herstellung von organischen Dioden auf Basis der beschriebenen Dünnfilmtechnik ist wesentlich weniger umweltbelastend als die Halbleiterproduktion, denn bereits bei der Gewinnung von einem Gramm Silizium für elektronische Anwendungen fallen 2 kg chemische Abfälle an.
- Die Lebensdauer der organischen Dioden ist extrem lang. Über 80.000 Betriebsstunden werden heute erreicht. Dies war nicht ohne weiteres möglich, denn die meisten konjugierten Polymerschichten reagieren empfindlich auf Kontakt zu Luft oder zu Wassermolekülen und zersetzen sich. Solche Kontakte sind aber in der Praxis nicht zu vermeiden. In der

Grundlagenforschung kann man zwar in Handschuhkästen arbeiten. In der praktischen Anwendung und im industriellen Maßstab kann der Kontakt zu Oxidantien wie Wasser oder Luft nur ausgeschlossen werden, wenn man die Dioden in speziellen Polymerfilmen eingekapselt.
- Die wesentliche Innovation von Kunststoffdioden sind die flexiblen Bildschirme und Displays, die je nach Bedarf verformt werden können, ohne dass dies die Leistung der Dioden negativ beeinflusst. Dies wurde erstmalig von Alan Heeger und seiner Gruppe gezeigt. Die Wissenschaftler haben das Glassubstrat des Leuchtfilms durch einen herkömmlichen Kunststofffilm ersetzt und die leitfähige anorganische ITO-Schicht durch elektrisch leitendes Polymer. Dieser durchgängige Kunststoffaufbau führt zur mechanischen Verformbarkeit des gesamten Displays.

Mehrere große Firmen aus den USA, aus Asien und Europa bringen derzeit organische Displays auf den Markt. Zu erwähnen sind Philips, Thomson, Kodak, Dupont, Samsung, Pioneer und viele andere. Viele dieser neuartigen Komponenten sind im Prototypenstadium, aber es gibt auch einige, die bereits in Serie produziert werden. Die meisten dieser Produkte benutzen eine *passive* Matrix als Basis. Hier werden die Elektroden, die beiderseits der Plastikschicht sitzen, in Matrixform, also in Zeilen und Spalten angeordnet; die kontaktierten Bereiche bilden die Pixel des Displays. Die Pixel können individuell über das Anlegen von geeigneten elektrischen Spannungen an die relevanten Kontaktzeile und -spalte aktiviert werden. Diese Form der Anordnung der Kontakte erlaubt aber nur relativ geringe Auflösungen, denn es ist sicherzustellen, dass wenn alle Pixel nacheinander angesprochen werden, das erste Pixel noch so lange leuchtet, bis das letzte Pixel im Zyklus erreicht wurde. Für größere Displays wie etwa Computerbildschirme wird das lumineszente Polymer so verändert, dass ein Erinnerungseffekt auftritt und die Pixel länger leuchten. Dieses längere Leuchten einzelner Pixel wird durch die Kombination einer Diode mit einem Transistor erreicht. Solche *aktive* Pixelmatrizen werden derzeit mit großer Anstrengung auf industriellem Niveau entwickelt. Aktuell verfügbar sind relativ kleine Displays, die bei PDAs, Uhren und Mobiltelefonen eingesetzt werden. Zwei Beispieldisplays sind in Bild 6.9 gezeigt: (i) Das erste kommerzielle Kunststoffdisplay wurde von der Firma Philips als Anzeigebildschirm für den Ladezustand des Akkus eines Elektrorasierers eingesetzt und mit großem Marketing-Aufwand in Szene gesetzt: James Bond rasiert sich im Film „Stirb an einem anderen Tag" betont unauffällig mit diesem Gerät! (ii) Ein TV-Bildschirm aus Plastik von der Firma Cambridge Display Technology. Diese Firma ist eine Ausgründung der Universität Cambridge in England. Der Bildschirm besteht aus 30000 Pixeln, hat eine Größe, die für Mobiltelefone geeignet ist und ist ultraflach (weniger als 2 mm Dicke). Bei der Herstellung werden für jede Bildschirmzeile Pixel für die drei Grundfarben (rot, grün, blau) mit dem Tintenstrahlverfahren aufgedruckt. Mit den heutigen Druckern kann bei den Pixeln eine räumliche Auflösung in der Größenordnung von 1 µm erreicht werden.

6.5 Plastik-Elektronik

Bild 6.9 Anzeigen auf Basis von konjugierten Polymeren. Anzeige mit geringerer Auflösung auf einem Philips-Elektrorasierer (links) und ein hoch auflösendes Display mit 30.000 Pixeln und 5 cm Bildschirmdiagonale von Cambridge Display Technology (CDT), © Philips und CDT.

Die OLED-Technologie (*Organic Light Emitting Diode*, engl. für organische Leuchtdiode), die ebenfalls in unserem Alltag Fuß gefasst hat, wird derzeit im Hinblick auf Display- und Beleuchtungsanwendungen weiterentwickelt. Man sucht dabei nach Verbundwerkstoffen, die weißes Licht abgeben sollen. Neuere wissenschaftliche Arbeiten haben in diesem Zusammenhang gezeigt, dass solche Leuchtmittel aus organischen Materialien gleichwertig oder sogar besser sein können als Glühbirnen. Die Intensität des Lichtes, die Lebensdauer und die Lichtausbeute sind höher als bei Glühbirnen, während der Fertigungsaufwand und die Herstellkosten wesentlich geringer ausfallen.

Diese vielversprechenden Komponenten von flexiblen Bildschirmen sind mittlerweile technische Realität. Die Firma Universal Display Corporation hat kürzlich gezeigt, dass solche biegbaren Displays auf der Basis von kleinen organischen Molekülen tatsächlich hergestellt werden können. Mit diesen dünnen, flexiblen Displays kann z.B. ein Kugelschreiber hergestellt werden, in den beispielsweise ein dünner, aufrollbarer Bildschirm integriert ist. Eine andere Anwendung dieser Technologie sind große Reklameflächen, die sich auf beliebigen Gegenständen aufbringen und beliebig befestigen lassen, wie die elektronische Tapete der Firma Philips.

6.5.2 Lichtdetektoren und organische Solarzellen

Lichtdetektoren arbeiten nach einem Funktionsprinzip, das invers zu dem der elektrolumineszenten Diode ist. Hier wird eingestrahltes Licht in elektrischen Strom gewandelt und nicht Strom in Licht. Photovoltaische Zellen (Solarzellen) sind darauf ausgerichtet, die Energie des Sonnenlichts in elektrische Energie umzusetzen. Ähnlich wie bei den Leuchtdioden bestehen photovoltaische Zellen zum Lichtnachweis oder zur Energiewandlung aus einem Glasträger, auf dem eine transparente metallische Elektrode, dann eine Kunststoffschicht und schließlich eine weitere Elektrode aus einem geeignetem Material aufgebracht werden. Die elektrische Verbindung der beiden Elektroden verschiebt die Fermi-Niveaus der beiden Elektroden auf den gleichen Energiewert. Gleichzeitig entsteht zwischen den Elektroden durch die Kunststoffschicht hindurch ein Potentialgefälle, das zur Ladungstrennung genutzt werden kann, wie wir gleich noch sehen werden. Es ist zu beachten, dass kein unterschiedliches elektrisches Potential an die beiden Elektroden der Zelle angelegt wird, denn das primäre Ziel einer photovoltaischen Zelle ist es, Energie zu liefern und nicht zu verbrauchen.

Vier unterschiedliche Mechanismen tragen nacheinander dazu bei, Licht in elektrischen Strom zu wandeln. Zuerst dringen die Lichtquanten durch die transparente Oberfläche in die Kunststoffschicht ein und werden dort absorbiert. Dabei entstehen Elektron-Lochpaare. Für leistungsfähige Solarzellen müssen die Materialien so angepasst werden, dass sichtbares Licht absorbiert werden kann. Die aktive Schicht muss also besonders auf Wellenlängen mit dem Schwerpunkt um 700 nm (~ 1,8 eV) reagieren und bis ins Infrarote hinein empfindlich bleiben. Die Verfahren und Systeme sind bis heute noch nicht soweit optimiert, dass diese Anforderungen erfüllt werden. Der derzeitige Stand ist der, dass die verwendeten konjugierten Polymere oberhalb von 2 eV das Absorptionsmaximum aufweisen. Notwendig sind daher Materialien, die eine kleinere Energielücke zwischen LUMO und HOMO-Niveau haben. Polymere mit Bandlücken im Bereich von 1 eV, wie Polydithienothiophen oder Polyisothianaphten (Bild 6.10) können heute noch nicht eingesetzt werden, weil die Stoffe noch nicht hinreichend chemisch stabil und flexibel verarbeitbar sind.

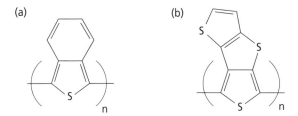

Bild 6.10 Chemische Struktur des Polydithienothiophen (a) und des Polyisothianaphten (b)

Wenn lokal Elektron-Loch-Paare durch Absorption entstanden sind, dann müssen die Ladungsträger getrennt und in frei bewegliche Ladungsträger umgewandelt werden. Das interne elektrische Feld, das durch elektrische Verbindung der Elektroden entsteht, ist dazu nicht stark genug, denn die nach Absorptionsprozessen in den konjugierten Polymeren gebildeten Exzitonen sind zu fest aneinander gebunden (Bindungsenergie etwa 0,3 eV). Deshalb werden in lichtempfindlichen Strukturen Mischungen aus zwei Polymeren verwendet, von denen eines leicht π-Elektronen abgeben und das andere diese leicht aufnehmen kann. So lassen sich die Exzitonen über den Umweg eines lichtinduzierten Ladungsaustauschs trennen. Das Polymergemisch kann beispielsweise Ketten des Polyphenyls oder des Paraphenylens als Donatoren enthalten und Fullerenmoleküle (C_{60}) als Akzeptoren (Bild 6.11a). Wenn der Donator durch einen elektronischen Übergang zwischen HOMO und LUMO in einen angeregten Zustand gebracht worden ist, dann kann das angeregte Elektron leicht in das LUMO des Akzeptors übergehen, da dieses Niveau energetisch niedriger liegt. Das Loch bleibt hingegen im Donatormolekül zurück. Auf diese Weise wird ein optisch angeregter, gebundener Elektron-Loch-Zustand (Exziton) in zwei bewegliche getrennte Ladungen unterschiedlicher Polarität zerlegt. Im umgekehrten Fall, wenn der Akzeptor zuerst angeregt wird, können auf prinzipiell gleichem Wege Löcher in den HOMO-Niveaus vom Akzeptor zum Donator übergehen (Elektronen bleiben zurück) und so die Ladungsträgertrennung bewirken (Bild 6.11c). Sobald die Ladungen getrennt worden sind, wandern sie je nach Vorzeichen durch die Polymerschicht zu einer der beiden Elektroden und werden dort abgegriffen.

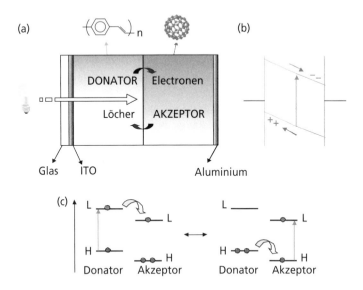

Bild 6.11 Photovoltaische Zelle auf Basis von Polyphenylen oder Paraphenylen sowie Fulleren. Die organischen Stoffe stehen in Kontakt mit Elektroden aus ITO bzw. Aluminium (a). Der Verlauf der Energieniveaus zwischen den Elektroden mit symbolisch eingezeichnetem Absorptionsvorgang und anschließender Ladungsmigration ist in (b) gezeigt. (c) veranschaulicht in vereinfachter Form, den lichtinduzierten Ladungsübertrag zwischen verschiedenen Ketten mit Donator bzw. Akzeptorverhalten, durch den lokalisierte Exzitonen in freie Ladungsträger umgewandelt werden.

Die beiden organischen Werkstoffe, die in den organischen Photozellen verwendet werden, können im einfachsten Fall als zwei Schichten in die Zelle eingebracht werden. Dieser Aufbau ist nicht unbedingt optimal, weil dann nur die Exzitonen, die im Grenzbereich zwischen den beiden als Akzeptor und Donator wirkenden Schichten in bewegliche Ladungsträger umgewandelt werden können. Die dünne Grenzschicht hat eine Dicke, die der Diffusionslänge eines durch Absorption erzeugten Exzitons zwischen Genese und Zerfall durch einen strahlenden oder nicht strahlenden Übergang entspricht. Die Schichtung hat den weiteren Nachteil, dass der interessante Bereich für die Ladungsträgergeneration nach Exzitonenanregung relativ weit innerhalb der organischen Werkstoffe liegt. Da die Absorptionsrate exponentiell mit der nötigen Eindringtiefe der Photonen abnimmt, kommt es in der Grenzschicht nur zu wenigen Exzitonenbildungen. Vielversprechend wäre daher die Verwendung von homogenen Mischungen von Donator- und Akzeptormaterialien auf nanometrischer Skala. So können Photonen leichter in die Grenzbereiche vordringen und gleichzeitig wird die wirksame Oberfläche vergrößert. Leider sind die in Frage kommenden organischen Stoffe nicht mischbar und das führt zur Phasentrennung. Hier haben sich lokale mikroskopische Sonden bewährt, mit denen sich die Bildung von zweikomponentigen Mischungen studieren und verstehen lässt. Die gewonnenen Erkenntnisse erlauben es, die Prozesse schließlich zu steuern, wie im Folgenden beschrieben werden wird.

Derzeitig liegen die besten Wirkungsgrade von photovoltaischen Zellen auf Polymerbasis bei 3%. Als Wirkungsgrad wird hier der prozentuale Anteil der durch Photonen generierten Ladungen verwendet, der tatsächlich die Elektroden der Zellen erreicht. Dies ist deutlich weniger als bei amorphen Silizium-Solarzellen (10%), die in billigen Solar-Taschenrechnern zum Einsatz kommen, oder als die Wirkungsgrade der deutlich teureren Solarzellen aus monokristallinem Silizium, die z.B. in der Raumfahrt Verwendung finden. Auch wenn die organischen photovoltaischen Zellen derzeit, was die Leistungsfähigkeit angeht, (noch) nicht mit den anorganischen Strukturen konkurrieren können, so zeigen sie doch klare Vorteile aufgrund ihrer geringeren Herstellkosten, ihrer Biegsamkeit und ihres geringen Gewichts, sowie der Möglichkeit mit diesen Polymersolarzellen große Flächen zu bedecken. Diese wissenschaftlich begründeten Erwartungen haben sich konkretisiert, als die Gruppe um Serdar Saricifti (Universität Linz) eine flexible Solarzelle auf Basis von PPV und C_{60} herstellen konnte, die eine aktive Fläche von 80 cm² hatte (Bild 6.12). Wir können daher wahrscheinlich schon bald organische Solarzellen auf Hausdächern als individuelle Energiequelle erwarten oder diese Zellen zur autonomen Energieversorgung in verschiedenen Geräten finden, wie Mobiltelefonen, Kameras, Fernsteuerungen, Springbrunnen etc.

Bild 6.12 Biegbare Solarzelle auf Basis von PPV und C_{60} mit einer aktiven Fläche von 80 cm². (Die Abbildung wurde dankenswerterweise von Serdar Saricifti zur Verfügung gestellt, © Universität Linz)

Abschließend wollen wir noch mal auf den Prozess des Übergangs von lichtindizierten Ladungsträgern eingehen, der auch in speziellen Sensoren zum quantitativen Nachweis von chemischen Substanzen eingesetzt werden können. Hierzu hat die Gruppe um Timothy Swager (Massachusetts Institute of Technology) vor kurzem einen Detektor für Landminen entwickelt, der Moleküle des Sprengstoffs TNT mit einer Nachweisschwelle von 10^{-15} g aufspüren kann. Dieser Sensor verwendet stark fluoreszierende konjugierte Polymerketten, die genau dann einen Transfer von lichtinduzierten Ladungen zulassen, wenn TNT-Moleküle als Akzeptoren in Kontakt mit dem Polymer sind. Da der Ladungsübertrag die Exzitonen dissoziiert und somit ihren strahlenden Zerfall verhindert, erkennt man das Vorhandensein von TNT an der Stärke (genauer der Schwächung) der Fluoreszenz des verwendeten Polymers.

6.5.3 Kunststofftransistoren und Plastikelektronik

Ein Transistor ist ein elektronisches Bauelement mit drei Anschlüssen, bei dem der Stromfluss vom ersten Anschluss zum zweiten vom Zustand des dritten gesteuert wird. Bei den Feldeffekttransistoren (*Field Effect Transistors, FET*) kontrolliert das Potential am *Gate*-Anschluss die Stromstärke zwischen den beiden anderen Klemmen, die als *Source* und *Drain* bezeichnet werden. Mit Hilfe der Gate-Spannung können wir also den Transistor in den leitenden oder sperrenden Zustand bringen, indem wir den Leitungstyp des Halbleitermaterials unter dem Gate gezielt mit Hilfe des Feldes verändern. Dieses Umschalten ist die Grundlage der binären digitalen Informationsverarbeitung, aus der die moderne Mikroelektronik mit ihren unzähligen Anwendungen hervorgegangen ist und die vielfältige informationstechnische Systeme ermöglicht hat. Heute findet sich praktisch in jedem elektrischen Gerät (Haushaltsgeräte, TV, HiFi-Anlagen, Spielekonsolen, ...) ein (oder mehrere) Mikroprozessoren, die wiederum aus komplexen integrierten Transistorschaltungen bestehen, in denen die Bauelemente logische Verknüpfungen durchführen und binäre Daten speichern.

Die Leistungsfähigkeit eines Mikroprozessors ist direkt proportional zur Zahl der Transistoren, aus denen er besteht. Die Mikroelektronikindustrie investiert daher erhebliche Mittel, um die Größe der Transistoren weiter zu reduzieren, um so die Leistungsdaten von integrierten Schaltungen immer weiter zu verbessern. Dieser Trend hat sich im bereits oben erwähnten Mooreschen Gesetzt manifestiert. Gleichzeitig zur fortschreitenden Strukturverkleinerung hat sich die mikroelektronische Forschung auch darauf konzentriert, ständig neue Anwendungen für diese Technologie zu erschließen, wie z.B. Chipkarten oder Identifikationssysteme (RFID) in Fertigungsstraßen. Mit der RFID-Technik könnte es schon bald möglich sein, mit dem Einkaufswagen durch ein RFID-Portal zu fahren, um den Warenwert für die Registrierkasse automatisch ohne Ein- und Ausladen zu erfassen.

Man kann sich auch vorstellen, dass mit RFID-Technik an der Kühlschranktür angezeigt wird, welche Produkte im Inneren das Verfallsdatum überschritten haben oder welche Verbrauchsgüter neu besorgt werden müssen. Die RFID-Aufkleber müssen für diese kommerziellen Anwendungen natürlich extrem preiswert herstellbar sein, denn es ist kaum sinnvoll, wenn ein RFID-Etikett mehr kostet als das Produkt, auf dem es klebt. Weiterhin muss der RFID-Träger biegbar und flexibel sein. Klassische Transistoren die als Grundmaterial einkristallines und hochreine Halbleiterwerkstoffe wie Silizium verwenden, sind recht teuer in der Herstellung und empfindlich gegen mechanische Verspannungen, denn das anorganische Trägermaterial ist sehr spröde. Deshalb wird zurzeit intensiv an neuartigen Transistoren gearbeitet, die auf Kunststoffsubstraten mit Polymer- oder Molekülstruktur aufgebracht werden können, denn diese Träger sind preiswert und Verbiegungen stellen kein wesentliches Problem dar. Bild 6.13 zeigt einen von der Firma Philips hergestellten integrierten Schaltkreis, der vollständig aus Polymeren gefertigt wurde und der 300 Transistoren enthält.

Bild 6.13 Integrierte Schaltung aus Kunststoff (© Philips).

Feldeffekttransistoren

Bevor wir uns den Materialien zuwenden, die für die Herstellung „organischer" Transistoren geeignet sind, werden wir kurz die Funktionsprinzipien von Feldeffekttransistoren wiederholen und die Parameter herausarbeiten, die die Leistungsdaten dieser Bauelemente bestimmen. In Bild 6.14 ist ein solcher Transistor schematisch dargestellt. Wir erkennen, dass organische Transistoren einen Plastikträger verwenden, auf den als Erstes die Gateelektrode aufgebracht wird. Dann folgt eine dünne isolierende Schicht, auf die die Source- und Drain-Elektroden aufgesetzt werden. Abschließend wird die ganze Anordnung mit einer dünnen Halbleiterschicht bedeckt[41], in der sich durch den Feldeffekt der leitfähige Kanal zwischen Source und Drain ausbilden kann.

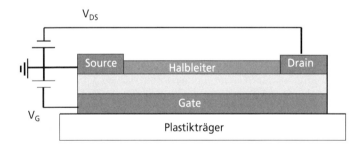

Bild 6.14 Feldeffekt-Transistor aus organischen Materialien

---

[41] Bei den anorganischen FETs ist das Substratpotential für den Feldeffekt wichtig. Das gilt auch hier für das Potential der oberen Halbleiterschicht. Deshalb ist ein vierter Anschluss vorzusehen, mit dessen Hilfe die Halbleiterschicht vom Potential her festgelegt werden kann (entspricht dem Substrat oder Bulk-Anschluss bei Si-FETs).

6.5 Plastik-Elektronik

Es soll hier betont werden, dass der gesamte Transistor aus Kunststoffen hergestellt werden kann und dass dazu nur einfache und kostengünstige Herstellprozesse zum Einsatz kommen. So wird auf das Plastiksubstrat (z.B. aus Polyethylenterephtalat PET) die Gate-Schicht aus einem leitfähigen Polymer wie etwa dem oben beschriebenen PEDOT/PSS abgeschieden. Die folgende Isolierschicht kann aus Polysiloxan bestehen, das mit Spin-Coating als dünne Schicht aufgeschleudert wird. Als Elektrodenmaterial für die Source- und Drain-Anschlüsse kommt wieder das PEDOT/PSS in Frage, das mit einem Strahldrucker aufgedruckt wird, bei dem die Tinte durch eine geeignete Polymersuspension ersetzt ist. Abschließend wird die Halbleiterschicht per Vakuumverdampfung aufgebracht (wenn es sich um eine molekulare Struktur handelt) oder einfach nur aufgedruckt (wenn es sich um ein gelöstes halbleitendes Polymer handelt).

Sobald der organische Halbleiter aufgebracht ist, wird er häufig dotiert, ist dann leicht p-leitend und enthält also eine geringe Dichte an positiven beweglichen Ladungsträgern. Die Leitfähigkeit ist deshalb klein und eine Potentialdifferenz zwischen Drain und Source, V_{DS}, erzeugt nur einen sehr geringen Drainstrom. Der Transistor ist ausgeschaltet (OFF). Wird eine Spannung zwischen Gate und Source (V_G) angelegt, dann entsteht ein Feld in der Isolierschicht und die Ladungsträger reichern sich wie bei einem Kondensator an der Grenzschicht zwischen Halbleiter und Gate-Isolation an. Da diese Ladungen das gleiche Vorzeichen haben wie die Ladungsträger, die aufgrund der Dotierung bereits im Halbleiter die Majorität besitzen, wird die Leitfähigkeit in der Schicht unter der Gate-Isolation verbessert und Strom zwischen Source und Drain I_{DS} wächst linear mit der anliegenden Gate-Spannung. Der Transistor ist im ON-Zustand (angeschaltet). Wie bei den anorganischen FETs sättigt der Drainstrom bei höheren V_{DS}-Werten, d.h. I_{DS} nimmt bei gegebener Gate-Spannung nicht mehr mit V_{DS} zu.

Bild 6.15 zeigt die Kennlinie eines organischen FETs. Der Strom wird durch die graduelle Abnahme der Ladungsträgerdichte längs des Kanals begrenzt. Durch Erhöhung der Gate-Spannung kann dieser Abnahme in gewissen Grenzen entgegengewirkt werden, weil das dann wirkende größere vertikale Feld mehr Ladungsträger in die Grenzschicht unterhalb der Gate-Isolation zieht. Bei gegebenen V_{DS}-Werten lässt sich also der Drainstrom durch V_G erhöhen.

Aktuelle Untersuchungen haben gezeigt, dass der Stromfluss in organischen FETs nur in den beiden obersten Molekülschichten des Halbleiters dicht unterhalb der Gate-Isolation stattfindet. Die aktive Schicht in diesen Bauelementen ist also extrem dünn (etwa 1 nm). Prinzipiell ist damit die Bezeichnung „Nanotechnik" für diese Bauelemente sehr gut gerechtfertigt. Die praktische Konsequenz ist, dass sehr geringe Mengen von Halbleitermaterial benötigt werden, um organische Transistoren zu fertigen.

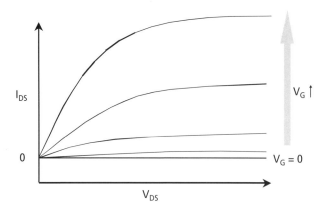

Bild 6.15 Drainstrom I_{DS} im FET. Gezeigt sind Ausgangskennlinien eines FETs, bei denen der Drainstrom als Funktion der Drain-Source-Spannung V_{DS} aufgetragen ist, wobei die Gate-Spannung V_G als Parameter eingeht. Im Text wurde ein p-leitender Transistor (P-FET) behandelt, bei dem die Ladungsträger Löcher sind. Deshalb ist die Gate-Spannung eigentlich negativ und in der Grafik sind folglich Beträge der Größen gezeigt.

Reinheit der Materialien und die Beweglichkeit der Ladungsträger
Die Leistungsdaten eines FETs werden von zwei Parametern bestimmt: dem Verhältnis der Ströme im ON- und OFF-Zustand und der Ladungsträgerbeweglichkeit. Werden Kunststofftransistoren beispielsweise zukünftig zur Steuerung der Pixel in einem Flüssigkristall-Flachbildschirm eingesetzt, dann sind nur Sperrströme erlaubt, die mindestens um den Faktor 10^6 unterhalb der Sättigungsströme im ON-Zustand liegen. Folglich darf die Leitfähigkeit der aktiven Schicht im OFF-Zustand nur sehr kleine Werte annehmen. Da Verunreinigungen meist zusätzliche Ladungsträger freisetzen und so auch Drain-Ströme bei $V_G = 0$ zulassen, folgt aus der Anforderung, dass die verwendeten Materialien extremen Reinheitsanforderungen genügen müssen. Die Synthese- und Reinigungsverfahren für organische Werkstoffe erlauben heute Reinheitsgrade von weit oberhalb 99%[42].

Die zweite wichtige Kenngröße ist die Ladungsträgerbeweglichkeit, die angibt, wie stark Ladungsträger von einem gerichteten elektrischen Feld beschleunigt werden können. Wenn die Abmessungen eines Transistors und die Ladungsträgerdichte in der aktiven Schicht fest, liegen und die Gate-Spannung gegeben ist, dann hängt der Drainstrom nur noch von der Beweglichkeit der Ladungsträger in der aktiven Schicht ab.

Im Sättigungsbereich ist der Drainstrom durch folgende Gleichung gegeben:

$$I_{DS} = \frac{W \cdot C \cdot \mu}{2L}(V_G - V_0)^2. \tag{6.1}$$

---

[42] In der anorganischen Elektronik auf Siliziumbasis stehen wesentlich reinere Grundmaterialien zur Verfügung. Elektronisches Reinstsilizium enthält beispielsweise nur wenige ppm (Parts Per Million) unerwünschte Fremdatome (Reinheit von 99,9999%)

W ist die Kanalweite und L die Kanallänge, also der Abstand zwischen Source- und Drain-Kontakt. C bezeichnet die die flächenspezifische Kapazität der Isolierschicht unterhalb der Gate-Elektrode. V_G ist die Gate-Spannung und V_0 die Schwellspannung, ab der der Transistor in den ON-Zustand übergeht. Wir erkennen, dass der Drainstrom I_{DS} direkt proportional zur Beweglichkeit μ und auch zum Verhältnis von Kanalweite und -länge des Transistors ist. Um den Strom zu erhöhen, könnte man die Kanalweite W erhöhen, was aber dem Ziel der Miniaturisierung der Bauelementabmessungen zuwiderläuft. Besser ist es da, an der Verkürzung der Kanallänge zu arbeiten. Zur Zeit ist es möglich, organische Transistoren mit Kanallängen L im Bereich einiger Mikrometer sehr kostengünstig mit Strahldruckern zu produzieren.

Eine weitere Optimierungsmöglichkeit besteht im Prinzip darin, die flächenspezifische Kapazität zu vergrößern. Dies führt aber nur zu geringfügigen Verbesserungen der Transistoreigenschaften. Im Gegensatz dazu bietet die Ladungsträgerbeweglichkeit größere Optimierungsmöglichkeiten, denn μ kann sich um mehrere Größenordnungen ändern, je nachdem wie die halbleitende Schicht chemisch aufgebaut ist und wie die Moleküle in der Schicht sich zusammenlagern.

Für mögliche Anwendungen von organischer Elektronik sollte die Beweglichkeit mindestens bei 10^{-2} cm²/Vs liegen. In anorganischen Halbleitern werden solche Beweglichkeiten leicht erreicht und in der Regel um mehrere Größenordnungen überschritten. Nur so lassen sich beispielsweise die sehr schnell arbeitenden integrierten Schaltkreise für PCs mit einkristallinem Silizium herstellen. In amorphem Silizium beträgt die Beweglichkeit hingegen nur typischerweise 10^{-1} cm²/Vs. Die Beweglichkeiten in organischen Halbleitern sind in der Regel noch deutlich kleiner. Die Ursachen werden wir weiter unten diskutieren. Um die Beweglichkeiten zu verbessern, werden neue Synthese- und Abscheideverfahren für dünne organische Schichten entwickelt.

Ideale und realisierbare Strukturen

Die ideale Struktur eines organischen Transistors besteht aus einer perfekt regelmäßigen Anordnung von konjugierten Kettenmolekülen, wie z.B. PPV, die parallel zueinander ausgerichtet sind und mit einem Ende am Drain-Kontakt und mit dem anderen am Source-Kontakt angeschlossen sind. Dann können die Ladungsträger leicht entlang der Ketten den Kanal durchqueren und der Transistor wird die besten Leistungsdaten zeigen. Leider können solche Bauelemente heute noch nicht hergestellt werden. Einerseits können durchgehende Polymerketten zwischen Source und Drain, die einige Mikrometer auseinander liegen, nicht ohne weiteres synthetisiert werden. Wenn dies doch gelingt, dann kommt es wegen der Länge häufig zu strukturellen Fehlern, was die Ladungsträgerbeweglichkeiten herabsetzt. Andererseits ist die parallele Anordnung der langen Molekülketten zwischen den Elektroden praktisch nicht zu realisieren. In einer realen Struktur werden sie hingegen mehrfach von einer Kette zur nächsten springen müssen, um von Source nach Drain zu gelangen. Dies begrenzt die Ladungsträgergeschwindigkeit, und zwar umso mehr, je ungeordneter die Molekülketten sind. Als Folge bleiben die Beweglichkeiten in organischen Halbleitern sehr niedrig und liegen in der Größenordnung von 10^{-4} cm²/Vs bis 10^{-5} cm²/Vs.

Auf mikroskopischer Skala entspricht der Sprung eines Ladungsträgers von einer Kette zur nächsten dem Übergang eines Polarons aus einer geladenen Kette in eine neutrale Kette. Die elektronischen Orbitale, die bei einem solchen Übergang involviert sind, sind π-Wellenfunktionen. Es handelt sich um die HOMO-Orbitale der beiden Ketten bei einem Löchertransfer und um LUMO-Orbitale beim Elektronenübergang. Diese Übergänge sind dann besonders begünstigt, wenn die beteiligten Orbitale der benachbarten Ketten stark wechselwirken. Dies bedeutet, dass die Elektronendichten überlappen. Dazu müssen die Ketten nahe beieinander liegen und parallel ausgerichtet sein. Nur wenn der chemische Aufbau des Polymers selbst sehr regelmäßig ist, kann es zu dieser Ausrichtung kommen. Dies ist beispielsweise bei stereoregulärem Poly(3-Alkylthiophen) der Fall, bei dem die Alkylgruppe immer am gleichen C-Atom der aneinandergereihten Thiophenringe sitzt. Die Beweglichkeit der Ladungsträger in perfekt geordneten dünnen Schichten dieses Polymers erreicht dabei Werte von bis zu 10^{-1} cm²/Vs und übertrifft damit die Beweglichkeitswerte von nicht stereoregulären Poly(3-Alkylthiophen)-Ketten deutlich. In Bild 6.16 sind die chemischen Strukturen von stereoregulären und nicht stereoregulären Ketten gegenübergestellt.

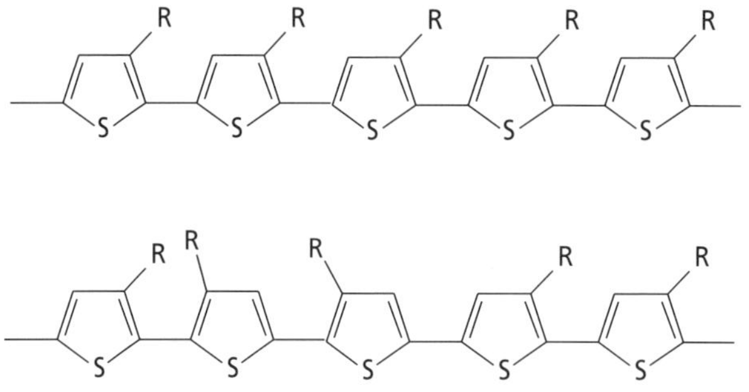

Bild 6.16 Chemische Strukturen von stereoregulären (oben) und nicht stereoregulären Ketten (unten) des Poly(3-Alkylthiophen).

Langreichweitige Ordnung entwickelt sich selten in polymeren Werkstoffen. Dies hängt mit den unterschiedlichen Molekulargewichten der verschiedenen Ketten zusammen, die bei der Polymerisation entstehen. Die Ketten sind folglich unterschiedlich lang, und dies stört die Ausbildung einer geordneten Struktur. Eine vielversprechende Alternative bieten konjugierte Oligomere, die aus kurzen Ketten bestehen und bei denen zwangsläufig die Verteilung der Molekulargewichte weniger streut. Außerdem können solche Verbindungen in hochreiner Form synthetisiert werden. Beispiele sind Sexithienyl, Bis(dithienothiophen) oder Pentazen, siehe Bild 6.17. Wie bei den konjugierten Polymeren sind bei diesen Verbindungen die π-Elektronen entlang der Ketten delokalisiert. Aufgrund der hohen chemischen Reinheit können langreichweitig geordnete (kristalline) dünne Filme erzeugt werden. Diese Vorzüge (bewegliche π-Elektronen in perfekt geordneten Ketten) führen zu sehr guten Ladungsträgerbeweglichkeiten (1 cm²/Vs bei Raumtemperatur). Damit sich diese gute Beweglichkeit auch in geringe Widerstände zwischen Source und Drain von eingeschalteten organischen FETs übersetzt, müssen die Moleküle in den obersten Schichten des Halbleiters unter der Gate-Isolation senkrecht zur Grenzfläche stehen (Bild 6.17). Diese spezielle Orientierung der

6.5 Plastik-Elektronik 135

Moleküle erfordert eine spezielle Präparation der Isolierschicht und eine geeignete Methode zur Abscheidung der halbleitenden Schicht.

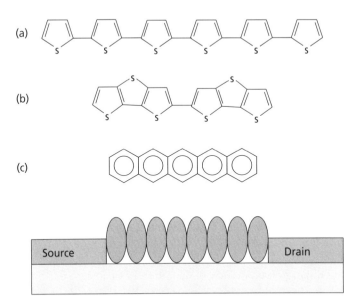

Bild 6.17 Chemische Strukturen von Sexithienyl (a), Bis(dithienothiophen) (b) und Pentazen (c). Unten ist schematisch die optimale Molekülanordnung im Kanal eines organischen FETs gezeigt. Die Moleküle stehen senkrecht auf der Isolator-Halbleiter-Grenzfläche. So könne sich ihre π-Elektronen-Verteilungen optimal überlappen und gerichtete Elektronenübergänge von einem Molekül zu nächsten transportieren die Ladung von Source nach Drain.

6.5.4 Biochemische Sensoren aus Polymeren

Bei diesen Sensoren handelt es sich um Systeme, die bestimmte chemische oder biologische Substanzen selektiv feststellen können und nach der Identifizierung ein elektrisches, optisches oder anderweitig auswertbares Signal erzeugen. Die Amplitude des Signals ist üblicherweise proportional zur Konzentration des festgestellten Stoffes in der Probe. Mit Hilfe von Eichkurven können so auch quantitative Analysen durchgeführt werden. Das Interesse an solchen „künstlichen Nasen" ist vielfältig:

- Chemische Sensoren können für Menschen gefährliche Moleküle in verschiedenen Bereichen feststellen, wie etwa im Bereich der Lebensmittelsicherheit oder in der Umwelttechnik. In der Regel verfügen diese Nanosensoren über sehr hohe Empfindlichkeiten. Deshalb sind schnelle und eindeutige Nachweise auch bei geringen Konzentrationen der fraglichen Stoffe möglich. Beispiele sind Detektoren für Ausgasungen von Explosivstoffen im Kampf gegen die gefährlichen Landminen.
- Biosensoren sind sehr empfindliche Werkzeuge, die sich insbesondere für die medizinische Diagnostik eignen oder genetische Mutationen erkennen können (DNA-und Protein-

nachweis). Nach der Einschätzung der Weltgesundheitsorganisation (WHO) ist das Fehlen von verlässlichen und preiswerten Verfahren zum Nachweis von pathologischen und infektiösen Agentien ein wesentliches Hemmnis für die Verbesserung der Gesundheitsversorgung in Entwicklungsländern. Biosensoren haben noch weitere Anwendungspotentiale, wie etwa zur Blutzuckermessung oder zur Analyse der Enzymaktivität.

Das Funktionsprinzip dieser Sensoren ist zweistufig. Der Nachweisprozess beginnt mit (i) dem selektiven Erkennen der interessierenden Moleküle mit Hilfe von spezifischen Wechselwirkungen mit den aktiven Komponenten des Sensors, auf das (ii) die Umwandlung des prozessualen Ablaufs der Detektion in einen Signalverlauf folgt, der mit den üblichen Methoden der Signalverarbeitung erkannt und ausgewertet werden kann. Sensorsysteme bestehen daher aus dem eigentlichen Sensor zum Nachweis und einem Wandler. Die Sensoren auf Polymerbasis werden in zwei Kategorien eingeteilt, je nachdem welches Wandelverfahren eingesetzt wird:

1. Optische Wandlung: Für diese Wandlungsform sind die Polymersensoren sehr gut geeignet, da die konjugierten Werkstoffe interessante optische Eigenschaften aufweisen, wie etwa ihr hohes Absorptionsvermögen für sichtbares Licht oder ihr Lumineszenzverhalten. Hier steigt die Quantenausbeute bei Anwesenheit oder Abwesenheit des zu detektierenden Stoffes. Die Sensorfunktion besteht darin, dass sich gezielt Komplexe zwischen den nachzuweisenden Molekülen und den Polymerketten bilden, die das Spektrum der Foto-Lumineszenz messbar verändern. Die Intensität des Lumineszenzsignals kann in Folge erhöht oder gedämpft erscheinen (Ein/Aus-Verhalten) oder es kann zu Frequenzveränderungen des ausgestrahlten Lichtes kommen.

2. Elektrische Wandlung: Diese Variante nutzt Veränderungen des Ladungstransports im Inneren der Polymersensoren aus, die nach dem Kontakt mit dem nachzuweisenden Stoff auftreten. Die konjugierten Werkstoffe können dabei in neutraler oder dotierter Form vorliegen. Wenn sich kleine Moleküle an die Polymerketten anlagern, kann das einen starken Einfluss auf die Leitfähigkeit haben, denn dadurch können sich sowohl die Beweglichkeit wie auch die Ladungsträgerdichte in der aktiven Matrix verändern. Gemessen werden kann dies bei halbleitenden Polymeren anhand von Strom-Spannungskennlinien von Transistorstrukturen oder anhand der elektrischen Leitfähigkeit von normalleitenden Kunststoffen, die eine chemisch dotierte Polymerschicht enthalten, deren Leitfähigkeit auf die Anwesenheit des nachzuweisenden Stoffs reagiert.

6.6 Foto-Lumineszenz der konjugierten Polymere

Sensoren, die aus fotolumineszenten konjugierten Polymeren bestehen, sind in den letzten Jahren mit hoher Intensität untersucht worden, weil diese Strukturen in der Lage sind, besonders niedrig dosierte Stoffe gezielt nachzuweisen. Die verstärkte oder abgeschwächte Intensität des Lumineszenzsignals zeigt deutlich, dass sich die zu detektierenden Moleküle angelagert haben. Diese Intensitätsänderung ist deutliches Merkmal, das hohe Empfindlichkeit mit einfacher Auswertbarkeit (Ein/Aus-Verhalten) kombiniert. Man kann sich auch Detektoren vorstellen, bei denen sich die Komplexe mit den nachzuweisenden Molekülen im Inneren des

6.6 Foto-Lumineszenz der konjugierten Polymere

Polymers bilden und die Einlagerung der gesuchten Stoffe zu einer spektralen Verschiebung der Emissionskurve führt. Der Vorteil spektraler Änderungen liegt darin, dass hier Unterschiede in den Spektren gemessen werden und keine absoluten Intensitätswerte, die sich unabhängig von der Konzentration der angelagerten Fremdmoleküle auch durch Alterung (Photodegradation) verändern können. Bei spektralen Messungen kann ebenfalls die globale Intensität abnehmen, ohne dass dies die Frequenzänderungen zum Nachweis betrifft. Wir bezeichnen ein solches Messverfahren als ratiometrisch.

Bevor Anwendungen in der Sensorik von fotolumineszenten konjugierten Polymeren diskutiert werden, ist es nützlich, genauer die Ursachen für die gesteigerte Sensitivität dieser Stoffe zu diskutieren. Es ist gezeigt worden, dass Nachweisschwellen durch den Einsatz konjugierter organischer Werkstoffe um mehrere Größenordnungen abgesenkt werden können. Dies gilt auch für die Unterscheidung von Molekülen mit verwandter Struktur. Diese gesteigerte Empfindlichkeit hängt mit den delokalisierten Elektronenzuständen in diesen organischen konjugierten Werkstoffen zusammen. Obwohl diese Delokalisation durch Strukturdefekte oder chemische Fremdkörper gestört wird, wie bereits oben ausgeführt wurde, wirkt sich das hier nicht aus, da sich die Chromophoren (griech. für Farbträger), die für die Lumineszenz verantwortlich sind, über mehrere Monomere erstrecken und zusätzlich unter sich durch elektronische Wechselwirkungen gekoppelt sind. Die unterschiedlichen sich wiederholenden Sequenzen des Polymers verhalten sich daher (zumindest in einem kurzen Zeitintervall (ca. 100 fs) nach der Fotoanregung) in kollektiver Art und Weise. Die lokalen Details, wie Fehlstellen etc. mitteln sich aus. Dies führt zu einer kollektiven Reaktion im optischen Verhalten des Systems nach der Anregung, wenn Fremdmoleküle vorhanden sind. Dieses Phänomen ist in Bild 6.18 schematisch dargestellt.

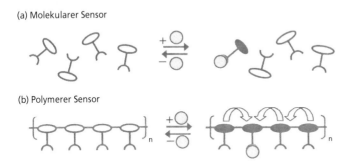

Bild 6.18 Molekularer Sensor im Vergleich zu einem polymeren Sensor, nach J. S. Yang und T. M. Swager, J. Am. Chem. Soc. 120, 5321 (1998). Schematische Darstellung des molekularen (a) und polymeren (b) Funktionsprinzips. Im ersten Fall löst die Anlagerung eines Fremdmoleküls (grau gefüllter Kreis), das nachgewiesen werden soll, eine Zustandsänderung eines einzelnen lumineszenten Moleküls vom leuchtenden (offenes Oval) in den nicht leuchtenden Zustand (gefülltes Oval) aus. Im Fall des Polymers ändert die Anlagerung des Fremdmoleküls den Zustand einer großen Anzahl von Monomeren, die über konjugierte oder kovalente Bindungen vernetzt sind.

In der Abbildung sehen wir die Reaktion und Funktion eines polymeren Sensors im Vergleich zu einem molekularen. Bei einem molekularen Sensor wirkt sich das Vorhandensein oder Fehlen eines Fremdpartikels nur auf den Zustand eines Moleküls aus und ändert dessen Zustand von optisch aktiv (lumineszent oder hell) in optisch inaktiv (nicht lumineszent oder dunkel). Bei einem Polymer beeinflusst das Vorhandensein oder Fehlen eines Fremdmoleküls den Zustand einer ganzen Polymerkette, also vieler identischer Monomere. Wenn sich nun durch Absorption eines Photons ein angeregter Zustand bildet, dann kann sich dieser während seiner Lebensdauer über eine große Anzahl von Rezeptoren entlang der Polymerkette ausbreiten, und dies führt zu einer gegenüber den molekularen Systemen verstärkten sensoriellen Antwort.

6.6.1 Chemische Sensoren

Wie weiter oben schon beschrieben wurde, kann man das Verschwinden der Lumineszenz bei Anwesenheit bestimmter Fremdstoffe nutzen, um diese Stoffe mit höchstmöglicher Empfindlichkeit nachzuweisen. Dies liegt wie erwähnt am kollektiven Charakter der Reaktion der sich in den Polymeren wiederholenden chemischen Grundbausteine auf die Fremdmoleküle. Neben der Empfindlichkeit (*Sensitivität*) ist aber auch die *Selektivität* ein wesentlicher Parameter in den Leistungsdaten eines chemischen Sensors. Aufbauend auf die vielfältigen und flexiblen Möglichkeiten zur organisch-chemischen Synthese wurden verschiedenste Polymere mit geeigneten Strukturen entwickelt, die sich als Rezeptoren für bestimmte Substanzklassen eignen. Es versteht sich dabei von selbst, dass die Komplexbildung als Nachweisreaktion im konjugierten Polymer reversibel sein muss. Denn sonst könnte der Sensor, nachdem er einmal die gesuchte Substanz detektiert hat, nicht wieder verwendet werden. In der wissenschaftlichen Literatur sind verschiedene geeignete chemische Sensoren beschrieben worden. Im Folgenden behandeln wir als Beispiel detaillierter einen Sensor, der Spuren von TNT (Trinitrotuluol) nachweisen kann.

Militärische Landminen, die als Sprengstoff TNT enthalten, werden meist mit Hilfe von Metalldetektoren gesucht. Dies ist eine teure und zeitaufwendige Methode. Der Einsatz von empfindlichen Sensoren, die auf TNT-Ausdampfungen reagieren, ist deshalb eine attraktive Alternative. Swager und Mitarbeiter vom MIT in Boston, USA, haben einen Polymersensor entwickelt, der geringste vorhandene Spuren (Femtogramm, 10^{-15}g) von TNT in wenigen Sekunden feststellt. Die aktive Komponente des Sensors ist ein konjugiertes Polymer, das aus dem Kunststoff PPE (**P**oly**p**henyl**e**nether) abgeleitet ist. Die Aktivierung als Sensor erfolgt über Pentiptyzen-Gruppen, die die Polymerketten lateral vernetzen (Bild 6.19). Diese Aktivierung spielt eine wesentliche Rolle, weil so poröse Kunststofffilme entstehen, in die TNT-Moleküle eindiffundieren können. Im Polymer bilden die TNT-Moleküle, die arm an π-Elektronen sind, Komplexe mit dem konjugierten Polymerketten, in denen es sehr viele π-Elektronen gibt. Die Selektivität für TNT wird dem polymeren Werkstoff mit geometrischen und elektronischen Struktureigenschaften aufgeprägt. TNT-Moleküle haben zum einen die richtige Größe, um in das Polymernetzwerk einzudringen und zum anderen wirken sie wegen ihrer Nitrogruppe als starke Elektronenakzeptoren. Ist TNT vorhanden, dann kommt es zur Auslöschung der Fotolumineszenz des konjugierten Polymers, weil die Elektronen, die in den Polymerketten durch die einfallenden Photonen freigesetzt werden, von den TNT-

Molekülen eingefangen werden. Dieser Prozess führt zu einem nicht-strahlenden Ladungstransfer, bei dem sich die Elektronenfehlstellen in den Polymerketten bilden, während die Elektronen bei den TNT-Molekülen zu finden sind (siehe Bild 6.19). Die Firma Nomadics Inc. (www.nomadics.com) hat einen tragbaren kommerziellen Sensor für Antipersonenlandminen auf Basis dieser Technologie entwickelt.

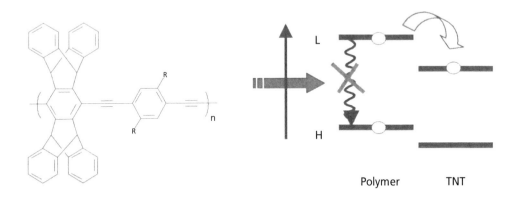

Bild 6.19 Chemische Struktur und Funktionsprinzip eines Polymersensors für TNT. Die in der Gasphase vorliegenden TNT-Moleküle diffundieren in den porösen Polymerfilm und bilden Komplexe mit den Polymerketten durch von Pentiptyzen-Gruppen vermittelten Wechselwirkungen der π-Elektronen. Auf die optische Anregung eines Elektron-Lochpaares (rechtes Teilbild) im Polymer folgt der Ladungsübergang des Elektrons (weißer Pfeil) aus dem LUMO des Polymers in das LUMO des TNT-Moleküls, das eine starke Elektronenanziehung aufweist. Dieser Ladungsübergang verhindert den strahlenden Übergang vom LUMO ins HOMO des Polymers (angedeutet über den durchgestrichenen Pfeil). Infolgedessen wird die Intensität der Lumineszenzstrahlung bei Anwesenheit von TNT reduziert.

6.6.2 Biologische Sensoren

Sensoren für biologische Moleküle auf der Basis von fluoreszenten Polymeren haben ein immenses Anwendungspotenzial in der medizinischen Diagnostik. Kurze Analysezeiten, hohe Empfindlichkeiten und geringe Fehleranfälligkeit lassen erwarten, dass preiswerte und verlässliche diagnostische Methoden zur Verfügung gestellt werden können. Im Folgenden beschreiben wir die Anwendung von konjugierten Polymeren zur Identifikation von DNA-Sequenzen.

Seit der Entdeckung der Doppelhelix ist die Bestimmung der DNA-Sequenz über das Hybridisieren komplementärer DNA-Abschnitte eine wohletablierte Methode. Noch immer fehlt aber ein Wandelprozess, der ein messbares Signal aus den sich bei der Hybridisierung ergebenden Farbmustern generiert, wobei dieses Signal unmittelbare Rückschlüsse auf die zugrundeliegende Gesamtsequenz der unbekannten DNA erlaubt. Leclerc und seine Mitarbeiter haben kürzlich ein neues Verfahren entwickelt, mit dem mühelos DNA-Bruchstücke aus nur einigen hundert Molekülen nachgewiesen werden können. Dieser Biosensor wurde auf der Basis von kationischem Polythiophen gefertigt. Dieses Polymer ist wasserlöslich und fluoresziert. Wie alle Polyelektrolyte bildet auch das positiv geladene Polythiophen stöchiometrische Komplexe mit leicht negativen Oligonukleotiden (aus wenigen Nukleotiden aufgebaute Oligomere), die leicht negativ geladen sind (Bild 6.20). Diese Komplexe sind insgesamt neutral und fallen aus der Lösung aus. Diese Aggregate leuchten schwach und das emittierte Licht ist verglichen mit den isolierten Polymerketten leicht ins rötliche verschoben. Gleichwohl wird bei Anwesenheit von komplementären DNA-Strängen das Lumineszenzsignal deutlich stärker und erfährt eine Blauverschiebung. Leclerc und seine Koautoren haben als Erklärung für diesen auffälligen Effekt im Lumineszenzspektrum vorgeschlagen, dass sich die Polymerketten um die Doppelhelix winden, die sich bei der Hybridisierung der komplementären Segmente bildet. Diese Strukturen (*Triplex* in der Abbildung 6.20) sind besser löslich und zeigen ein anderes Lumineszenzverhalten als die einzelnen Aggregate (*Duplex*). Auch wenn der Mechanismus nicht vollständig und genau verstanden ist, so konnte doch experimentell gezeigt werden, dass DNA-Konzentrationen im Bereich von 10^{-18} mol pro Liter nachgewiesen werden können. Dabei können sogar, und das ist bemerkenswert, Strukturen unterschieden werden, die nur in einer einzelnen Nukleinsäure voneinander abweichen! Diese Methode wurde mit Erfolg zum Nachweis des Influenza-A-Virus im Rahmen eines neuen Grippetests angewendet (Bild 6.21).

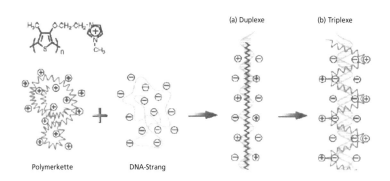

Bild 6.20 Funktionsprinzip eines Sensors aus konjugierten Polymeren zur Identifikation von DNA-Sequenzen. (a) Duplexe sind Strukturen, die durch elektrostatische Wechselwirkungen zwischen den negativ geladenen DNA-Einzelsträngen und den positiv geladenen Polymerketten entstehen. Diese Strukturen lagern sich in wässriger Lösung zusammen und bilden Aggregate, die eine schwache Lichtstrahlung emittieren, die rotverschoben ist. (b) Sind komplementäre DNA-Stränge vorhanden, dann bilden sich Doppelstränge durch Hybridisierung. Die Polymerketten umschließen die Doppelhelix und so bildet sich die Triplex-Struktur, die durch starke Lumineszenz bei einer spektralen Verschiebung zu höheren Frequenzen hin gekennzeichnet ist. Nach K. Doré, S. Dubus, H.A. Ho, I. Lévesque, M. Brunette, G. Corbeil, M. Boissinot, G. Boivin, M.G. Bergeron, D. Broudreau, M. Leclerc, J. Am. Chem. Soc. 126, 4240, (2004), mit freundlicher Genehmigung.

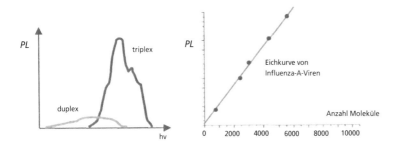

Bild 6.21 Schematische Darstellung der Intensitätsverläufe des Photo-Lumineszenzspektrums (PL) beim Übergang von der Duplex- zur Triplex-Struktur (links) und Eichkurve, die für Influenza-A-Viren ermittelt wurde (rechts). Die Nachweisgrenze liegt bei etwa 320 Molekülen in 150 ml (10^{-18} mol/l). Nach K. Doré, S. Dubus, H.A. Ho, I. Lévesque, M. Brunette, G. Corbeil, M. Boissinot, G. Boivin, M.G. Bergeron, D. Broudreau, M. Leclerc, J. Am. Chem. Soc. 126, 4240, (2004), mit freundlicher Genehmigung.

6.7 Strom-Spannungskennlinien für organische Feldeffekttranistoren

Die Sensoren, die bisher beschrieben wurden, reagieren mit Änderungen des Lumineszenzverhaltens oder der Absorptionseigenschaften auf die Anwesenheit der nachzuweisenden Substanz. Eine andere physikalische Größe, die sich sensibel bei bestimmten Reagenzien ändert, ist der elektrische Strom. In diesem Zusammenhang werden derzeit Verfahren entwickelt, bei denen Veränderungen des Stomflusses in einem Transistor gemessen werden, der eine Schicht aus konjugierten Polymeren in seinem aktiven Bereich enthält. Transistoren sind die Grundbausteine jedes elektronischen Schaltkreises, mit denen Information gespeichert oder verarbeitet werden kann, wie schon anhand der Speicher und Prozessoren unserer Computer deutlich wird. In der Elektronik werden die meisten Transistoren auf Siliziumbasis gefertigt. In den letzten Jahren wurden aber auch Transistoren aus organischen Grundmaterialien (konjugierte Polymeren oder kleinen Molekülen) hergestellt (siehe oben), und diese Kunststofftransistoren können in der Sensorik eingesetzt werden.

In einem Sensor müssen bestimmte messbare Größen (hier sind dies die Ströme und Spannungen im Bauelement) sich merklich verändern, wenn die nachzuweisende Substanz vorhanden ist. Dodapalabur und Mitarbeiter haben gezeigt, dass sich der Drainstrom I_{SD} eines organischen Transistors um bis zu 25% ändern kann, wenn bestimmte Fremdmoleküle als Dampf in der Nähe sind. Wie diese Variationen zustande kommen, ist bis heute noch nicht ganz geklärt. Einerseits können die fraglichen Stoffe den Strom dadurch erhöhen, dass sie eine Redox-Reaktion auslösen, die zusätzliche Ladungen in den konjugierten Molekülen freisetzen. Andererseits kann der Strom auch absinken, weil der Stromfluss durch die Fremdmoleküle, die in die polymere Struktur eindiffundieren, wie durch andere Fehlstellen auch, gehemmt wird. Es konnte aber klar gezeigt werden, dass die Filmbeschaffenheit eine zentrale Rolle im sensoriellen Verhalten spielt. Je stärker sich die Strukturen einer kristallinen Ordnung annähern, desto geringer fällt die Reaktion auf den Fremdstoff aus. In den meisten Fällen wird der Stromfluss im Transistor im Sensorbetrieb zur Vertärkung der Effekte mehrfach durch Polaritätswechsel der Drain-Source-Spannung umgepolt. Man kann auch zusätzlich noch die Temperatur erhöhen. Da die Herstellkosten von organischen Transistoren extrem niedrig sind, können benutzte Sensoren auch einfach weggeworfen werden (Einwegsensorik). Das wesentliche Problem bei diesen Sensoren ist die wenig ausgeprägte Selektivität. Daher wird es in Zukunft nötig sein, mehrere Transistoren einzusetzen, die sich in der Polymerbeschaffenheit unterscheiden, damit verschiedene Messsignale ausgegeben werden können, die eine globalere Information bieten und es ermöglichen, durch geeignete Signalverknüpfungen die nachgewiesenen Substanzen genauer zu bestimmen. Bringt man einen Teil der aktiven Polymerschicht direkt mit einer Flüssigkeit in Kontakt (z.B. gelöster Fremdstoff in Wasser) und schützt die restlichen Bereiche des Transistors durch eine geeignete Passivierung, dann können auch flüssige Medien direkt analysiert werden. Zum Abschluss soll noch darauf hingewiesen werden, dass organische Transistoren auch Anwendungspotential in der Drucksensorik haben, wie die Gruppe von Prof. Someya von der Universität Tokio gezeigt hat.

6.8 Dotierte konjugierte Polymere

Bisher wurde nur die Rolle von neutralen Polymeren in der Sensorik behandelt. Es ist aber auch möglich, chemische oder biologische Substanzen in der Gasphase oder in gelöster Form mit Hilfe von dotierten Polymeren nachzuweisen. Die leitfähigen Polymere Polypyrrol oder Polyanilin zeigen eine ausreichende Stabilität und bieten sich als Ersatz für die bisher in Gassensoren genutzten (teuren) Metalloxide an, weil diese Kunststoffe viel billiger hergestellt werden können. Die Leitfähigkeit eines Polymers wird von der Dichte der Ladungsträger und deren Beweglichkeit bestimmt. Zur Detektion von Fremdmolekülen muss sich also mindestens einer der beiden Parameter verändern. Fremdstoffe können Redox-Reaktionen auslösen. Deshalb steigt im leitfähigen Polymer je nach Typ die Ladungsdichte oder sie nimmt ab. Es ist beispielsweise gezeigt worden, dass die Leitfähigkeit von mit I_2 oder Br_2 oxidierten konjugierten Polymeren sinkt, wenn das System reduzierenden Reagenzien wie Ammoniak oder Wasserstoff ausgesetzt wird. Ein Austausch von Gegenionen zwischen einem leitfähigen Polymer und einer Lösung oder das Eindringen von Gasteilchen in den Polymerfilm kann die Struktur und Anordnung der Kettenmoleküle nachhaltig beeinflussen. So kann sich bspw. eine kugelförmige Anordnung der Kettenmoleküle aus einer linearen Struktur bilden. Durch die Aufnahme von Fremdteilchen kann der Polymerfilm auch anschwellen. Änderungen der Konformation oder des spezifischen Volumens führen fast zwingend zu Änderungen der Leitfähigkeit, auch ohne dass sich dazu die Ladungsträgerdichte ändern müsste.

6.8 Dotierte konjugierte Polymere

Auf Basis dieser Beobachtungen haben MacDiarmid und seine Mitarbeiter eine Struktur vorgestellt, die aus einem leitfähigen Polymerfilm aus Polysteren- und Polyprrol-Ketten besteht, die mit sulfonierten Dodecylbenzenionen dotiert sind. Werden diese Ketten gesättigten Dämpfen von verschiedenen organischen Molekülen ausgesetzt, dann misst man die in Bild 6.22 gezeigten Widerstandsänderungen (nach einer Exposition von 5 s Dauer). Die letzten beiden Messungen wurden in Anwesenheit von Molybdat-Ionen durchgeführt. Dies zeigt den Einfluss des verwendeten Gegenions. In Bild 6.23 ist die Reversibilität des Nachweisprozesses dargestellt. Der verwendete Sensor besteht wieder aus mit sulfonierten Dodecylbenzenionen dotierten Polyprrol-Ketten und wird im Wechsel Stickstoffgas ausgesetzt, das Toluol oder kein Toluol enthält. Die im Allgemeinen gering ausgeprägte Selektivität kann durch Vernetzung von Sensoren überwunden werden. Jede Sensorkomponente im Netzwerk ist im Bezug auf das zugrundeliegende Polymer, dessen Aufbereitung, die Art der Gegenionen oder der Dotierung anders ausgelegt und erzeugt ein eigenständiges Antwortsignal. Aufgrund dieser Komplementarität können präzisere Messungen durchgeführt werden. Solche vernetzten Sensoren werden beispielsweise von der Firma Smiths Detection (www.smithdetection.com) hergestellt. Abnehmer für solche Sensorsysteme sind der medizinische Bereich, die Nahrungsmittelindustrie und die Umweltbehörden.

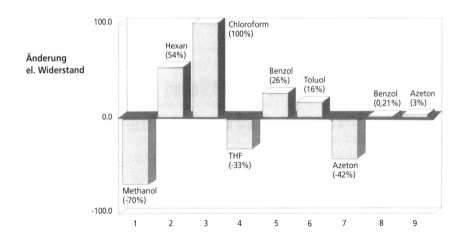

Bild 6.22 Antwort eines Sensors aus konjugierten leitfähigen Polymeren. Gezeigt ist die Änderung des elektrischen Widerstands von dotierten Polypyrrolfilmen, die einem Stickstoffgastrom ausgesetzt wurden, in den verschiedenen organischen Substanzen gelöst sind. Auszug aus MacDiarmid, Synth. Met. 84, 27 (1997), mit freundlicher Genehmigung.

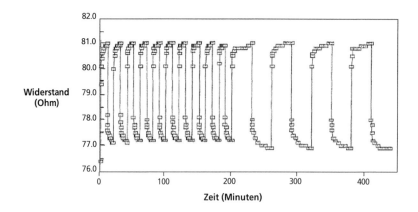

Bild 6.23 Reversibilität des Nachweisprozesses. Zyklische Änderung des elektrischen Widerstands von dotierten Polypyrrolfilmen, die einem Stickstoffgastrom ausgesetzt wurden, in dem Toluol oder kein Toluol gelöst ist. Auszug aus MacDiarmid, Synth. Met. 84, 27 (1997), mit freundlicher Genehmigung.

7 Herstellung von Nanostrukturen

Nanotechnologie wird üblicherweise als die Technik von der Herstellung und der Anwendung von Werkstoffen, Gerätschaften und Systemen definiert, deren charakteristische Abmessungen im Bereich von 1 bis 100 Nanometer liegen, also im atomaren, molekularen und supramolekularen Bereich. Damit sind die Nanotechnologien revolutionär neuartig. Auf Nanometerskalen verhalten sich Werkstoffe und Systeme vollständig anders als in den uns gewohnten Dimensionen. Die neuartigen Verhaltensweisen betreffen physikalische, biologische und chemische Prozesse in diesen Systemen und deren Eigenschaften. Die Veränderungen sind so grundlegend, dass die Eigenschaften von nanometrischen Systemen nicht ohne weiteres aus den Eigenschaften makroskopischer Systeme abgeleitet werden können. Die Nanosysteme stellen daher eine große wissenschaftliche Herausforderung dar. Ziele der wissenschaftlichen Forschung sind Messungen, Kontrollen und die Handhabung der neuen Werkstoffe sowie die Charakterisierung der Stoffe im Hinblick auf Anwendungsmöglichkeiten in technischen Systemen.

Es handelt sich dabei nicht mehr nur um die Visionen von Wissenschaftlern. Die Verkleinerung auf Mikrometerabmessungen im Rahmen der Mikrosystemtechnologie ist heute schon Realität. So wurden beispielsweise 1995 an der Todai Universität in Tokio Mikromaschinen hergestellt, die mit sechs Fühlern und Armen ausgestattet sind (davon zwei beweglich) und die sich in einem elektromagnetischen Feld selbständig fortbewegen können.

Es war Eric Drexler, der als Erster am Anfang der 90er Jahre die Anregungen von Richard Feynman aufgegriffen hat. Er ist heute Direktor des *Foresight-Institutes* und davon überzeugt, dass Nanoroboter irgendwann einmal erkranktes oder defektes menschliches Gewebe reparieren können. Drexlers Credo ist einfach: Wenn es möglich ist, Materie gezielt Atom für Atom umzukonstruieren, dann können Nanoroboter mit mechanischen Armen hergestellt werden, die nicht größer als ein Virus sind. Diese *Assembler* können dann neue Roboter fertigen, die noch kleiner sind und Moleküle und Atome stapeln und umschichten können, wie etwa Lego-Bausteine. Gesteuert werden diese Kleinstautomaten dabei so, dass sie zu Millionen gleichzeitig an der gleichen Aufgabe arbeiten!

Bei der Konzeption der Assembler hat sich Drexler daran orientiert, wie in der Natur lebende Wesen entstehen. Sein Vorbild sind die *Ribosomen*: In einem Volumen von weniger als einem Kubiknanometer können diese Kleinstfabriken jede dreidimensionale Proteinstruktur synthetisieren, die es auf der Erde gibt.

Die Komplexität der Chemie des Lebens ist wesentlich höher als die der klassischen Chemie. Trotzdem versuchen Nanotechnologen, die Brücke zwischen diesen beiden Welten zu finden. „Stell dir vor, wie unsere Welt sein könnte, wenn wir sie ohne Wasser und lebende

Organismen aufbauen könnten. Die Objekte hätten eine von lebenden Zellen unerreichbare atomare Perfektion!", schrieb Richard E. Smalley, Nanotechnologe und Nobelpreisträger von 1996.

7.1 Die Problemstellung

Das Hauptproblem bei den angeführten visionären Anwendungen der Nanotechnologie ist die Positionierung: Man muss die Fähigkeit entwickeln, Atome mit einer bisher unerreichten Präzision zusammenzufügen, auf Nanometer genau! Kleinste Verunreinigungen von Außen haben drastischste Auswirkungen. Wenn z.B. ein Haar auf einen Nanoroboter fällt, hat das den gleichen Effekt, wie wenn einem ein Elefant auf den Fuß tritt! Jede noch so kleine Vibration kann das gezielte Verschieben von Atomen verhindern oder unerwünschte chemische Reaktionen auslösen. Es gibt noch ungezählte andere Probleme: Welche Energieform kann Nanoroboter antreiben? Wie werden die Roboter programmiert und wo werden die Programme gespeichert, die sie ausführen sollen?

Der fundamental neue Ansatz der Nanotechnologie besteht darin, dass der Mensch die Materie auf atomarem Niveau manipulieren will. Die Anwendungsmöglichkeiten von Nanomaterialien sind extrem vielfältig und alle industriellen Bereiche können davon profitieren.

Wie in Kapitel 4 beschrieben, war die Informationstechnik die erste Disziplin, die sich in Richtung Nanotechnologie entwickelt hat. Schon seit den 60er Jahren setzt die elektronische Industrie auf die Miniaturisierungswelle. Im Laufe der Jahre haben sich die Techniken zur Herstellung integrierter Schaltungen immer weiter zu immer höheren Komplexitäten hin entwickelt. In einem Pentium-Prozessor drängen sich 5,5 Millionen Transistoren auf einer Fläche von nur 306 mm²! In 25 Jahren wird sich die Leistungsfähigkeit der Mikroprozessoren um den Faktor 25.000 vervielfachen. Und in weiteren 15 Jahren, wenn die Integrationsdichte sich noch einmal um den Faktor 2^{10} erhöht hat, wird ein einziger Prozessor genauso viel Rechenleistung liefern, wie alle bisher im berühmten Silicon Valley produzierten Mikrocomputer zusammen!

Aber auf dem Weg zu immer kleineren Strukturen und immer höherer Leistungsfähigkeit wird die Mikroelektronik schon bald an physikalische Grenzen stoßen, die mit den kleinen Größen zusammenhängen: Ab 0,1 µm oder 100 nm wird die konventionelle Lithografie nicht mehr in der Lage sein, die feinen Strukturen sicher zu übertragen, denn die Wellenlänge des Lichts ist zu lang, um die nötige Strukturauflösung zu gewährleisten. Man rechnet damit, dass ab 2015 oder etwas später ein Paradigmenwechsel in den Herstelltechniken notwendig wird, um die weitere Strukturverkleinerung bei elektronischen Schaltungen wie Speicherchips und Mikroprozessoren zu ermöglichen. Außerdem werden bei den genannten kleinen Geometrien auch Quanteneffekte immer stärker ins Spiel kommen. Die Werkstoffe können weiterhin neuartige Aggregatzustände annehmen, in denen es unmöglich sein wird, die einfache Ein-Aus-Logik der Digitaltechnik zu implementieren, auf der Mikroprozessoren beruhen.

7.2 Der Beitrag der supramolekularen Chemie   147

Mit einem Elektronenstrahlmikroskop lassen sich Linien von 20 nm bis 100 nm Breite ins Silizium übertragen, denn die Wellenlänge von hoch beschleunigten Elektronen ist wesentlich kürzer als die von Photonen und erlaubt dementsprechend höhere Auflösungen. Statt Linien ins Silizium zu übertragen, versuchen andere Forscher nanoskopische Schaltungen Atom für Atom oder Molekül für Molekül zusammenzusetzen. Wir werden im Laufe dieses Kapitels noch sehen, wie die supramolekulare Chemie hier zusätzliche attraktive und preiswerte Lösungen anbieten kann.

Die ersten Werkzeuge zur gezielten Manipulation von einzelnen Atomen und Molekülen existieren bereits: 1986 haben zwei Forscher aus der Schweiz, Gerd Binnig und Heinrich Rohrer, den Nobelpreis für Physik für die Erfindung des Rastertunnel-Mikroskops (STM) erhalten. Mit diesem Mikroskop können einzelne Atome sichtbar gemacht werden. Die Funktionsweise ist bereits in Kapitel 4 beschrieben worden. Mit einem STM können Atome und Moleküle nicht nur dargestellt, sondern auch gezielt verschoben und neu angeordnet werden. Mehrere Forschungsgruppen von IBM haben Xenon-Atome so manipuliert, dass 35 Atome den Schriftzug „IBM" ergaben, oder sie haben Eisenatome auf einer Kupferoberfläche im Kreis angeordnet und in dessen Innerem ein freies Elektron eingefangen. Dieser Elektronenzaun ist ohne Zweifel ein erster Schritt in Richtung eines neuartigen Nano-Transistors. Diese ersten Ergebnisse aus der Nanowelt wurden bei sehr tiefen Temperaturen (−270° C) erzielt. Heute ist es aber bereits möglich, organische Moleküle mit einer Länge von 1,5 nm auch bei Raumtemperatur gezielt zu platzieren. So wurde z.B. ein chinesisches Rechenbrett mit weniger als 1 nm Durchmesser aus zehn Ring-Molekülen des Fullerens C_{60} auf einer Kupferoberfläche aufgebaut.

Ein anderes Werkzeug hat die IBM-Wissenschaftler ebenfalls interessiert, das atomare Kraftmikroskop (AFM, *Atomic Force Microscope*), das Atome dadurch sichtbar macht, dass es die Kraft zwischen einer Messspitze und einer Oberfläche erfasst. Bei Kontakt mit der Umgebungsluft setzt sich ein Minitropfen Wasser auf die Spitze. Durch Induzieren eines elektrischen Stroms konnten die IBM-Wissenschaftler lokal eine Oxidation mit Hilfe des Wassertropfens auslösen. So haben sie Oxidflecken mit 20 nm Durchmesser gezielt auf Silizium- oder Metalloberflächen erzeugen können.

Durch Kombination von Mikromotoren mit optischen Elementen, mechanischen oder informationstechnischen Komponenten haben Wissenschaftler und Technologen die Tür zu Mikromaschinen (MEMS, Mikroelektromechanische Systeme, siehe Kapitel 1) geöffnet und damit eine echte Revolution ausgelöst, die genauso viel Entwicklungspotential hat, wie die Mikroelektronik.

7.2 Der Beitrag der supramolekularen Chemie

Jenseits der Molekülchemie, die sich mit der Verbindung von Atomen zu Molekülen beschäftigt, folgt ein Bereich der Chemie, den man als *supramolekular* bezeichnen kann. Dieser Bereich behandelt die Assoziation von Molekülen zu übergeordneten (Supra-)Strukturen. Supramolekulare Verbindungen werden nicht durch kovalente Bindungen zwischen einzelnen Atomen vermittelt, sondern durch intermolekulare Wechselwirkungen. So ergeben sich neue Möglichkeiten der aufbauenden Synthese (siehe Kapitel 1) von Nanostrukturen aus Molekülbaugruppen.

Werden mit einem Rastertunnelmikroskop Atome zu komplexeren Strukturen zusammengefügt, dann verfolgt man den *Bottom-up*-Zugang zu Nanosystemen. Es ist jedoch grundlegend wichtig zu beachten, dass supramolekulare Strukturen sich autonom zusammenlagern können (man spricht in diesem Zusammenhang häufig von Auto-Aggregation), ohne dass externe Kräfte oder Hilfsmittel wie ein STM wirken. Die Entwicklung und Herstellung geeigneter molekularer Baugruppen, die zur Auto-Aggregation geeignet sind, bedarf auf Seite der Wissenschaft Kompetenz und Kreativität.

Die Kräfte, die die Substanzen dazu bringen sich zusammenzulagern und zu verbinden sind unterschiedlich. Die Theoretische Chemie und die Physikalische Chemie beschäftigen sich intensiv damit, Moleküleigenschaften und deren natürliche Variation genauer zu fassen, und die Einflüsse von Abstand oder der Orientierung der molekularen Baugruppen zu quantifizieren. Weil die beteiligten Kräfte im Allgemeinen viel kleiner sind als die Kovalenzbindungskräfte, können sich die intermolekularen Strukturen rasch aufbauen oder wieder zerlegen, wobei die Geschwindigkeit von ihrer stofflichen Zusammensetzung, ihrer Größe und von ihrer Anordnung beeinflusst wird. Zur Herstellung von supramolekularen Nanostrukturen sind deshalb veritable Kenntnisse der energetischen und dreidimensional räumlichen Aspekte der molekularen Wechselwirkungen nötig. Genauso muss der Aufbau der intermolekularen Strukturen bekannt sein, denn die gezielte Ausbildung von supramolekularen Strukturen kann nur dann erfolgen, wenn alle beim Zusammenfügen eingesetzten Wechselwirkungen präzise kontrolliert werden können. Eine solche supramolekulare Synthesemethode lässt sich über ihre Stabilität und Selektivität charakterisieren. Diese Eigenschaften bestimmen den Energie- und Informationsaufwand, der nötig ist, damit die komplexen Konstituenten die gewünschte Struktur mit dem gewünschten Verhalten bilden können.

Die Auto-Aggregation spielt in biologischen Systemen eine wichtige Rolle. Als Beispiel lassen sich die lipiden Doppelschichten anführen, aus denen sich die Zellmembranen entwickeln, die Proteinbildung und die Wechselwirkungen zwischen der Erbsubstanz DNA und den Histonen[43], die eine bestimmende Rolle bei der Steuerung und der Interpretation der Gene spielen. Auto-Aggregation auf supramolekularem Niveau spielt sich auch ab, wenn sich Enzyme und Hormone verbinden, wenn sich Komplexe aus mehreren Proteinen zusammenlagern, um Hämoglobin oder Mehrfach-Enzyme zu bilden, oder wenn die Doppelhelix der DNA aufrechterhalten wird oder wenn die Erbinformation mit Hilfe des Basenalphabets ausgedrückt wird (siehe Kapitel 5). Diese (biologischen) Systeme leisten überdies innerhalb der Steuerung der supramolekularen Strukturbildung einen wesentlichen Beitrag. Diese Steuerung ist eines der wesentlichen Ziele der supramolekularen Chemie.

Anfang der 70er Jahre des letzten Jahrhunderts hat man sich mit der Komplexbildung aus großen und kleinen Konstituenten beschäftigt, wobei sich die kleinen Bausteine in die großen

---

[43] Histone sind kleine Proteine, die eine wichtige Rolle bei der räumlichen Kompression der großen Erbsubstanz im (kleinen) Zellkern spielen.

eingefügt haben. Diese Phase wurde auch als *Host-Guest-Chemistry* (Wirt-Gast-Chemie) bezeichnet. Die komplexen/komplexbildenden Substanzen haben sich seitdem in Richtung Komplexität weiterentwickelt; einfach und mehrfach geladene Ionen sowie neutrale Moleküle haben sich zu Komplexen autonom zusammengefügt. Die sich organisierenden Bausteine wurden wie die gebildeten Komplexe selbst immer größer. Heute geht es hier häufig darum, mit ähnlichen Methoden wie bei der Bildung von quarternären Strukturen von Proteinen selbst-organisierte Bausteine mit Nanometerabmessungen, die sich mit ähnlich großen Nachbarn per Auto-Synthese verbinden können, gezielt herzustellen. Derzeit sind die Wechselwirkungen, die zur Erreichung dieses Ziels eingesetzt werden, von kurzer Reichweite und es wird bevorzugt in nicht wässriger Lösung gearbeitet. In der Literatur findet man zu diesen Themen viele Arbeiten. Es werden Methoden zur Einfügung von Wasserstoffbrückenbindungen beschrieben, oder Verfahren zur Koordinationsbindungen oder zur Komplexbindungen mit Ladungsübertrag. Seltener sind Veröffentlichungen, die sich mit hydrophoben Substanzen beschäftigen oder mit Wechselwirkungen, die bestimmte Volumenbereiche ausschließen und so bestimmte räumliche Anordnungen bevorzugen oder Beiträge, die elektrostatische Wechselwirkungen behandeln.

Ein anderes Gebiet der supramolekularen Chemie beschäftigt sich mit den polymolekularen Komplexen, Mizellen, Schichten und Grenzflächen. Die Steuerung der molekularen Verbindung und die physikalisch-chemischen Eigenschaften der zusammengesetzten Systeme im Zusammenspiel mit Rezeptoreigenschaften spielt dabei eine wichtige Rolle, genau wie Katalyse und Transportmechanismen. Dies sind die entscheidenden Ingredienzien für molekulare Kompositen, die mit Photonen, Elektronen und Ionen arbeiten. So bildet sich eine Chemie der organisierten Systeme aus, die informationstechnische Aufgaben übernehmen sollen. Informationstechnik umfasst die Speicherung und Übertragung von Information, sowie die Steuerung des Informationsflusses auf molekularer Ebene. Diese *Chemitronik*, die sich aus Photonik, Elektronik und aus molekularer Ionik zusammensetzt, benötigt genaue Kenntnisse der Wechselwirkungsmechanismen, die die Form und Dynamik der molekularen Vernetzung bestimmen.

7.3 Halbleitende Nano-Bänder

Elektronik auf molekularer Skala ist ein aktuelles, vielversprechendes Forschungsgebiet mit atemberaubenden Perspektiven. Die bisher in den Nanowissenschaften erzielten Fortschritte haben den Abstand zwischen Vision und Realität schon deutlich verringert und zudem neue Wege in Physik und Chemie aufgezeigt.

Dieses Forschungsgebiet hat die aktuelle mesoskopische Physik in Richtung auf elektronische Systeme mit Elektronen in kohärenten Quantenzuständen erweitert und beschäftigt sich mit der zielgerichteten kontrollierten Verbindung von einzelnen Atomen und Molekülen. Die einwandigen Nanoröhren des Kohlenstoffs stellen aktuelle und markante Beispiele für Quantensysteme dar. Gleichzeitig ermöglichen aber auch supramolekulare Chemie und Biochemie die Konstruktion ebenso reichhaltiger und nützlicher Systeme.

Der Fortschritt in diesem Forschungsgebiet kommt auch dadurch zustande, dass man den Ladungstransport und auch den Ladungsübertrag innerhalb eines Moleküls oder innerhalb von Molekülverbunden mit den assoziierten Effekten besser verstehen will. Der Elektronentransport in Festkörpern hängt stark damit zusammen, wie sich Ladungsübergänge in chemischen Reaktionen auswirken. Deshalb kann die Erforschung des Ladungstransports in Molekülen und deren übergeordneten Strukturen nur dann vorankommen, wenn Festkörperphysiker, Chemiker und Elektrochemiker zusammenarbeiten.

Wenn man versucht, supramolekulare Konstrukte im Rahmen der molekularen Elektronik einzusetzen, dann werden selbstverständlich Aggregate im festen Zustand benötigt. Im Allgemeinen sind die elektronischen Eigenschaften der kondensierten Materie von den molekularen Wechselwirkungen bestimmt. Genauso kommt die Dynamik und Struktur der Lipide, der Mizellen, der Flüssigkristalle, der Emulsionen und der geordneten Phasen zustande. Wir haben in vorherigen Kapiteln gesehen, wie Moleküle als Transistoren oder logische Gatter wirken können. In diesem Abschnitt werden wir Methoden vorstellen, mit denen durch Auto-Aggregation quasi eindimensionale Nano-Objekte geschaffen werden können, die wir als *Nano-Bänder* bezeichnen wollen. Diese Objekte haben einen Querschnitt von 5 bis 20 nm und stellen einen wichtigen Zwischenschritt auf dem Weg zu elektronischen Bauelementen dar, die aus einem einzigen Molekül bestehen.

Unter den Polymeren, die für die Herstellung von solchen Nano-Bändern in Frage kommen, sind die konjugierten Polymere besonders interessant. Ihre Eigenschaften haben wir in Kapitel 6 genauer behandelt. Dort wurde ausgeführt, dass diese Polymere aus einem langgezogenen Kohlenstoffskelett bestehen, in dem sich die π-Elektronen quasi frei bewegen können, was zur elektrischen Leitfähigkeit dieser Substanzen führt. Unter die konjugierten Polymere fallen die Stoffe Poly-Para-Phenylen (PPP), Poly-Para-Phenylen-Ethinylen (PPE), Poly-Fluoren (PF), Poly-Inden-Fluoren (PIF) und das Poly-Thiophen (PTh). In Bild 7.1 sind die Strukturen dieser Polymere dargestellt. Durch Einbau lateraler Alkylketten lassen sich diese Stoffe in fast allen üblichen organischen Lösungsmitteln auflösen. Ohne diese Substituenten sind die konjugierten Polymere in der Regel unlöslich und auch nicht durch Schmelzen zu verflüssigen.

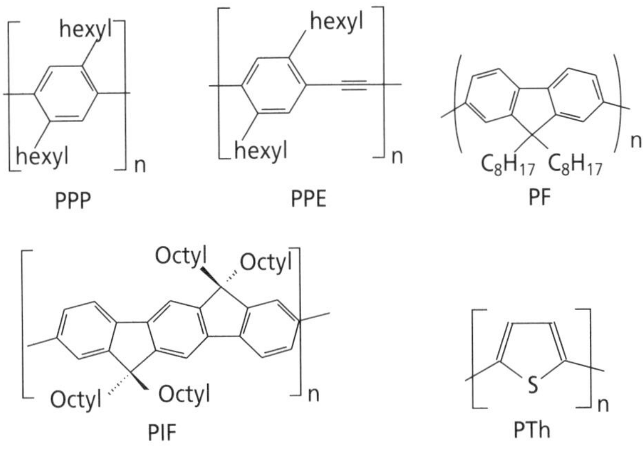

7.4 Herstellung von Nanostrukturen

Bild 7.1 Chemische Strukturen von PPP, PPE, PF, PIF und PTh.

Wenn man eine kleinere Menge einer verdünnten Lösung eines der genannten Polymere auf ein Substrat aus Glimmer oder auf eine Siliziumscheibe aufbringt, dann kommt es zur Auto-Aggregation und es bilden sich Nano-Bänder mit einem Durchmesser von einigen Nanometern. Der Durchmesser hängt von der Länge der Bänder ab. Bild 7.2 zeigt Beispiele, die mit Hilfe der ATM-Mikroskopie fotografiert wurden. Die Substanzen bestehen aus konjugierten Polymeren, in die nicht konjugierte Segmente eingelagert sind. Aus mechanischen Berechnungen und mit Hilfe der Moleküldynamik können wir besser verstehen, wie die Moleküle in den Bändern miteinander wechselwirken. Bild 7.3 gibt die Struktur eines Oligomers des Fluorens wieder, das aus 8 Monomeren besteht; die Moleküle schichten sich parallel zueinander auf, wie Dominosteine, und so bilden sich lange und sehr feine Fäden, in denen die Oligomere senkrecht zur Fadenachse orientiert sind.

7.4 Herstellung von Nanostrukturen

In diesem Abschnitt werden wir uns damit beschäftigen, wie zukünftig Nano-Objekte auf Grundlage von konjugierten Oligomeren gefertigt werden könnten. Wenn Nanobänder vorliegen, kann man sie verschiedenen externen Kräften auszusetzen, also die Bänder beispielsweise zwischen Elektroden setzen. Im Feld richten sie sich dann parallel zueinander aus und so entsteht ein komplexes System aus potentiellen Schaltungen mit Mikrometerabmessungen (*Supramolekulare Elektronik*). In Bild 7.4 ist als Beispiel eine lange Kohlenstoff-Nanoröhre über zwei Elektroden gezeigt, wie von der Arbeitsgruppe um Professors Dekker aus den Niederlanden untersucht.

Eine Möglichkeit zur Realisierung solcher Bauelemente besteht darin, die Moleküle dazu zu bringen, sich entweder in Vorzugsrichtungen selbst auszurichten oder sich in vorher festgelegten Regionen selbst zusammenzulagern. Dies kann durch die Beschaffenheit des Substrats erreicht werden oder durch dessen Oberflächenstrukturierung (künstlich oder natürlich). Das

Oberflächenmuster führt dann zur Selbst-Aggregation mit der gewünschten Ausrichtung. Im Folgenden werden verschiedene Strategien behandelt, mit denen Oberflächenstrukturen geschaffen werden können.

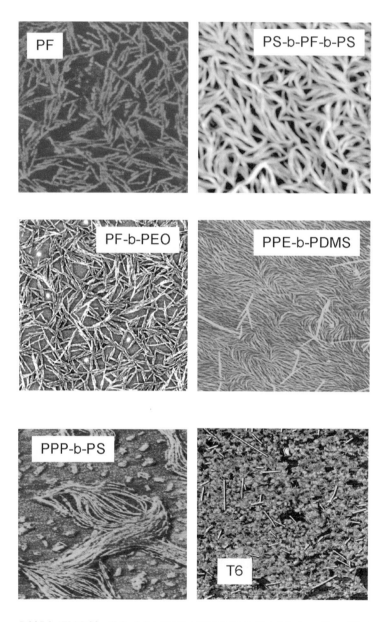

Bild 7.2 AFM-Bilder (2,0 x 2,0 µm²) von verschiedenen Nanobändern, die auf Basis von konjugierten Oligomeren hergestellt wurden.

7.4 Herstellung von Nanostrukturen

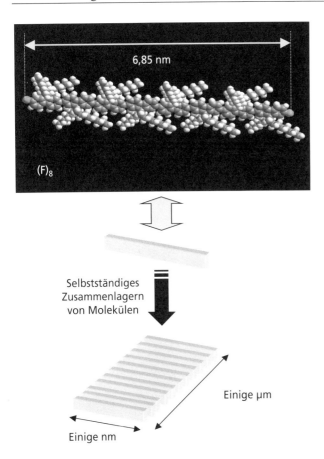

Bild 7.3 Supramolekulare Anordnung in einem Nanoband aus Fluoren-Monomeren.

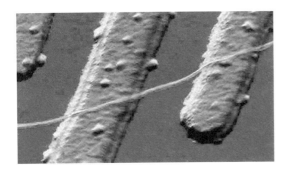

Bild 7.4 Bauelement aus einer Kohlenstoff-Nanoröhre, die auf zwei Elektroden abgeschieden wurde (Molecular Biophysics Group, TU Delft).

7.4.1 Natürlich oder künstlich strukturierte Oberflächen

An Oberflächen von Werkstoffen sind folgende Erscheinungen typisch:

- Es gibt Domänen mit unterschiedlichen physikalischen oder chemischen Eigenschaften, die lokal auftreten und Durchmesser im Mikrometerbereich bis hinunter zu einigen Nanometern aufweisen;
- Man findet Defekte, wie Gräben, Stufen und Löcher;
- Es existieren spezielle Symmetrierichtungen und
- Anisotropien der physikalischen oder chemischen Eigenschaften, die sich auf natürliche Weise ausbilden oder durch Polieren erzeugt werden können.

Als Beispiel für natürlich strukturierte Oberflächen betrachten wir den Fall, dass eine PPE-Lösung auf einer speziellen Form des Graphits aufgebracht wird (Bild 7.5). Dann richten sich die Nanobänder bevorzugt entlang der drei kristallografischen Hauptachsen des Graphits aus. Die Graphitoberfläche zeigt nämlich eine dreizählige Symmetrie (HOPG, *Highly Ordered Pyrolytic Graphite*). Durch die Wechselwirkung der lateralen Alkyl-Ketten im PPE mit der Graphitoberfläche wird das Wachstum der PPE-Fäserchen entscheidend beeinflusst.

Bild 7.5 AFM-Bild einer PF-Schicht auf einer HOPG-Scheibe. Die Nanobänder richten sich spontan in drei symmetrieäquivalente Richtungen aus (oben links verdeutlicht).

Um die herkömmliche optische Photolithografie in der Mikroelektronikfertigung (Bild 7.6) für künstliche Strukturübertragung und -erzeugung weiterzuentwickeln, werden verschiedene technologische Ansätze untersucht, die darauf abzielen, statt sichtbaren Lichts extremes ultraviolettes Licht (EUV) oder sogar Röntgenstrahlung einzusetzen. Teilchenstrahlen, wie beispielsweise Elektronen, kommen ebenfalls in Frage, wenn feinste Strukturen in lichtempfindliche Lackschichten übertragen werden sollen. Eine Abwandlung der Elektronenstrahlli-

7.4 Herstellung von Nanostrukturen

thografie, bei der die Strukturen direkt in den Lack geschrieben werden, ist die Elektronenstrahl-Projektionstechnik (EPL[44]). Jedes dieser Verfahren hat Vor- und Nachteile.

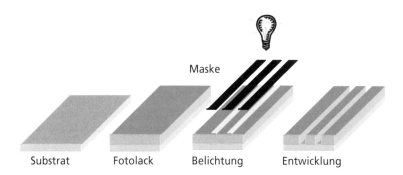

Bild 7.6 Prinzipieller Ablauf der optischen Lithografie

Die Röntgenstrahllithografie arbeitet mit elektromagnetischen Wellen, deren Länge unterhalb eines Nanometers liegt. Man erwartet, dass sich mit dieser Methode minimale Strukturbreiten in Transistoren im Bereich von 25 nm erzielen lassen werden. Bei diesem Verfahren werden keine Linsen verwendet. Die Röntgenstrahlung passiert die Maske und überträgt im Schattenwurfverfahren die Maskenstrukturen in den Fotolack. Trotz aller inhärenten Schwierigkeiten kann mit diesem Verfahren eventuell sogar günstiger produziert werden als mit EUV-Belichtung.

Auch die EUV-Lithographie, die von verschiedenen Halbleiterherstellern favorisiert wird, ist noch im Entwicklungsstadium, aber es ist sehr wahrscheinlich, dass dieses Verfahren in den kommenden Jahren Serienreife erreicht und dass dann Schaltkreise mit Transistorstrukturen bis hinunter zu 35 nm realisierbar sein werden. Gleichwohl gibt es auch hier größere Herausforderungen, die damit zusammenhängen, dass so kurzwelliges Licht von keinem transparentem Werkstoff hinreichend stark gebrochen wird, um Linsensysteme aufzubauen.

Es ist auch wichtig zu betonen, dass die Lithografie nicht nur gebraucht wird, um nur Mikroprozessoren herzustellen, sondern auch viele andere integrierten Schaltungen für zahlreiche Anwendungsfelder. Dazu zählen Telekommunikationsschaltkreise, Speicherchips, Sensoren für alle möglichen physikalischen Größen oder Schaltungen, die verschiedenste Geräte und Maschinen des täglichen Lebens steuern, von Haushaltsgeräten, über Kraftfahrzeuge bis zur Unterhaltungselektronik.

---

[44] Bei diesem Verfahren werden die Strukturen der Maske, durch elektrostatische und elektromagnetische Linsen verkleinert, mit Hilfe von Elektronenstrahlung in den elektronenempfindlichen Fotolack abgebildet. Im Gegensatz zur Elektronenstrahlscheiben können hier größere Maskensegmente auf einmal übertragen werden. Dies erhöht den Durchsatz im Belichtungsautomaten.

7.4.2 Mikrokontakt-Stempeldruck-Technologie

Das Übertragen von Maskenstrukturen ist eine Methode, die mit anderen bekannten Reproduktionsverfahren kombiniert werden kann. Ausgehend von einem mit der herkömmlichen Fotolithografie (oder mit EUV) strukturierten Objekt stellt man eine Form her, die auch als Stempel (*stamp*) bezeichnet wird. Dazu scheidet man eine elastomere Schicht (oft Polydimetyl-Siloxan, PDMS) ab, die nach der lithografisch kontrollierten Strukturierung den Stempel, also die Form abgibt, von der dann Nanostrukturen abgeformt werden können (Bild 7.7).

Bild 7.7 Herstellung eines Stempels (Prägeform) aus einem Elastomer.

Zur Reproduktion eines Musters kann man beispielsweise den Stempel in eine Monolage eines selbst aggregierten Stoffes (*Self Assembled Monolayer*, SAM) drücken, der auf einer geeigneten Unterlage abgeschieden wurde. Im Allgemeinen verwendet man kleine Moleküle (wie Alkan-Thiole), die gut auf einer dünnen Goldschicht haften und die man auf das Substrat vor dem Stempeln aufgebracht hat. Der Vorteil dieses Verfahrens besteht darin, dass große Oberflächen, die sogar gekrümmt sein können, mit geringem Zeitaufwand strukturiert werden können (Bild 7.8). Die selbst organisierte Monolage kann danach als Maskierungsschicht gegen Ätzangriffe (*Etching*) im Rahmen eines Strukturierungsprozesses dienen (Bild 7.9). Auf diesem Substrat können dann eine oder mehrere weitere Polymerschichten abgeschieden werden.

7.4 Herstellung von Nanostrukturen

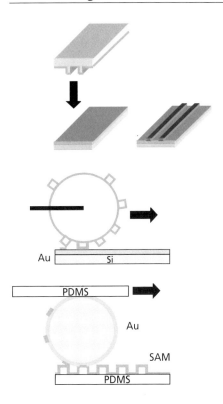

Bild 7.8 Prinzip der Übertragung eines nanostrukturierten Musters auf ein Substrat (flach oder gekrümmt)

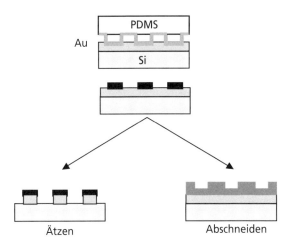

Bild 7.9 Prinzip der Ätzung oder der Schichtabscheidung mit dem Mikrokontakt-Stempeldruck-Verfahren

7.4.3 Tintenstrahldruck

Mit der Erzeugung von Tropfen gleicher Größe aus einer Flüssigkeit mit Hilfe einer feinen Düse beschäftigt sich die Wissenschaft schon seit langem. Die ersten verwertbaren Erkenntnisse gehen auf Savart (1833) zurück und die ersten theoretischen Berechnungen wurden von Lord Rayleigh durchgeführt. In einem Tintenstrahlsystem wird eine Flüssigkeit mit Druck durch eine kleine Öffnung mit nur wenigen Mikrometern Durchmesser gepresst. Zunächst entsteht ein feiner Strahl, der sich dann durch Modulation hinter der Öffnung in einzelne Tropfen gleicher Größe und Form zerlegt. Zur Modulation wird in der Regel ein Piezowandler eingesetzt, der Druckwellen in der Flüssigkeit erzeugt (Bild 7.10). Die Tropfen werden mit einem elektrischen Feld aufgeladen und trennen sich dann in Folge der elektrischen Abstoßung. Sind die Tropfen aber erst einmal geladen, können sie mit weiteren Feldern gezielt abgelenkt werden. Das hier beschriebene System ist ein sog. kontinuierlicher Tintenstrahldrucker, denn die Tropfen werden ohne Unterbrechung erzeugt und ihre Flugbahn wird über Ablenkfelder und die zugeführte Ladung kontrolliert.

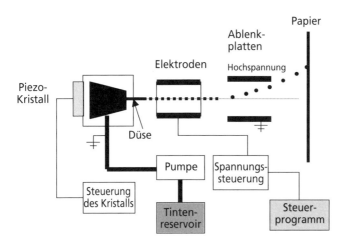

Bild 7.10 Prinzipieller Aufbau eines Tintenstrahldruckkopfes, wie er im Alltag von fast jedem benutzt wird. Die erzeugten Tropfen haben ungefähr den doppelten Durchmesser der Öffnungsdüse und die Tropfenfrequenz beträgt 80 kHz bis 100 kHz. Die Herstellung hinreichend feiner Öffnungen, die Tropfendurchmesser im nanometrischen Bereich zulassen, ist ein kritischer Prozess, wenn mit solchen Druckköpfen tatsächlich sehr einfache Weise Nanostrukturen aufgebracht („gedruckt") werden sollen. Aber auch die Viskosität der Lösung und auch die Verdampfungsgeschwindigkeit sind wichtige Parameter, die zu beherrschen sind.

7.4.4 Die kontrollierte Benetzung

Das Verhalten einer Flüssigkeit auf einer Oberfläche, hier eine Polymerlösung auf einem Trägermaterial, wird von den langreichweitigen Van-der-Waals-Kräften bestimmt und vom Ausbreitungskoeffizienten (*Spreading Coefficient*) S. Bei einer von einer Flüssigkeit benetzten Oberfläche sind drei Phasen in Koexistenz: die feste Phase des Trägers, der Dampf über

7.4 Herstellung von Nanostrukturen

der Oberfläche der Flüssigkeit und die Flüssigkeit selbst (Bild 7.11). Man kann daher drei Grenzflächenspannungen einführen $\gamma_{LV} = \gamma$, γ_{SL} und γ_{SV}. Die drei Größen geben die Energie an, die aufgebracht werden muss, um die Grenzfläche zwischen den zwei entsprechenden Phasen um eine Flächeneinheit zu vergrößern.

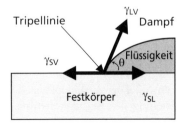

Bild 7.11 Schematische Darstellung der Verhältnisse an einer Tropfenoberfläche auf einem Substrat.

Das Benetzungsvermögen einer Flüssigkeit für eine Oberfläche ist gegeben durch

$$S = \gamma_{SV} - \gamma_{SL} - \gamma. \tag{7.1}$$

An der Phasengrenze, an der alle drei Phasen koexistieren (*Tripellinie*), bildet die Grenzfläche zwischen Flüssigkeit und Dampf den Winkel θ mit der planen, festen Substratoberfläche. Je kleiner dieser Winkel ist, desto leichter kann die Flüssigkeit die Oberfläche benetzen. Im Gleichgewicht unter Vernachlässigung der Schwerkraft gilt das Gesetz von Young und Dupré:

$$\gamma \cdot \cos \theta = \gamma_{SV} - \gamma_{SL}. \tag{7.2}$$

Sind die verwendeten Materialien bekannt, dann können im Prinzip zwei Theorien herangezogen werden, um vorherzusagen, ob die Benetzung der verwendeten Oberfläche durch die aufgebrachte Flüssigkeit vollständig ausfällt (Flüssigkeitsfilm bedeckt die gesamte Oberfläche, Kontaktwinkel $\theta = 0$) oder ob nur Teilbereiche bedeckt sind (partielle Benetzung). Die erste Theorie bestimmt das Benetzungsvermögen S über die Oberflächenspannungen, die aus den dielektrischen Polarisierbarkeiten der verschiedenen beteiligten Phasen berechnet werden können. Diese Herangehensweise ermöglicht es, direkt die Änderungen des Benetzungsverhaltens zu studieren, wenn auf das Substrat dünne Oberflächenschichten abgeschiedenen werden. Die zweite Methode beruht auf der Theorie von Zisman und bezieht sich auf die kritischen Oberflächenspannungen. Auf dem gleichen Substrat werden Kontaktwinkel für verschiedene verwandte Flüssigkeiten (z.B. die n-Alkane) bei unterschiedlicher Polarisierung gemessen. Wenn die Ergebnisse aufgetragen werden, erhält man eine Gerade $\gamma = f(\theta)$. Diese Gerade wird nach $\theta = 0$ hin extrapoliert. So erhalten wir den kritischen Wert für die Oberflächenspannung γ_{kr}. Ab dieser Oberflächenspannung wird die ganze Oberfläche vollständig benetzt.

Man unterscheidet außerdem noch grob zwischen der trockenen und der feuchten Benetzung, je nachdem wie schnell sich die untersuchten Flüssigkeiten verflüchtigen. Bei der trockenen Benetzung sind die Flüssigkeiten kaum flüchtig. Dann hängt die Dicke der aufgebrachten Flüssigkeitsschicht vom Verhältnis von Benetzungsvermögen S zur Oberflächenspannung γ ab. Wenn S/γ wesentlich größer ist als 1, dann bildet sich eine dünne (mono)molekulare Schicht aus, die Flüssigkeit hat sich vollständig über die Oberfläche verteilt. Ist S/γ aber kleiner als 1, dann führt die Benetzung zu einer makroskopisch dicken Schicht. Die Dicke kann mit den üblichen optischen Methoden bestimmt werden. Bei der feuchten Benetzung sind die Flüssigkeiten stark flüchtig, d.h. sie haben einen hohen Dampfdruck. Es bildet sich dann immer ein Flüssigkeitsfilm zwischen Dampf und fester Oberfläche. Jedoch ist der Flüssigkeitsfilm thermodynamisch instabil, denn die Oberflächenenergie ist nicht minimal und es gibt einen kritischen Schwellwert für das Benetzungsvermögen S_{kr}. Die verschiedenen, in Konkurrenz stehenden Einflussgrößen bewirken die Fragmentierung des Flüssigkeitsfilms, sobald eine kritische Filmdicke unterschritten wird. Dies ist genau das Phänomen, für das wir uns interessieren, und zwar im Zusammenhang mit der Erzeugung von Nanostrukturen. Das Aufreißen des dünnen Flüssigkeitsfilms aus gelösten Polymeren führt zum Entstehen von Flüssigkeitströpfchen, die eine typische Nanostruktur bilden und die in etwa so aussehen, wie ein Wasserfilm auf einer Glasscheibe (Bild 7.12). Eine systematische Untersuchung der Einflüsse von Viskosität der verwendeten Flüssigkeit, der Filmdicke und von anderen Randbedingungen ist Voraussetzung, damit die Größe der entstehenden Nanostrukturen kontrolliert werden kann und reproduzierbar wird.

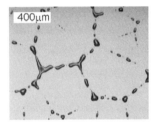

Bild 7.12 Abperlen einer Wasserschicht auf einer Glasscheibe

7.5 Hybride Techniken

Wenn man die Abperltechnik und die Mikrokontakt-Stempeldruck-Technologie kombiniert, erhält man so genannte hybride Verfahren wie die MIMIC-Technik (*Micromolding in Capillarities*, Bild 7.13) oder das SAMIM-Verfahren (*Solvent Assisted Micromolding*, Bild 7.14), die beide verstärkt genutzt werden, um Nanostrukturen auf planen oder gekrümmten Flächen zu erzeugen. Durch ein geeignetes Lösungsmittel kann die verwendete Polymerbasis so stark verflüssigt werden, dass die Kapillarkräfte die Prägeform füllen, die vorher auf das Substrat aufgebracht wurde. Nach Abnahme des Prägestempels erhält man Nano-Objekte aus Polymeren, etwa aus Polyacrylat oder Polyurethan. Bei der SAMIM-Technik nutzt man die Benetzung der Stempeloberfläche durch die zu strukturierende Flüssigkeit aus. Diese Verfahren sind schon vielfach eingesetzt worden und die erzeugten Objekte haben insbesondere als Zellen für Untersuchungen in der Mikrofluidik gedient.

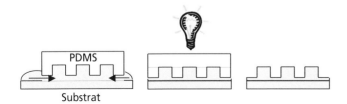

Bild 7.13 *Texterzeugung durch Kapillarwirkung (MIMIC).*

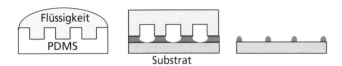

Bild 7.14 *Texterzeugung mit Hilfe der SAMIM-Technik*

7.6 Strukturierung mit lokalen mikroskopischen Sonden

Eine fast ideale Möglichkeit, Nanostrukturen herzustellen, ergibt sich, wenn Oberflächen mit feinen Sonden lokal gezielt verändert werden, indem

- Partikel direkt durch mechanische Kräfte abgetragen werden (Nano-Ablation) oder
- indem einzelne Moleküle zerstört oder in ihren Eigenschaften verändert werden, sei es entweder durch die Einwirkung von elektrischen Feldern (Bild 7.15 zeigt, wie ein Feld die Verbindung Si-H in SiO_x umwandelt) oder durch mechanische Einwirkungen, die die Oberfläche mechanisch aufkratzen (Bild 7.16 zeigt dies für eine Polymerschicht) oder auch durch optische Effekte, indem lokal die Oberfläche einer lichtempfindlichen Schicht über eine Glasfaser belichtet wird (SNOM, *Scanning Near Field Optical Microscope*, Bild 7.17).

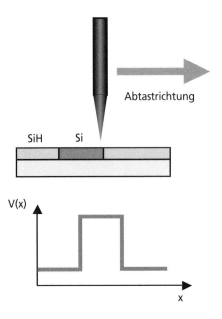

Bild 7.15 Strukturierung mit einem Rastertunnelmikroskop (STM). Die lokale Wirkung eines elektrischen Feldes, das von der Spitze ausgeht, verändert die chemische Zusammensetzung der Oberfläche.

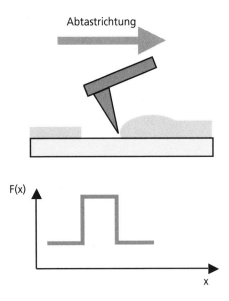

Bild 7.16 Strukturierung mit einem atomaren Kraftmikroskop (ATM). Die Spitze löst lokal Material an der Oberfläche ab. Die Wirkung hängt stark vom abzutragenden Material und der Kraft ab, mit der die Spitze aufgedrückt wird.

7.6 Strukturierung mit lokalen mikroskopischen Sonden

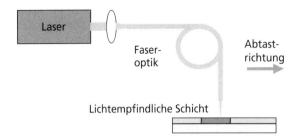

Bild 7.17 Strukturierung mit einem SNOM. Das lokal auftreffende Licht wirkt räumlich begrenzt auf die lichtempfindliche Schicht (Fotolack).

Es ist jedoch wichtig zu betonen, dass mit allen lokal wirkenden Techniken größere Flächen nur mit großem Zeitaufwand nanostrukturiert werden können. Wenn die Oberfläche lokal begrenzt strukturiert wird, dann kann dies nur quasi Punkt für Punkt geschehen. Die Parallelisierung bei der Strukturgebung ist aber schon im Gang. Bei IBM wurde das *Millipede*-Prinzip entwickelt (Bild 7.18). Hier handelt es sich um ein Instrument, das sich aus Hunderten von AFM-Spitzen an einzelnen Federarmen (Kantilever) zusammensetzt, die unabhängig voneinander agieren und jede für sich an verschiedenen Stellen Polymer-Oberflächen bearbeiten oder abtasten können. Die beiden unterschiedlichen Funktionsweisen des Millipeden werden über die Temperatur gesteuert. Es gibt nämlich eine Temperaturgrenze, unterhalb der die Topografie der Oberfläche nur analysiert werden kann, während sich oberhalb der Grenze die Oberfläche chemisch oder mechanisch bearbeiten und verändern lässt. Mit einer elektrisch erwärmten Spitze können auch Abdrücke lokal eingeprägt werden. Unterhalb der Temperaturschwelle ist das Material fest und die kalte Millipedenspitze kann die Oberfläche „auslesen", also das bei hohen Temperaturen eingeprägte Muster abtasten. Mit diesem interessanten Verfahren lassen sich binäre Informationen mit Dichten speichern, die 20mal höher liegen als bei den magnetisch arbeitenden Computer-Festplatten. Mit der Millipeden-Speicher-Technik wird es möglich werden, so schätzen Experten, in einem winzigen Mobiltelephon Computerprogramme von bis zu 10 MB zu speichern.

Ein weiterer Vorteil dieser Technik sind die relativ niedrigen Herstellkosten. Die kleinen polymerbeschichteten Substrate können mit bereits existierenden Techniken gefertigt werden. Als erste kommerzielle Anwendung sind Datenspeicher für PDAs in Entwicklung. Solche Geräte, für die IBM mit der baldigen Massenproduktion rechnet, gehören zu den aussichtsreichsten Alternativen zu den weit verbreiteten Festplatten. Millipeden stehen nicht nur zu magnetischen Festplatten in Konkurrenz, sondern auch zu Flash-Speichersystemen. Nach Meinung der IBM-Ingenieure bieten Millipeden im Vergleich zur Flash-Technologie deutlich höhere Speicherkapazitäten zu geringeren Kosten. Ein Vorteil gegenüber Festplatten besteht darin, dass Millipeden weniger schockempfindlich reagieren und widerstandsfähiger gegen Wärmestress sind. Diese Parameter sind sehr wichtig für Speichersysteme in eingebetteten Anwendungen.

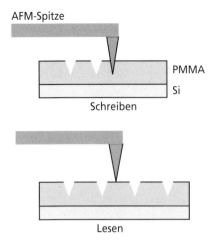

Bild 7.18 Millepede von IBM im Schreib- und Lesemodus

7.7 Entwurf und Realisierung von molekularen Schaltungen

Das eigentliche Ziel, das sich mittelfristig als logische Konsequenz aus den bisherigen Arbeiten stellt, ist die Realisierung von elektronischen Schaltungen auf molekularer Ebene. Daran wird wissenschaftlich intensiv gearbeitet. Die Realisierung solcher Schaltungen aus nanoskopischen Komponenten erfordert die folgenden Schritte:

- Der Entwurf und die Implementierung von molekularen elektrischen Verbindungsleitungen, die Informationen transportieren können; diese Leitungen müssen aus konjugierten Materialien bestehen und hinreichend lang sein, um molekulare Bauelemente anschließen und elektrisch verbinden zu können.
- Das Entwickeln von Prozessen, mit denen Nanoleitungen auf einer geeigneten Oberfläche oder einer Membran so aufgebracht werden können, dass sich ein elektrischer Kontakt zu den molekularen elektronischen Komponenten physikalisch herstellen lässt. Ein solcher Kontakt wird zwangsläufig makroskopische Ausmaße haben müssen, denn sonst wird sich das kontaktierte Bauelement nicht mit üblichen Methoden (Spannung, Strahlung) ansteuern lassen.
- Zusätzlich zu den Leitungen sind Systeme zu definieren, die Informationen aufnehmen, verarbeiten und speichern können, wobei die Informationen durch externe Stimuli erzeugt und über die molekularen Leitungen dem System zugeführt werden. Dazu sind die Leitungen in geeigneter Weise miteinander durch Nanokontakte zu verknüpfen und an die molekularen Funktionsgruppen anzuschließen, die dann eine physikalisch-chemische Antwort auf die eingespeisten Informationen erzeugen.

7.7 Entwurf und Realisierung von molekularen Schaltungen

- Das Gesamtsystem muss als massiv parallele Anordnung von molekularen elektronischen Baugruppen entworfen werden, damit Redundanzen entstehen, die Ausfälle von einzelnen Baugruppen kompensieren können.
- Abschließend müssen aus diesen Netzwerken Schaltkreise und Systeme gebildet werden, entweder durch gezieltes Zusammenfügen oder durch Selbst-Aggregation.

Nur durch Kooperation verschiedener Fachgebiete (Physik, Elektrotechnik, Chemie) und der Kombination der jeweils spezifischen Herangehensweisen wird die Integration von molekularen Baugruppen zu informationstechnischen Systemen in (naher?) Zukunft möglich werden. Aktivitäten in einzelnen Fachgebieten werden nicht ausreichen. Ohne Interdisziplinarität werden die bisher erzielten viel versprechenden Forschungsarbeiten zu nichts führen.

8 Nanoverbundwerkstoffe mit organischer Matrix

Schon immer wurde in der Technik versucht, Eigenschaften von Werkstoffen zu optimieren. Dazu wurde frühzeitig damit begonnen, verschiedene Stoffe zusammenzubringen, um die Eigenschaften der Konstituenten in der resultierenden Verbindung wiederzufinden und insgesamt zu verbessern. Der hier interessierende Fall sind die sog. *Verbundwerkstoffe*.

Unter Verbundwerkstoffen versteht man eine Verbindung auf mikroskopischer oder noch feinerer Ebene von nicht mischbaren Substanzen. Die so entstehende heterogene Struktur verleiht dem entstehenden Werkstoff Eigenschaften, die die einzelnen Bestandteile des Verbundwerkstoffs nicht aufweisen.

Unter diese Definition fallen sehr unterschiedliche Stoffe, die es zum Teil schon sehr lange gibt, wie etwa der Strohlehm, eine Mischung aus Lehm und Pflanzenfasern oder Wollresten, die schon in der Steinzeit beim Hüttenbau eingesetzt wurde, oder auch moderne Werkstoffe, wie etwa mit Glasfasern oder Kohlenstofffasern verstärkte Kunstharze, mit denen sich Baugruppen realisieren lassen, die sich durch hohe mechanische Festigkeit bei geringstem Gewicht auszeichnen.

Auch in der Natur finden wird Verbundstoffe, wie z.B. Holz oder Knochen. Holz besteht aus Zellulosefasern und Lignin. Lignin ist ein phenolisches Makromolekül, das in die Zellwände eingelagert wird und die Verholzung bewirkt. Knochen bestehen aus einem Verbund von Phosphat und Calcium, dem Hydroxylapatit, und aus einem Protein, dem Kollagen. Kollagenfasern bilden das Gerüst, in das sich die Hydroxylapatit-Kriställchen einlagern. Die Fasern halten die Hydroxylapatit-Strukturen zusammen und bestimmen die Ausrichtung der verschiedenen Kristalle im Verbund. Durch diese Koordination der Anordnung der anorganischen Partikel wird die hohe mechanische Festigkeit der Knochensubstanz erreicht.

Wie diese Beispiele zeigen, lassen sich Verbundwerkstoffe in den meisten Fällen als ein Verbund aus Partikeln oder Fasern verschiedener Grundstoffe definieren, wobei die Anordnung der Komponenten geordnet oder ungeordnet sein kann. Je nachdem, ob mit Teilchen oder Fasern gearbeitet wird, bezeichnet man die Werkstoffe als Teilchenverbunde oder Faserverbundwerkstoffe, wobei bei Fasern häufig noch der Begriff „verstärkt" hinzugefügt wird, um anzudeuten, dass sich im Verbund die Festigkeit des Basismaterials, der Matrix, verbessert.

Bei Nanoverbundwerkstoffen (Nanokompositen) handelt es sich um Teilchenverbundwerkstoffe, bei denen die in die Matrix eingefügten Teilchen mindestens in einer Dimension kleiner sind als einige Nanometer oder höchstens einige zehn Nanometer.

Unter diese Definition fallen Nanoverbundwerkstoffe in metallischer Matrix, in die Oxidpartikel, Karbid- oder Nitridteilchen eingebracht werden. Als Metall kommen hier sowohl reine Metalle wie auch Legierungen in Frage. Andere Nanoverbundwerkstoffe haben anorganische und keramische Grundstoffe. So kommt beispielsweise die rote Farbe mittelalterlicher Glasscheiben durch Beimischen von nanoskopischen Goldpartikeln in das Glas zustande. Schließlich gibt es noch die hier besonders interessierenden Nanoverbunde auf organischer Basis, insbesondere diejenigen, in denen Polymersubstrate[45] eingesetzt werden.

8.1 Aufbau von Nanopartikeln

Nanoverbundwerkstoffe lassen sich nach der Morphologie der Nanopartikel klassifizieren, die dem Substrat zugemischt worden sind, und hier spielt insbesondere die Dimensionalität der nanometrischen Abmessungen eine Rolle.

8.1.1 Partikel mit drei nanometrischen Dimensionen

In diese Klasse fallen sehr viele Nanoteilchen, die schon in den anderen Kapiteln des Buches beschrieben worden sind, wie die atomaren Nano-Aggregate, die metallischen Nanopartikel mit kristallinem oder amorphen Aufbau (aus Gold, Kobalt, Platin, Silber, Kupfer, Eisen usw.), die Fullerene (sphärische und fast kugelförmige Moleküle aus Kohlenstoffatomen), die isometrischen Nanopartikel auf Oxid- oder auf Schwefelbasis bzw. aus Seleniden, Nitriden, Karbiden etc. Unter die letzte Gruppe fallen Magnetit-Partikel (Fe_3O_4) oder solche aus Cadmiumselenid und Cadmiumsulfid (CdSe bzw. CdS). Die mechanische Verfestigung der Grundsubstanz steht hier i. A. nicht im Vordergrund, sondern es geht um andere Eigenschaften (optische, magnetische Parameter), oder die Leitfähigkeiten etc. Wenn die Nanopartikel in organische Wirtssubstanzen eingebracht werden, dann hat dies den zusätzlichen Vorteil der unkomplizierten Formgebung.

---

[45] Polymere: Hierbei handelt es sich um ein Makromolekül, das aus einer Kette aus immer gleichen Gliedern besteht. Diese Glieder heißen Monomere und können aus einer oder mehreren Molekülgruppen bestehen. Die mittlere Anzahl der Monomere im Polymer bestimmt den Polymerisationsgrad. Bei sehr vielen zusammengeschlossenen Monomeren sprechen wir von Hochpolymeren. Besteht das Polymer nur aus wenigen Monomeren, liegt ein Oligomer vor. Homopolymere bestehen nur aus einer gleichartigen Grundeinheit. Kopolymere bestehen mindestens aus zwei verschiedenen Monomertypen.

8.1.2 Partikel mit zwei nanometrischen Dimensionen

In diesen Fällen sind die Partikel in zwei Raumrichtungen nanoskopisch, aber in der dritten Dimension zeigen sie eine viel größere Ausdehnung. Die Objekte können dabei hohl sein, wie die Nanoröhren, oder auch gefüllt, wie die Nanofäden (amorph) und Nanowhisker (kristallin). Die bekanntesten Nanoröhren sind die ein- und mehrwandigen Kohlenstoffröhren (Kapitel 2). Es gibt aber auch Nanoröhren aus Bornitrid, die ähnlich aufgebaut sind wie die aus Kohlenstoff. Auch in der Natur finden sich Nanoröhren aus Imogolit. Imogolite sind wasserhaltige Alumosilikate.

Was die Nanowhisker anbetrifft, sind viele Studien über diese Substanzen mehr daran interessiert, chemische Stoffe zu finden, die diese spezielle Struktur bilden (Metalle, Oxide, Arsenide, Silizide). Die technische Anwendung, wie diese Stoffe in Polymermatrizen für Nanoverbundwerkstoffe eingebettet werden können, spielt kaum eine Rolle. Lediglich Nanowhisker aus Zellulose, die man aus den Panzern bestimmter Krustentiere gewinnen kann, und Whisker aus Phlogopit, ein röhrenförmiges Aluminiumsilikat, wurden bereits als Verstärkung für Polymermatrizen getestet.

8.1.3 Partikel mit einer nanometrischen Dimensionen

Wenn ein Nanosystem nur in einer Raumrichtung nanometrisch ausfällt und in den beiden anderen größer als etwa 100 nm ist, dann spricht man von Nanoblättchen. Bei dieser Familie von Nanowerkstoffen verwendet man als Ausgangsmaterialien Blättchen natürlicher Stoffe. Die wichtigsten Vertreter sind in Tabelle 8.1 aufgelistet. Bei den meisten Nanoblättchen sind die Oberflächen elektrisch positiv oder negativ geladen.

Schichtförmigen Partikel, die häufig in Nanoverbundwerkstoffen auf Polymerbasis eingesetzt werden, sind Doppelhydroxide oder Schichtsilikate.

Die schichtförmige Doppelhydroxide sind Blättchen, die aus gemischten Hydroxiden des Typs $M_x M'_y (OH)_a (Anionen)_b \cdot cH_2O$ bestehen. Die Blättchen tragen in der Regel eine positive elektrische Ladungen, die von fehlenden Hydroxyl-Gegenionen in der kristallinen Struktur der Plättchen verursacht wird, wobei die entgegengesetzte Ladung, die von den Anionen gebildet wird (Karbonat, Chlorid, Chlorid) zwischen den Plättchen sitzen.

Typische Vertreter für Schichtsilikate sind die Montmorilloniten $(Al_2[(OH)_2/Si_4O_{10}] \cdot nH_2O)$ aus der Gruppe der Smektite. Es handelt sich hier um Aluminiumsilikate, deren Struktur sich aus Oktaedern um die Aluminiumatome zusammensetzt, die zwischen je zwei Tetraedern des Siliziumdioxids sitzen. In der natürlichen Form des Montmorillonit sind einige Atome der Idealstruktur durch Fremdatome mit gleicher Größe, aber kleinerer Ladung ersetzt. So kann z.B. das Silizium (4^+) mit Eisen (3^+) und das Aluminium mit Eisen (2^+) bzw. Magnesium (2^+) vertauscht sein.

Die Blättchen sind einzeln übereinandergeschichtet. Insgesamt ergibt sich eine negative Ladung für jedes Plättchen, weil die negativen Ladungen in den Plättchen teilweise durch hydratisierte Kationen (wie Na^+ oder Ca^{++}) kompensiert werden, die sich in den Zwischenräumen zwischen den Plättchen befinden. Bild 8.1 zeigt die Struktur schematisch.

Tabelle 8.1: Ausgangsstoffe für Nanoblättchen

Ausgangsstoff	**Beispiele**	**Ladung**
Elemente	Graphit	neutral
Halogenide, Cyanide	MX_2 (M = Cd, Ni, Pb; X = Cl, CN, I)	neutral
Chalkogenide	MX_2 (M = Mo, Sn, Ta, Ti, V, W; X = S, Se)	negativ
	MPX_3 (M = Cd, Co, Fe, Mg, Mn, Zn; X = S, Se)	
Metall-Oxide	MoO_3, V_2O_3,	negativ
	$MOXO_4$ (M = V, Nb, Ta; X = P, As)	
Oxide des Kohlenstoffs	Graphitoxide	negativ
Metall-Phosphate	$M(HPO_4)_2$ (M = Ce, Sn, Ti, Zr, Hf)	negativ
Niobate und Titanate	$KNbO_3$, $K_4Nb_6O_{17}$, $K_2Ti_4O_9$, $H_2Ti_3O_7$, $KTiNbO_5$	negativ
Schichtsilikate (Smectite)	Montmorilloniten, Vermiculite, Saponite	negativ
schichtförmige Doppelhydroxide	$M_xM'_y(OH)_a(Anionen)_b \cdot cH_2O$ (M = Fe^{3+}, Al^{3+}, Cr^{3+}; M' = Mg^{2+}, Fe^{2+}, Ni^{2+}, Cu^{2+}); $LiAl_2((OH)_6) \cdot 2H_2O$	positiv

8.2 Herstellung von Nanoverbundwerkstoffen

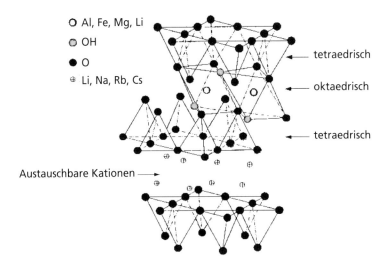

Bild 8.1 Der strukturelle Aufbau der Montmorilloniten

8.2 Herstellung von Nanoverbundwerkstoffen

Um Nanopartikel einem organischen Substrat beizumischen, ist zunächst grundsätzlich sicherzustellen, dass die Partikel in der Matrix möglichst gleich verteilt eingelagert werden. Es gilt also, das Zusammenlagern der beigemischten Teilchen zu verhindern oder solche Aggregationen wieder aufzulösen. Alle Partikel, wie auch immer aufgebaut, neigen dazu, stabile Aggregate zu bilden, weil zwischen den Partikel vielfältige Wechselwirkungen bestehen (Ionenbindungen, Wasserstoffbrückenbindungen, Van-der-Waals-Bindungen usw.). Die Kräfte zwischen den Partikeln sind häufig stärker, als die Wechselwirkungen zwischen den Partikeloberflächen und der organischen Wirtsstruktur, in die man die Teilchen einbetten will.

Beispielsweise bestehen bei den negativ geladenen Montmorillonit-Plättchen starke elektrostatische Wechselwirkungen untereinander, die von den Kationen in den Plättchen-Zwischenräumen vermittelt werden. Diese indirekte Form der Wechselwirkung stabilisiert die Plättchen. Weiterhin sorgen die Kationen, die hydratisiert vorliegen, für eine hydrophile Zone zwischen den Plättchen, die das Eindringen von organischen Molekülen in größerer Anzahl hemmt, denn diese Moleküle sind meist hydrophob. Vor der Einbringung der Plättchen in die Polymermatrix muss also der Zwischenraum hydrophober gemacht werden. Gleichzeitig ist die Coulomb-Wechselwirkung zwischen den Plättchen so stark wie möglich zu reduzieren, weil diese die gestapelte Schichtung der Plättchen aufrechterhält und das Eindringen des Polymers in die Zwischenplättchenräume verhindert. Dazu werden die stark hydratisierten anorganischen Kationen durch hydrophobere organische Kationen ersetzt. Typischerweise kommen dazu Ammoniumionen in Frage, die zur Verbesserung der Hydrophobie an langen Alkylketten sitzen. Diese Ketten verringern zusätzlich auch die Coulomb-Kopplung übereinanderliegender Plättchen, weil sie mehr Volumen zwischen den Plättchen beanspruchen als die anorganischen Moleküle im Ausgangszustand (Bild 8.2).

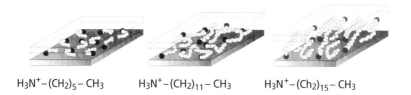

$H_3N^+-(CH_2)_5-CH_3$ $H_3N^+-(CH_2)_{11}-CH_3$ $H_3N^+-(Ch_2)_{15}-CH_3$

Bild 8.2 Schematische Darstellungen der mit organischen Kationen modifizierten Montmorilloniten. Die Länge der Alkylketten an den Ammoniumionen wächst von links nach rechts.

Dieser Ionenaustausch läuft am einfachsten in wässriger Lösung ab, in der das vorhandene Wasser die ursprünglich in den Zwischenräumen vorhandenen anorganischen Kationen herauslöst und so einen extremen Volumenzuwachs des Tonminerals bewirkt.

Ein anderes Beispiel für die Aggregationsneigung von Nanopartikeln stellen die Kohlenstoff-Nanoröhren dar. Hier führen die Van-der-Waals-Kräfte, die auch zwischen Graphitblättchen auftreten, zu einer Bündelbildung der Röhren (Bild 8.3).

Auch hier hat sich gezeigt, dass diese Nanoteilchen ohne Einsatz von Stoffen, die die Kompatibilität mit dem polymeren Substrat verbessern oder die beteiligten organischen Moleküle chemisch veredeln, kaum gleichmäßig in einem Polymer verteilt werden können.

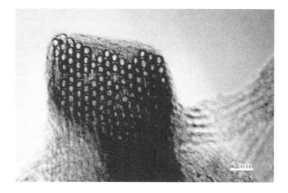

Bild 8.3 Transmissionselektronenmikroskopaufnahme eines transversalen Schnitts durch ein Bündel von einblättrigen Kohlenstoff-Nanoröhren (Reproduktion aus Thess et al., Science 273; 483-487; Copyright 1996 American Association for the Advancement of Science).

Im Fall von Nanowhiskern aus Zellulose sind Wechselwirkungen zu unterbinden, die von Wasserstoffbrücken zwischen den Whiskern vermittelt werden. Dazu werden die Teilchen in wässrige Lösung gebracht. Dies zerstört die Wasserstoffbrücken. Als Nächstes werden die gelösten Partikel einer Emulsion des Polymers in einer Flüssigkeit (Latex) zugegeben. So bildet sich der Verbundwerkstoff in Rohform entweder als dünner Film, nachdem die Flüssigkeit verdunstet ist, oder als Puder nach einer Gefriertrocknung. Dieses Ausgangsmaterial kann dann geschmolzen und weiterverarbeitet werden (siehe unten).

Bei den isometrischen Nanopartikeln wird die Zusammenlagerung in der Polymermatrix in der Regel dadurch unterbunden, dass oberflächenaktive oder reaktive Moleküle zugegen werden, die ein reaktives bzw. hydrophiles Ende aufweisen und folglich mit den hydrophilen oder polaren Oberflächen der Partikel in Wechselwirkung treten können. Das andere Ende dieser Hilfsmoleküle ist hydrophob und dadurch wird die Einlagerung der Partikel in die hydrophobe Umgebung des Polymers ermöglicht.

8.2.1 Dispersion von Nanopartikeln in einer Polymermatrix

Bei einer Polymermatrix kommen zwei Methoden in Frage, mit denen Nanopartikel gleich verteilt eingebracht werden können: erstens die Zugabe zu einer Lösung und zweitens die Zugabe in die Schmelze.

Zugabe in die Lösung

Bei den ersten Versuchen zur Erzeugung von Nanoverbundwerkstoffen aus einem Polymer mit Montmorillonit-Partikeln wurden die Partikel dem in einem geeigneten Lösungsmittel gelösten Polymer zugegeben. Nach dem Verdunsten des Lösungsmittels war die Präparation des Werkstoffs fertig. Die Ergebnisse waren aber oft enttäuschend. In vielen Fällen hat sich der Polymerwerkstoff überhaupt nicht oder nur teilweise in die Zwischenräume zwischen den Plättchen verteilen können. Dafür scheint das Lösungsmittel verantwortlich zu sein, das beim Füllen der Zwischenräume in Konkurrenz zum Polymer selbst steht. Das gelöste Polymer besteht aus einer Vielzahl von Molekülkonfigurationen. Diese Polymere können sich frei bewegen. Wenn sich aber Polymermoleküle zwischen den Blättchen des Montmorillonits befinden, dann sind sie dort eingeschlossen und verlieren eine Vielzahl ihrer Konfigurationsmöglichkeiten. Dadurch sinkt die Entropie ab, die freie Energie steigt und das führt dazu, dass die Verfüllung der Montmorillonit-Zwischenräume thermodynamisch wenig begünstigt ist. Das Lösungsmittel hingegen besteht aus sehr kleinen Molekülen. Diese passen ohne Einschränkungen in die Zwischenräume, die Freiheitsgrade werden folglich nicht verringert, deshalb sinkt die Entropie nicht und die Lösungsmittel gelangen leicht zwischen die Plättchen, wo sie die Polymermoleküle verdrängen.

Die beiden anderen Partikelklassen (Nanoröhren und isometrische Partikel) lassen sich ohne die oben diskutierten Probleme in eine Polymerlösung einbringen. Entropieerniedrigungen treten nicht auf und die Zugabe in die Lösung ist eine praktikable Methode, insbesondere wenn die Partikelclusterbildung durch Ultraschall verhindert wird. Diese Methode wird im Übrigen verwendet, um Verbunde aus Nanoröhren und Polyvinyl- bzw. Polystyrol-Substraten herzustellen.

Zugabe in die Schmelze
Thermoplastische Polymere haben die Eigenschaft, dass sie sich oberhalb einer kritischen Temperatur wie eine viskose Flüssigkeit verhalten. Die kritische Temperatur wird bei Kristallen als Schmelztemperatur und bei amorphen (glasartigen) Stoffen als Fließtemperatur bezeichnet. In dieser viskosen Phase kann man das Polymer mit geeigneten Maschinen durchkneten und auch sonst leicht umschichten. Bereits 1993 wurde an der Cornell University in New York gezeigt, dass sich „geschmolzenes" Polystyrol dazu bringen lässt, die Plättchen-Zwischenräume von Montmorillonit zu füllen, wenn diese Plättchen mit Ammoniumionen modifiziert wurden (siehe oben). Die gleiche Technik wurde später auch bei anderen Polymeren eingesetzt, wie etwa Polymethylmethacrylat (PMMA, Plexiglas), Polyethylen, oder bei Kopolymeren wie Ethylen-Vynil-Acetat (EVA) usw.

Bestimmte Polyolefine, die geringe polare Eigenschaften zeigen, wie Polyethylen oder Polypropylen, können sich nicht in unveränderter Form in die Plättchenzwischenräume von Montmorillonit verteilen, wenn diese, wie beschrieben, mit Ammoniumionen an langen Alkyketten modifiziert wurden. Gleichwohl reicht das Hinzufügen von geringen Mengen von Polyethylen- oder Polypropylen-Molekülen, die mit Maleinsäureanhydrid substituiert wurden, aus, dass ein Nanoverbund durch Eindringen des Polymers in die Montmorillonit-Zwischenräume entsteht. Wichtig ist dabei, dass nur ein geringer Anteil Maleinsäureanhydrid als polarer Substituent zugegeben wird, damit der Zusatz mit dem Polyolefin mischbar bleibt.

Die gleiche Technik des Zusetzens von Nanoteilchen zu Schmelzen kann auch bei Nanoröhren aus Kohlenstoff in der mehrwandigen Form mit Erfolg angewendet werden. Wirtsmaterialien können wieder Polyethylen oder Kopolymere wie Ethylen-Vynil-Acetat sein oder bei Nanowhiskern aus Zellulose kommt auch Polyvinylchlorid (PVC) als Polymermatrix in Frage.

8.2.2 Polymersynthese in Anwesenheit von Nanopartikeln

Ein alternativer Herstellprozess für Nanoverbundwerkstoffe ist die direkte Polymerisation der organischen Monomere in Anwesenheit der Nanopartikel. Mit diesem Verfahren lassen sich insbesondere Nanoverbundwerkstoffe mit Thermoduren wie Epoxidharzen oder Polyurethanen als Matrix herstellen. Das Verfahren erlaubt es außerdem, die Eigenschaften der Matrix und der Partikel aneinander anzupassen. Dazu werden die Partikel mit chemischen Methoden dahingehend modifiziert, dass sie entweder selbst mit polymerisieren können oder die Polymerisationsreaktion der Monomere in Gang setzen oder katalysieren.

Wird ein Ziegler-Natta-Katalysator, der die Polymerisation von Ethylen fördert, auf den Oberflächen von Mischoxid-Nanopartikeln aus Chrom und Eisen fixiert, dann entstehen Nanoverbundwerkstoffe aus magnetischen Partikeln in einer Polyethylenmatrix (Bild 8.4).

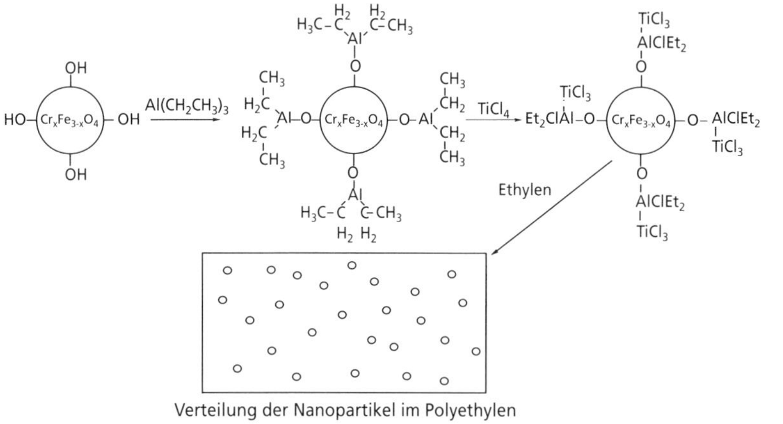

8.2 Herstellung von Nanoverbundwerkstoffen

Bild 8.4 Herstellung eines Nanoverbundwerkstoffs aus magnetischen Nanopartikeln und einer Polyethylen-Matrix.

Die gleiche Technik wurde auch schon bei der Herstellung von Nanoverbundwerkstoffen aus Kohlenstoff-Nanoröhren eingesetzt, die als Substrat polymerisiertes Styren verwenden, wobei die Polysterenmoleküle mit der Oberfläche der Nanoröhren per Radikal-Reaktion verbunden werden.

Historisch gesehen sind diese Vorgehensweisen genau diejenigen, die von Wissenschaftlern der Firma Toyota genutzt wurden, um 1989 die ersten Nanoverbundwerkstoffe mit Montmorillonitpartikeln herzustellen. Ammoniumionen, die an Alkylketten mit Carboxylgruppen sitzen, werden benutzt, um die in natürlichem Montmorillonit auftretenden anorganischen Kationen zu ersetzen. Die so modifizierten Montmorilloniten werden in Gegenwart von ε-Caprolactam, einem Ausgangsstoff zur Polyamid-Produktion, erhitzt. Die Carboxylgruppen können aufgrund der Erwärmung den Ring des ε-Caprolactam-Moleküls aufbrechen, und dies ermöglicht die Polymerisation der monomeren Ringmoleküle. So entsteht ein Polyamid, das Nylon-6 (Bild 8.5).

Seitdem wird diese Technik zur Polymerisation unter Beteiligung des organisch modifizierten Montmorillonit mit Erfolg für eine Vielzahl von Monomeren eingesetzt. Bei diesem Verfahren können zahlreiche unterschiedliche Polymere als Substrat zum Einsatz kommen (Polyacrylate, Polyester, Polyimide, Polyaniline, sowie Polyolefine, Polystyrole usw.) und so können Verbundwerkstoffe auf Basis von fast jedem beliebigen Polymer produziert werden. Dabei ist wichtig, die Modifikation des Montmorillonit mit geeigneten an die Matrix angepassten organischen Kettenmolekülen durchzuführen, also Ammoniumionen mit langen Alkylketten mit oder ohne funktionalen Gruppen so zu verbinden, dass das gewählte Monomer sich wie gewünscht *in situ* bilden kann. Die Beimischung und Verteilung von Montmorillonit-Plättchen auf nanometrischer Skala erfordert nämlich das Einlagern von Monomeren in Hohlräumen der geeignet modifizierten Tonerden. Die Monomere verbinden sich dann dort, durch Wärmeeinwirkung oder Katalyse unterstützt, zu Makroketten polymerer Natur und bewirken so eine Trennung der Plättchen und sogar die Auflösung der geschichteten Struktur. Die Silikatplättchen werden je nach Konzentration mehr oder weniger konzentriert im sich bildenden Polymer verteilt (siehe unten).

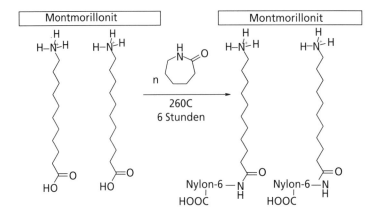

Bild 8.5 Verbundwerkstoffherstellung aus Montmorillonit und Nylon-6 als Polymermatrix. Die Montmorillonit-Plättchen werden durch Kettenmoleküle, an deren einem Ende ein Ammoniumion und am anderen eine Carboxylgruppe sitzt, auseinander gedrängt. Die Carboxylgruppen klinken sich in die Ringe der polymerisierten Nylon-Monomere ein.

8.2.3 Präparation von Nanopartikeln in der organischen Matrix

Diese Technik ist besonders für isometrische Nanopartikel geeignet und wird bei den plättchenförmigen Partikeln oder den Kohlenstoff-Nanoröhren kaum eingesetzt. Auch bei den Nanowhiskern hat das Verfahren kaum Bedeutung. Wird beispielsweise eine Mischung aus Kupfer(II)-Formiat[46] mit Polyvinylpyridin auf 125° C erhitzt, dann wird das Kupferoxid teilweise reduziert und es bildet sich metallisches Kupfer in Partikelform im Polymerfilm. Analysen zeigen, dass die Kupferpartikel eine mittlere Größe von 3,5 nm aufweisen und bis 23% der Gesamtmasse ausmachen.

Mit ähnlichen Verfahren können Goldpartikeldispersionen in Polymerfilmen realisiert werden. Feste Kopolymere (Polystyrol-b-Poly(2-vinylpyridin), die in einem unpolaren Lösungsmittel Mizellen (Assoziationkolloide) mit pyridinreichem Kern gebildet haben, werden benutzt, um mit einem Goldsalz, wie $HAuCL_4$, Komplexe zu bilden. Erwärmung und Zugabe von Hydrazin N_2H_4 führt dazu, dass das Goldsalz reduziert wird und sich Nanopartikel aus Gold bilden. Diese liegen in stabiler Form vor und sind im gesamten Polymer verteilt. Die Partikelgröße hängt dabei vom Durchmesser der Mizellen ab und liegt etwa im Bereich von 10 nm.

---

[46] Kupfersalz der Ameisensäure, korrekter Name Kupfer(II)-Methanat.

8.3 Charakterisierung und Eigenschaften

8.3.1 Bestimmung der Morphologie: Werkzeuge und Techniken

Die wichtigste Methode zur Untersuchung von Nanoverbundwerkstoffen in organischer Matrix ist die Transmissionselektronenmikroskopie (siehe Anhang 1). Mit dieser Technik lassen sich der Aufbau des Verbundes und die Verteilung der Partikel in der Matrix sichtbar machen. Ausgangspunkt solcher Untersuchungen sind dünne Schnitte des zu untersuchenden Verbundwerkstoffs. Üblicherweise erscheinen dabei die Partikel dunkel vor hellem Hintergrund. Dies liegt daran, dass in den Partikeln in der Regel schwerere Atome konzentriert sind, die die Elektronentransmission stärker hemmen als die relativ leichten Bestandteile der Matrix, die im Wesentlichen aus Kohlenwasserstoff besteht.

Bei Nanoverbunden mit Nanoplättchen können sich außer der Gleichverteilung der Partikel auch andere Strukturen ausbilden. Wenn der Kunststoff die Zwischenräume zwischen den Plättchen ausfüllt, kann auch eine Struktur entstehen, die dadurch gekennzeichnet ist, dass sich einzelne Polymerschichten mit einer Lage Nanoplättchen abwechseln. Hier spricht man von *geschichteten* Nanoverbundwerkstoffen (engl. *intercalates*) und vom Phänomen der Schichtung (Bild 8.6a). Im Gegensatz dazu wird eine homogene Verteilung der Partikel als *Entschichtung* und als entschichteter Verbundwerkstoff bezeichnet (engl. *exfoliates*), siehe Bild 8.6b.

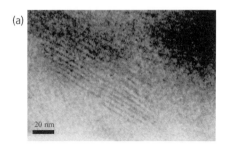 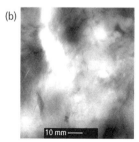

Bild 8.6 Elektronenmikroskopische Aufnahmen von Nanokompositen mit Montmorillonit-Plättchen in einer thermoplastischen Matrix; a) geschichtete Struktur und b) entschichteter Aufbau.

Obwohl diese Morphologien leicht mit Elektronenmikroskopen nachgewiesen werden können, wird als alternative Strukturuntersuchungsmethode die Röntgenstreuung eingesetzt, die sich besonders sensitiv für räumliche Teilordnungen wie bei den *intercalates* erweist. Mit dieser Methode lassen sich die Abstände zwischen den Oberflächen zweier benachbarter Nanoplättchen ausmessen. In natürlichem Montmorillonit liegen die Plättchen ca. 1,2 nm auseinander. Nach der Modifikation mit Ammoniumionen tragender Alkylketten werden die Abstände auf 1,5 nm bis 3 nm vergrößert, je nachdem welche Länge die Alkylketten haben. Monoschichten von Polymermolekülen in geschichteten Nanoverbundwerkstoffen vergrößern den Plättchenabstand um weitere 0,4 nm bis 1nm, je nachdem welches Polymer verwendet wird. Bild 8.7 zeigt Messergebnisse von Röntgenstreuexperimenten. Kleinwinkelmessungen für Natrium-Montmorillonit vor und nach der Organomodifikation mit Ammoniumionen und schließlich nach der Einbettung in eine Kopolymermatrix aus Ethylen-Azetat und Vinyl sind einander gegenübergestellt.

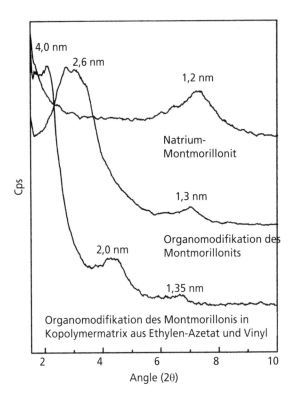

Bild 8.7 Streuergebnisse in Ereignissen pro Sekunde gegen Streuwinkel θ für verschieden präparierte Montmorillonit-haltige Substanzen. Der Partikelgehalt bei den unteren Messungen war 3% der Gesamtmasse des Verbundwerkstoffs.

Die beiden Modifikationen (geschichtet und entschichtet) stellen natürlich nur zwei Grenzfälle dar und die typischen Strukturen, die mit der Transmissionselektronenmikroskopie gefunden werden, liegen zwischen diesen Extremen. In diesen intermediären Formen werden Bereiche mit *intercalates* durch Röntgenstreuung nachgewiesen und gleichzeitig Bereiche mit gleichverteilten Plättchen (*exfoliates*) sowie Plättchen, die sich zu kleinen Partikelhaufen oder auch nur paarweise zusammenlagern. Seltener treten geschichtete Strukturen auf, bei denen der Abstand zwischen den Schichten größer als 7 nm ausfällt. Größere Abstände könnten röntgentechnisch auch nicht nachgewiesen werden.

8.3.2 Eigenschaften

Die Untersuchungsverfahren für Nanoverbundwerkstoffe mit isometrischen Nanopartikeln sind noch nicht so weit entwickelt. Die erwarteten besonderen Eigenschaften dieser Werkstoffe hängen grundsätzlich von den besonderen Bedingungen ab, die auf der nanometrischen Skala gelten. Was die Nanoröhren, die Nanowhisker und die Nanoplättchen angeht, so werden viele Eigenschaften davon bestimmt, wie sich diese Partikel in der organischen Matrix verteilen.

Mechanische Belastbarkeit

Einwandige Kohlenstoff-Nanoröhren weisen eine erstaunliche mechanische Zugfestigkeit auf. Eine Röhre mit 1nm Durchmesser ist bei longitudinalem Zug mechanisch sechsmal so hoch belastbar (1200 GPa) wie eine entsprechende Stahlnadel (200 GPa)! Die Bruchfestigkeit liegt bei 200 GPa, während bei Stahl nur 1,5 GPa erreicht werden. Kohlenstoff-Nanoröhren zeigen im Übrigen ähnlich hervorragende Werte bei Kompressions-, Biege und Torsionstests. Deshalb eignen sich die Kohlenstoff-Nanoröhren besonders gut zur Verfestigung von Polymer-Werkstoffen. Wird z.B. Polystyrol mit Kohlenstoff-Nanoröhren versetzt, unter Zugabe von oberflächenaktiven Stoffen, die die Auto-Aggregation der Röhren verhindern, dann verbessert sich die mechanische Widerstandsfähigkeit gegen Verbiegungen um bis zu 30 %. Diese Verbesserung wird bereits mit einem Zusatz von nur 1 % Nanoröhren (bezogen auf die Gesamtmasse) erreicht! Die Zugfestigkeit steigt aber nicht in gleicher Weise. Das liegt daran, dass die Nanoröhren aneinander ohne größere Reibung entlanggleiten können. Dadurch kommt die inhärente Festigkeit der einzelnen Nanoröhren nicht zum Tragen.

Auch die Nanowhisker aus Zellulose verstärken Kunststoffe deutlich, wenn ein bestimmter prozentualer Anteil an der Gesamtmasse überschritten wird (je nach Polymer 1% bis 5%). Die deutliche Verstärkung wird von einem Effekt verursacht, der als Perkolation bezeichnet wird. Darunter ist zu verstehen, dass die Whisker als dreidimensionales Netzwerk das gesamte Material durchziehen und dabei gegenseitig in Kontakt stehen. Die mechanische Widerstandsfähigkeit des Netzwerkes resultiert aus der Festigkeit der Nanowhisker selbst (150 GPa) und aus Wasserstoffbrücken, die benachbarte Whisker miteinander verbinden. Die Festigkeit des Materials unterhalb der Verflüssigungstemperatur kann so um bis zu einem Faktor 1000 gesteigert werden, je nach Perkolationsgrad.

Bei Nanoblättchen wird die Festigkeit dann besonders verstärkt, wenn die Exfoliate-Struktur vorliegt. Im Allgemeinen nimmt die Festigkeit einer Probe um den Faktor 2 zu, wenn ungefähr 3% der Masse des Kunststoffs durch anorganische Nanoblättchen ersetzt wird. Wird die Dosis über 3% hinaus erhöht, dann führt dies nur noch zu einer geringfügigen Zunahme der Festigkeit. Dies lässt sich ohne Schwierigkeiten mit geometrischen Betrachtungen erklären. Geht man von einer gleichförmigen Verteilung der Plättchen in einem gegebenen Volumen aus, dann stellt man fest, dass die Gleichverteilung nur bei einer beschränkten Zahl von Plättchen möglich ist. Die Grenzkonzentration hängt wiederum von der Größe der Plättchen ab. Werden zusätzliche Plättchen eingebracht, dann beeinflussen sich benachbarte Plättchen in ihrer Ausrichtung, weil sie sich aufgrund der räumlichen Nähe nicht mehr unabhängig von

Nachbarplättchen drehen und verschieben können. Bei Verbundwerkstoffen mit Schichtsilikat-Plättchen hat diese Kopplung der Orientierung benachbarter Plättchen aneinander zur Folge, dass sich keine exfoliaten Strukturen mehr bilden, wenn der Zusatz an Plättchen einen kritischen Wert überschreitet, sondern nur noch geschichtete Anordnungen.

Barrierenwirkung für Flüssigkeiten
Die nicht geschichteten Nanoverbundwerkstoffe mit Nanoblättchen zeigen aufgrund ihres inneren Aufbaus eine weitere interessante Eigenschaft. Sie hemmen die Diffusion von Flüssigkeiten oder Gasen durch den Werkstoff. Die Ursache dieser Eigenschaft zeigt schematisch Bild 8.8.

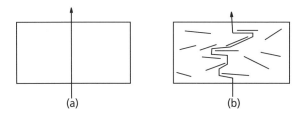

Bild 8.8 Der Barriereneffekt in einem Nanoverbundwerkstoff auf Polymerbasis mit exfoliater Anordnung von Nanoblättchen eines Schichtsilikats. a) reines Polymer; b) Verbund mit Nanoblättchen.

Im Fall des reinen Polymers kann ein Molekül durch den Stoff ungehindert hindurchwandern. Die Geschwindigkeit wird dabei von der Diffusionskonstante des diffundierenden Stoffs im betrachteten Polymer vorgegeben. Wenn dem Polymer mit Nanoblättchen zugesetzt wurden, wird die Diffusion von Fremdmolekülen von den eingelagerten Plättchen behindert. Die Plättchen können nicht von den wandernden Molekülen durchdrungen werden. Deshalb wirken sie wie Barrieren, um die die Moleküle herumwandern müssen. Dies verlängert die Diffusionswege und folglich dauert es länger, bis Moleküle den Werkstoff durchquert haben. Die effektive Diffusionskonstante ist deutlich kleiner als die im reinen Polymer. Bei einer Zugabe von 3% Blättchen reduziert dies die Diffusion durch einen Polymerfilm um einen Faktor 5!

Feuerbeständigkeit
Nanoverbundwerkstoffe mit Schichtsilikatblättchen mit einem exfoliaten Aufbau zeigen eine deutlich verbesserte Beständigkeit gegen Feuer als reine Polymere. Um dies genauer zu verstehen, ist vorab eine kurze Betrachtung der Verbrennungsvorgänge bei einem organischen Kunststoff nützlich. Wird ein organischer Stoff erhitzt, dann zerfallen bestimmte chemische Bindungen in den Makromolekülen. Die kleineren Bestandteile sind flüchtig und werden freigesetzt. Ist Sauerstoff zugegen, wird dieser Zersetzungsvorgang zusätzlich beschleunigt (Thermo-Oxidation). Außerdem können sich die flüchtigen Zerfallsprodukte an der Oberfläche des erhitzten Kunststoffes in Gegenwart von Sauerstoff selbst spontan entzünden. Bei der Verbrennung, die nichts anderes ist als eine Abfolge von chemischen Reaktionen, die

8.3 Charakterisierung und Eigenschaften

von den hochreaktiven Radikalen der molekularen Bruchstücke getragen wird, entsteht thermische Energie, die die Aufheizung des Polymers weiter verstärkt, bis alle flüchtigen brennbaren Teilprodukte des Ausgangsmaterials verbrannt sind.

Die höhere Beständigkeit gegen Feuer, die polymere Nanowerkstoffe mit gleichverteilten Plättchen zeigen, hängt mit zwei Effekten zusammen. Einerseits werden die Ausdiffusion von flüchtigen brennbaren Teilmolekülen und das Eindringen von Sauerstoff durch die bereits diskutierte Barrierenwirkung behindert. Dies stabilisiert den Kunststoff gegenüber der einwirkenden thermischen Belastung. Andererseits kommt es zu Umordnungen der Plättchen während des thermischen Zerfalls des Polymers. Aufgrund der Hitze und der thermischen Oxidationseffekte wird die Kunststoffmatrix von deren Oberfläche her zersetzt. Die Plättchen bleiben dabei übrig, fallen aufeinander und sammeln sich an der langsam zusammenschmelzenden Oberfläche der Probe an. So bildet sich eine nichtbrennbare Kruste aus anorganischem Material, das die verbleibende Kunststoffmasse fest umschließt und die weitere Thermozersetzung stark behindert. So entsteht eine echte Schutzschicht, die den Kunststoff thermisch isoliert und die Wärmemenge, die von den Abbrennvorgängen freigesetzt wird, nur teilweise bis zum noch intakten Kunststoff vordringen lässt.

Mit 3,5% Masseanteil Montmorillonit in Exfoliate-Struktur in einem Kopolymer (Ethylenazetat/Vinyl) kann der Flammpunkt in Raumluft um 50° C nach oben verschoben werden, wenn die Temperatur bei diesem Experiment linear um 20° C pro Minute gesteigert wird. Gleichzeitig wird die bei der Verbrennung freigesetzte Wärmemenge um bis zu 45% verringert. Überdies verhindert die sich auf der Polymeroberfläche bildende schwarze Kruste aus sich zusammenlagernden Montmorillonit-Plättchen, dass geschmolzener Kunststoff abtropft. Diese heißen Tropfen sind leicht entflammbar und übertragen dann, nachdem sie Feuer gefangen haben, leicht den Brand auf umliegende Regionen. Dieses Verhalten ist deutlich in Bild 8.9 zu sehen. Hier ist gezeigt, mit welcher Geschwindigkeit reines und mit 3,5% Montmorillonit versetztes Ethylenazetat-Vinyl-Kopolymer abbrennt. Der nanotechnisch veredelte Werkstoff brennt langsamer und das Abtropfen von brennbarem Material wird verhindert. Andere Untersuchungen zeigen, dass die Feuerbeständigkeit von Polymeren (Polypropylen) auch durch Zugabe von Kohlenstoff-Nanoröhren gesteigert werden kann. Allerdings kann der Mechanismus, der die erhöhte Beständigkeit bewirkt, noch nicht erklärt werden.

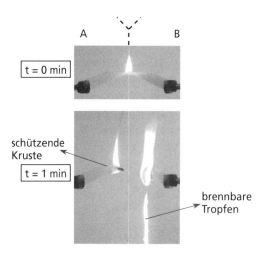

Bild 8.9 Abbrandverhalten von Ethylenazetat-Vinyl-Kopolymer. Die linke Seite (A) zeigt das Verhalten für den Werkstoff mit 3,5% Montmorillonit in exfoliater Einbettung, rechts sehen wir den reinen Kunststoff. Bei der Zeit t = 0 wird der Kunststoff in Brand gesetzt.

Weitere Eigenschaften

Es gibt noch weitere Eigenschaften von bestimmten Nanopartikeln, die vorteilhaft genutzt werden können. Graphit-Nanoplättchen und bestimmte Typen von Kohlenstoff-Nanoröhren sind hervorragende Leiter für Wärme und elektrischen Strom. Erste Untersuchungen haben gezeigt, dass es mit diesen Nanozusätzen möglich ist, auch bei Kunststoffen sehr gute Leitfähigkeiten für Strom und Wärme zu erzielen.

Die optischen Eigenschaften von isometrischen Metallpartikeln oder von bestimmten Sulfatteilchen sind gleichermaßen technisch interessant. So ist beispielsweise bekannt, dass eine feine Verteilung von Goldstaub in einem Medium, z.B. Glas, für eine rote Farbgebung sorgt, die sich von der goldenen Farbe von metallischem Gold unterscheidet. Werden Nanopartikel aus Gold in einem Polymer mit sehr hohem Molekulargewicht verteilt, dann führt eine Streckung des Polymers entlang einer bestimmten Achse zu einer Umverteilung der Partikel im Kunststofffilm. Senkrecht zur Zugrichtung lagern sich die Teilchen stärker zusammen als längs der Zugachse. Wird der Film mit polarisiertem Licht bestrahlt, dann zeigt der Film im Durchlicht eine Farbe, die davon abhängt, wie der Film relativ zum Lichteinfall orientiert ist. Dies liegt am unterschiedlichen Aggregationszustand der Goldpartikel längs und senkrecht zur Achse, die durch die Zugrichtung ausgezeichnet ist.

Werden Bleisulfit-Partikel mit Größen zwischen 2 und 40 nm einem Polymer in größerer Menge zugesetzt (z.B. Polyethylenoxid), so dass sich ein Volumenanteil von 50% einstellt (das entspricht 90% der Masse), dann wird der Kunststoff transparent. Die Nanopartikel aus PbS sind nämlich viel zu klein, um sichtbares Licht zu streuen, denn dessen Wellenlänge liegt bei 400 bis 700 nm. Der Nanozusatz erhöht aber deutlich den Brechungsindex (bis auf 3).

8.4 Anwendungen

Von den verschiedenen Nanoverbundwerkstoffen, die besprochen wurden, haben insbesondere die Stoffe mit plättchenförmigen Tonsilikatzusätzen Eingang in die industrielle Anwendung gefunden.

8.4.1 Nanoverbundwerkstoffe aus Nylon-6 und Smektit für Lebensmittelfolien

Verschiedene Industriefirmen haben bereits Verpackungsfolien auf den Markt gebracht, die aus Nylon-6 mit Nanoteilchenzusatz (exfoliater Montmorillonit) bestehen. Diese Folien eignen sich in besonderer Weise, Lebensmittel einzupacken, die einen starken Geruch aufweisen (Käse) oder sehr empfindlich auf den Kontakt mit Sauerstoff reagieren (Fleisch). Hier kommen die diffusionshemmenden Eigenschaften zum Tragen, die von den gleichförmig in der Folie verteilten Nanoblättchen bewirkt werden. Ein massebezogener Zusatz von 3% Montmorillonit senkt die Durchlässigkeit für Gase um den Faktor 2. Die Folie bleibt voll durchsichtig und die Reisfestigkeit des Verpackungsmaterials verdoppelt sich zusätzlich! Die Filme werden mit dem Polymersiationsverfahren in situ hergestellt, das in der Abbildung 8.5 dargestellt ist.

8.4.2 Nanoverbundwerkstoffe aus Ethylen/Vynil-Azetat für Isolationen elektrischer Kabel

Elektrische Kabel in Gebäuden unterliegen vielfältigen und oft gegenläufigen Anforderungen. So sollen die Kabelisolationen selbstverständlich gut isolieren, aber auch gleichzeitig sehr flexibel sein, damit sich Leitungen ohne Einschränkungen verlegen lassen. Die Isolierstoffe sollen weiterhin sehr feuerbeständig sein, um den Stromfluss gleichzeitig lange aufrechterhalten zu können, wenn es brennt und um die Ausbreitung des Brandes maximal zu hemmen. Aufgrund ihrer intrinsischen Eigenschaften sind bestimmte Polymere bestens geeignet, metallische Leitungen elektrisch zu isolieren und dies bei hoher Biegbarkeit und Flexibilität. Allerdings sind diese Stoffe gleichzeitig besonders leicht entflammbar.

Als Lösung wurden deshalb lange Zeit halogenierte Kunststoffe verwendet, die sich durch eine bessere Feuerbeständigkeit auszeichnen, weil diese Stoffe freie Radikale binden können, die die Verbrennung von thermo-oxidierten organischen Stoffen unter Luftkontakt auslösen. Unglücklicherweise wurde festgestellt, dass Halogenzusätze beim Verbrennen Stoffe bilden, die gesundheitsschädlich sind, wie etwa Dioxine, und folglich wurden andere Lösungen gesucht. Unter den möglichen Strategien erscheint der Einsatz von Aluminiumhydroxid ($AL(OH_3)$) besonders aussichtsreich. Bei der Zufuhr von Wärme setzt diese Verbindung Wasser frei, das die brennbaren Substanzen verdünnt und den Sauerstoffgehalt der Luft in der Nähe der Flamme herabsetzt. Die Freisetzung von Wasser ist zudem endothermisch und deshalb wird das brennende Material gekühlt, wenn das Wasser verdampft. Das Problem besteht nun darin, dass für eine ausreichende Feuerbeständigkeit mehr als 70% der Masse des Isolationsmantels aus Polymer durch Aluminiumhydroxid ersetzt werden muss. Um solche Kunststoffe herzustellen, muss sehr viel Energie aufgewendet werden und das Endprodukt reißt leicht ein, wenn mechanische Spannungen wirken oder das Kabel aufgerollt wird.

Der Zusatz einer geringen Menge fein verteilter Montmorillonit-Nanoplättchen (weniger als 3% der Masse) zu Polymeren mit Aluminiumhydroxid-Anteil, reicht aus, um den Bedarf an Hydroxid um 55 % zu senken, ohne dass die Feuerfestigkeit beeinträchtigt würde. Gleichzeitig verbessert sich die Elastizität des Isolationsmaterials deutlich und der Energiebedarf zur Herstellung der Isolierung sinkt.

8.5 Ausblick

Die Forschung steht noch am Beginn der Nutzung von Nanopartikeln als Komponenten in Werkstoffverbunden auf Basis von organischen Materialien. Die ersten wissenschaftlichen Ergebnisse auf diesem Gebiet datieren vom Anfang der 80er Jahre des 20. Jahrhunderts und alle heute bekannten Anwendungen beruhen im Wesentlichen nur auf Nanoverbundwerkstoffen mit smektischen Nanoblättchen. Deren mechanische Festigkeit, die Barrierenwirkung gegen Diffusion und ihre Feuerbeständigkeit bestärkt uns in der Erwartung, dass wir ihren Einsatz immer häufiger in speziellen Hochtechnologiebereichen sehen werden, wie etwa in der Luft- und Raumfahrt. Hier sind leichte und widerstandsfähige Materialien gefragt. Weitere Gebiete sind der Automobilbau, wo leichtere Werkstoffe zur Reduktion des Benzinverbrauchs beitragen können, oder die Verpackungstechnik, wo leichte und dünne, aber doch feste Folien benötigt werden. Revolutionäre Werkstoffe, wie Schaumstoffe von polymeren Nanoverbunden sind außerdem in Vorstadien verfügbar. Diese Schäume sind viel fester als ihre herkömmlichen Vorläufer und erreichen die mechanischen Kenngrößen ungeschäumter Werkstoffe, allerdings bei deutlich reduziertem Gewicht.

Weiterhin lässt die schnelle Zunahme an industriellen Produktionsstätten für Nanopartikel im Allgemeinen und Kohlenstoffnanoröhren im Besonderen erwarten, dass die Anwendung von Nanopartikeln in polymeren Matrix in nächster Zukunft fast explosionsartig wachsen wird.

Schließlich sei noch angeführt, dass es eine Vielzahl neuer Nanopartikel gibt, die hier nicht näher vorgestellt werden konnten, wie etwa magnetische oder supraleitende Partikel. Auch lässt der enorme Fortschritt in der supramolekularen Chemie hoffen, dass in nächster Zukunft neue intelligente Materialien mit außergewöhnlichen Eigenschaften hergestellt werden und technisch verwendet werden können.

9 Nanomagnetismus

In der Nanotechnologie spielen magnetische Partikel eine besondere Rolle, weil diese Partikel für biomedizinische Anwendungen besonders nützlich sind.

9.1 Der Magnetismus der Materie

Der Magnetismus fester Körper wird von den magnetischen Momenten der Elektronen verursacht und hängt davon ab, wie diese Momente miteinander wechselwirken und wie sie sich relativ zueinander anordnen. In der Materie entsteht als Antwort auf ein äußeres Magnetfeld H die magnetische Induktion B_0,

$$B_0 = \mu_0 H,$$

wobei μ_0 die Permeabilität des Vakuums bezeichnet. Es bildet sich weiterhin eine Magnetisierung M_0 als magnetisches Gesamtmoment pro Volumeneinheit aus. Die magnetischen Eigenschaften der Materie werden von der magnetischen Suszeptibilität χ gekennzeichnet, die dimensionslos ist:

$$\chi = \frac{M_0}{H}. \tag{9.1}$$

9.1.1 Diamagnetismus und Paramagnetismus

Wenn sich die magnetischen Momente der Elektronen in jedem atomaren Orbital der einzelnen Atome in der Materie kompensieren, dann liegt ein *diamagnetischer* Werkstoff vor. Für diese Stoffe werden sehr kleine und negative Suszeptibilitäten gemessen, die ungefähr im Bereich $|\chi| \approx 10^{-5}$ liegen.

Wenn sich die magnetischen Momente der Elektronen in der Materie nicht ausgleichen, dann addieren sich Momente, auch wenn ihre Ausrichtungen nicht durch Wechselwirkungen aneinandergekoppelt sind, in einem äußeren Feld zu einer Magnetisierung, die makroskopische Größenordnungen erreicht:

$$M = M_S L(x). \tag{9.2}$$

Hier bezeichnet M_S die Sättigungsmagnetisierung, die sich genau dann einstellt, wenn sich alle einzelnen Momente parallel ausgerichtet haben. $L(x) = \coth(x) - 1/x$ ist die Langevin-Funktion, die von der dimensionslosen Variablen $x = \mu B_0 / k_B T$ abhängt. k_B ist die Boltzmann-Konstante und T die absolute Temperatur.

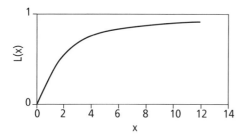

Bild 9.1 Die hier gezeigte Langevin-Funktion gibt den Verlauf der Magnetisierung in Abhängigkeit von der reziproken Temperatur x an.

Die Langevin-Funktion kann bei kleinen Feldstärken oder hohen Temperaturen bis zur ersten Ordnung in x entwickelt werden. Dies ergibt $L(x) \sim x / 3$ und im Rahmen dieser Näherung erhalten wir für die Suszeptibilität

$$\chi = \frac{\mu_0 n \mu^2}{3 k_B T}. \tag{9.3}$$

In dieser Formel für die paramagnetische Suszeptibilität haben wir die Sättigungsmagnetisierung M_s durch die elementaren magnetischen Momente μ multipliziert mit ihrer Dichte n im Einheitsvolumen ersetzt.

Die bei Paramagneten gültige Annahme, dass sich die elementaren magnetischen Momente völlig unabhängig voneinander im Feld ausrichten können, ist nicht sehr realistisch. In festen Körpern sind die elektronischen magnetischen Momente stark aneinandergekoppelt. Die relevante Wechselwirkung zwischen an einzelnen Atomen lokalisierten Momenten ist die *Austauschwechselwirkung*. Der Hamiltonoperator für diese Wechselwirkung zwischen den atomaren Gesamtspins der einzelnen Atome im Gitter ist

$$H = -\sum_{ij} J_{ij} \vec{S}_i \cdot \vec{S}_j. \tag{9.4}$$

Diese Kopplung wird als Heisenbergmodell bezeichnet. Benachbarte Spins S_i und S_j an den Gitterplätzen i und j richten sich parallel zueinander aus, wenn das sog. Austauschintegral J_{ij} positiv ist. Ist das Integral negativ, sind antiparallele Einstellungen der Spinmomente energetisch begünstigt. Die von der Gleichung 9.4 beschriebene Kopplung kommt durch Überlapp der Orbitale benachbarter Atome zustande. Wegen dieser Überlappbereiche müssen die Wellenfunktionen von zwei Elektronen an verschiedenen Gitterplätzen sich antisymmetrisch in

9.1 Der Magnetismus der Materie

Bezug auf die Vertauschung der beiden Teilchen verhalten. Den Zusammenhang zwischen dem gesamten Drehmoment eines Elektrons J und dem magnetischen Moment stellt das das gyromagnetische Verhältnis $\gamma = \mu / J$ her.

9.1.2 Ferromagnetismus und Weisssche Bezirke

Da in ferromagnetischen Stoffen jedes Spinmoment dem Einfluss seiner Nachbarmomente unterliegt, wurde von Pierre Weiss die Modellvorstellung entwickelt, dass dieser Einfluss in erster Näherung wie ein effektives Magnetfeld (*mean field*, mittleres oder molekulares Feld) wirkt. Das effektive Feld ist der Gesamtmagnetisierung des Stoffes proportional. Die Beziehung für die Suszeptibilität (Gl. 9.3) liest sich dann oberhalb einer als Curie-Temperatur T_c bezeichneten kritischen Temperatur wie folgt

$$\chi = \frac{C}{T - T_c}. \tag{9.5}$$

Die Curie-Temperatur hängt vom Austauschintegral ab und von der Proportionalitätskonstante zwischen Magnetisierung und mittlerem Magnetfeld. Bei der Curie-Temperatur findet ein Phasenübergang statt: Oberhalb von T_c ist der Stoff paramagnetisch und unterhalb von T_c ferromagnetisch. In der ferromagnetischen Phase behält das Material seine spontane Magnetisierung, auch wenn kein äußeres Magnetfeld mehr wirkt. Bei Eisen beträgt $T_c = 1043$ K und bei Kobalt gilt $T_c = 1394$ K.

Das Weisssche Modell des mittleren Feldes bezieht aber einen wichtigen experimentellen Befund nicht mit ein: das Auftreten von in unterschiedlichen Richtungen magnetisierten Teilbereichen in einer Probe. Diese Domänen tragen ebenfalls den Namen von Weiss und heißen Weisssche Bezirke. Ein magnetischer Festkörper zerfällt im Inneren in mehrere solche perfekt geordnete magnetische Teilbereiche. Die Aufteilung und die Ausrichtung der Gesamtmomente in den einzelnen Domänen erfolgt dabei so, dass das gesamte Moment der Probe sich (ohne äußeres Feld) zu Null addiert. Die Domänenstruktur ermöglicht es dem magnetischen Material, keine Vorzugsrichtung auswählen zu müssen, wenn kein äußeres Feld vorhanden ist. Die Isotropie des umgebenden Raumes bleibt damit erhalten. So wird das theoretische Problem einer spontanen Symmetrieerniedrigung[47] umgangen. Wird ein externes Feld angelegt, dann wachsen alle Domänen, deren Magnetisierung in oder fast in Feldrichtung zeigt, auf Kosten der anderen Domänen.

Es ist zu beachten, dass die Wahl der Magnetisierungsrichtung in einem Kristall nicht beliebig erfolgen kann. Anders als in paramagnetischen Systemen, in denen die magnetischen Momente nur mit dem externen Feld wechselwirken, existieren in Kristallen sog. leichte Richtungen, entlang derer sich die magnetischen Momente bevorzugt ausrichten, weil so die

---

[47] Die Ausbildung der Weissschen Bezirke ist auch energetisch günstiger, da kein Magnetfeld im umgebenden Raum aufgebaut werden muss. Dadurch reduziert sich die magnetostatische Energie.

Energie des Systems verringert werden kann. Die Energieabsenkung wird als magnetische Anisotropie-Energie bezeichnet. Die magnetische Anisotropie hat nicht nur eine Ursache. Leichte Richtungen bilden sich aus, wenn die innere Struktur der Probe eine magnetokristalline Anisotropie zeigt, die von der Kristallstruktur bestimmt wird, oder die äußere Form der magnetischen Probe geeignet gewählt wird oder bestimmte Oberflächeneffekte auftreten. Das einfachste Modell für die magnetische Anisotropie, das insbesondere bei Kobalt gut zutrifft, berücksichtigt nur eine axiale leichte Richtung und hat die analytische Form:

$$E_A = CV \sin^2 \theta .\tag{9.6}$$

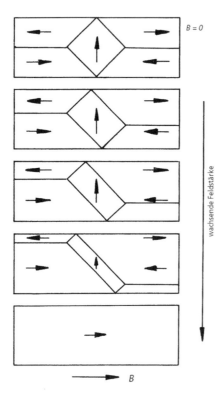

Bild 9.2 Ausrichtung der Magnetisierung der Weissschen Bezirke in Feldrichtung

Hier gibt θ den Winkel zwischen der Magnetisierung und der leichten Richtung an, V ist das Volumen der Probe und C ist eine Proportionalitätskonstante (Einheitenergie pro Volumen). Bei Kristallen mit komplizierteren Symmetrieverhältnissen wird auch das Modell komplexer. In kubischen Systemen ergibt sich beispielsweise

$$E_A = CV(m_x^2 m_y^2 + m_y^2 m_z^2 + m_z^2 m_x^2) .\tag{9.7}$$

9.1 Der Magnetismus der Materie

Die Größen m_x, m_y und m_z bezeichnen die Richtungskosinusse des Magnetisierungsvektors, die Achsen x, y und z sind hier die drei Kristallachsen des kubischen Systems.

Magnetische Domänen bilden sich, weil Systeme dadurch magnetostatische Energie einsparen können. Die Feldlinien des magnetischen Feldes sind nämlich als Folge der Maxwellschen Gleichungen stets geschlossene Kurven. Nur dann verschwindet die Divergenz des B-Feldes ($\nabla B = 0$) wie gefordert. In einer homogen magnetisierten Probe lassen sich die Feldlinien nur über den Außenraum schließen. Dies kostet pro Volumen die Feldenergie $B^2/2\mu_0$. Wenn die Probe in zwei Domänen zerfällt, in denen die Magnetisierungen antiparallel eingestellt sind, werden die Feldlinien im Außenraum verkürzt und die Feldenergie kleiner (siehe Bild 9.3).

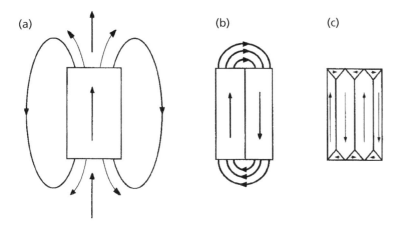

Bild 9.3 Feldlinien eines Stabmagneten. Gezeigt ist der gleiche Magnet mit 1, 2, und 10 Weissschen Bezirken. Wir erkennen, wie das äußere Feld mit wachsender Domänenzahl verschwindet.

Domänen können sich aber nur bilden, wenn zwischen ihnen Trennwände existieren, in denen sich die Magnetisierungsrichtung um 90° oder 180° dreht. Auch dies kostet Energie. Die Größe σ gibt die Energiemenge an, die für die Bildung einer solchen Trennwand (*Blochwand*) pro Flächeneinheit benötigt wird. Wenn wir diese Energie für eine einfache Trennwand berechnen, die eine Kugel mit Radius R in zwei Hälften teilt und folglich die Fläche πR^2 aufweist und das Ergebnis mit der magnetischen Dipolenergie der Kugel $\mu_0 M^2 \pi R^3/9$ vergleichen, dann zeigt sich, dass die Bildung der Wand die Gesamtenergie nur dann mindert, wenn $R > 9\sigma / (\mu_0 M^2)$ gilt. Das bedeutet, dass die betrachtete Probe eine Mindestgröße haben muss, damit Blochwände begünstigt sind. Setzt man typische Werte für Magnetit ein ($\sigma \approx 10^{-2}$ J/m² und $\mu_0 M^2 \approx 1$ T, dann finden wir als Mindestdurchmesser $R \approx 10^{-7}$ m. Bei kleineren Proben ist der Energieaufwand für die Blochwandbildung größer als die Reduktion der Energie des Streufeldes im Außenraum und folglich bleiben solch kleine Proben eindomänig.

9.1.3 Der Superparamagnetismus

Bei Nanopartikeln, die keinem externen Magnetfeld ausgesetzt sind, erwarten wir einen spontanen Symmetriebruch, wenn sich der Magnetisierungsvektor in eine der möglichen leichten Richtungen einstellt, die unter sich energetisch gleichwertig sind. Ohne eine externe Vorgabe über ein Feld ist hier keine der Vorzugsrichtungen ausgezeichnet und jede mögliche Ausrichtung entlang einer leichten Achse hat die gleiche Energie. Um abschätzen zu können, ob die Magnetisierung zwischen den leichten Richtungen hin und her springen kann, erinnern wir uns daran, dass die Anisotropie-Energie nach den Gleichungen (9.6) und (9.7) proportional zum Volumen des magnetischen Partikels ist. Die Barrierenhöhe, die beim Wechsel von einer leichten Richtung zur anderen zu überwinden ist, sinkt deshalb mit dem Volumen der Probe. Folglich können Fluktuationen bei hinreichend kleinen Proben dafür sorgen, dass die Magnetisierungsrichtung von einer zur anderen leichten Richtung springt. Die Korrelationszeit für solche Fluktuationsprozesse wird als *Néel-Zeit* τ_N bezeichnet. Diese Zeitkonstante hängt über eine e-Funktion mit der Anisotropie-Energie zusammen:

$$\tau_N \propto \sqrt{\frac{k_B T}{K \cdot V}} \cdot \left(e^{-\frac{k_B T}{K \cdot V}} \right). \tag{9.8}$$

Hier haben wir für die Anisotropie-Energie vereinfachend $K \cdot V$ angesetzt. Die Néel-Zeit liegt bei Raumtemperatur für einen Magnetit-Partikel mit 10 nm Durchmesser ungefähr bei 10 ns. Diese Zeit ist so kurz, dass stets eine effektive Magnetisierung von $M = 0$ gemessen wird, denn die Beiträge der verschiedenen Orientierungen mitteln sich während der üblichen Messzeit aus. Damit ist das formale Problem der spontanen Ausbildung von Vorzugsrichtungen bei tiefen Temperaturen und bei kleinen Probenabmessungen genauso gelöst, wie im Fall von makroskopischen Körpern, die die Weissschen Bezirke zeigen. Wenn die ferromagnetischen Nanopartikel einem externen Feld ausgesetzt werden, dann verschwindet die Fluktuation deswegen nicht völlig, sondern die Magnetisierung verharrt länger in der(n) leichten Richtung(en), die nur wenig von der Richtung des externen Feldes abweichen. So bildet sich eine Magnetisierung in der Probe aus, deren Betrag proportional zur wirkenden externen Feldstärke ist. Die ferromagnetischen Partikel verhalten sich also genauso wie paramagnetische Stoffe, nur mit dem Unterschied, dass ihre Suszeptibilität viel stärker ausgeprägt ist, denn anders als in Paramagneten besteht hier eine Austauschkopplung zwischen den atomaren magnetischen Momenten. Die ferromagnetischen Nanopartikel werden deshalb als *Superparamagneten* bezeichnet: Während die Suszeptibilität von paramagnetischen Stoffen bei etwa 10^{-4} liegt, beträgt sie im Fall von Superparamagneten häufig 100 und mehr.

9.1.4 Der Antiferromagnetismus

Wie oben schon erwähnt kann das Austauschintegral in Gl. 9.4 auch negative Werte annehmen. Dann wird der Betrag von jedem benachbarten Spinpaar minimal, wenn sich die Momente antiparallel einstellen. Das Gitter besteht dann aus zwei interpenetrierenden Untergittern mit doppelter Gitterkonstante, die beide ferromagnetisch geordnet sind, aber entgegengesetzte Magnetisierungsrichtungen aufweisen. Folglich ist das magnetische Gesamtmoment

9.1 Der Magnetismus der Materie   191

Null. Magnetische Substanzen, die so geordnet sind, werden als *Antiferromagnete* bezeichnet. In Antiferromagneten tritt wie bei Ferromagneten ein Phasenübergang zwischen geordnetem Zustand bei tiefen und paramagnetischem Zustand bei höheren Temperaturen auf. Die Übergangstemperatur heißt Néel-Temperatur (T_N).

Wird ein Antiferromagnet einem äußeren Feld ausgesetzt, dann wird er durch zwei Effekte magnetisiert. Die beiden Untergitter beginnen ihre Magnetisierungen in Feldrichtung umzuorientieren. Dann gleichen sich die benachbarten Spin-Momente nicht mehr vollständig aus und es wird eine Netto-Magnetisierung senkrecht zu den leichten Richtungen in den Untergittern beobachtet. Andererseits tragen etliche Gitterplätze gerade bei kleinen Kristallen keine Spinmomente, weil der Kristallaufbau nicht fehlerfrei erfolgt ist. Diese Defekte ziehen unkompensierte Spinmomente an Nachbarplätzen nach sich, und dies führt zu einer Netto-Magnetisierung entlang einer einfachen Richtung. Die Magnetisierungsrichtung kann dabei wieder wie bei den Superparamagneten hin und her springen (Bild 9.4). Die Suszeptibilität von Antiferromagneten liegt bei 10^{-3} und damit mehrere Größenordnung unterhalb von Superparamagneten mit ferromagnetischer Kopplung.

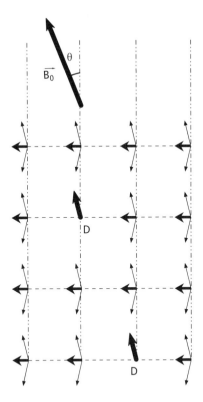

*Bild 9.4 Modell eines antiferromagnetischen Kristalls. Strichpunktiert sind die einfachen Richtungen eingezeichnet. Jeder Gitterpunkt trägt zwei antiparallele Momente. Das angelegte Feld **B₀** richtet die Spins auf beiden Untergittern aus und so bilden sich Nettomomente, die mit horizontalen Pfeilen angedeutet sind. Defekte, die mit dem Buchstaben D gekennzeichnet sind, erzeugen eine Magnetisierung, die in die leichte Richtung zeigt.*

9.2 Superparamagnetische Kolloide

9.2.1 Eigenschaften

Diese superparamagnetischen Kolloide, z.B. aus Ferriten, sind Suspensionen aus einkristallinen Nanopartikeln, die jeweils aus einer einzelnen ferrimagnetischen oder ferromagnetischen Domäne bestehen. Für diese Teilchen gibt es viele Anwendungsfelder, welche von der Mechanik bis zur Medizin reichen. In der Biomedizin werden diese Stoffe sowohl in der Diagnose wie auch in der Therapie verwendet. Bei bildgebenden Verfahren wie etwa der Kernspintomografie (MRT, *Magnetic Resonance Tomography*) werden sie als Kontrastmittel eingesetzt und in der Onkologie dienen sie als Absorber für hochfrequente elektromagnetische Wellen. Die absorbierte Energie erhitzt lokal das Gewebe (Hyperthermie), und so können Krebszellen selektiv zerstört werden.

Bei den Ferriten handelt es sich um Metalloxide mit bemerkenswerten magnetischen Eigenschaften. Ihre chemische Formel ist [Fe_2O_3, MO]. Hier bezeichnet M ein zweiwertiges Metallion. Mit solchen Zusatzstoffen können die magnetischen Eigenschaften des Eisenoxids optimiert werden. Besonders häufig wird Magnetit verwendet. Hier ist M ein weiteres Eisen-Ion. In medizinischen Anwendungen können metallische Partikel aus Eisen oder Kobalt nicht eingesetzt werden, weil diese in wässriger Umgebung zur Oxidation neigen und dabei auch unmagnetische Stoffe entstehen können.

Ein Kolloid ist eine stabile Dispersion von Partikeln in einer ausgedehnten Phase (Gas, Flüssigkeit, Feststoff). Die Abmessungen der Teilchen in der Dispersion können von einigen Nanometern bis zu einigen zehn Mikrometern oder noch darüber reichen.

Die Kolloide von Superparamagneten, die auch *Ferroflüssigkeiten* heißen, bestehen aus nanometergroßen magnetischen Partikeln, die in einer Trägerflüssigkeit stabilisiert sind. Dies wird durch abstoßende Kräfte zwischen den Partikeln erreicht, die es verhindern, dass sich die Teilchen zusammenlagern. Die festen Teilchen würden sich sonst gegenseitig anziehen, aneinander anlagern und sich von der Flüssigkeit in anderer Phase abscheiden. Dadurch wird die Ferroflüssigkeit instabil. Diesem unerwünschten Phänomen kann man dadurch begegnen, dass mit speziellen Oberflächenbeschichtungen abstoßende Kräfte erzeugt werden, die verhindern, dass sich die Partikel zu nahe kommen.

Die Kolloide werden nach der Art der Oberflächenbeschichtung in zwei Gruppen eingeteilt:

- UMF (*Uncoated Magnetic Ferrofluids*, unbeschichtete magnetische Ferroflüssigkeiten): hier werden die Partikel mit Hilfe einer Oberflächenladung stabilisiert (Bild 9.5);
- SMF (*Surfacted Magnetic Ferrofluids*, beschichtete magnetische Flüssigkeiten): Die magnetischen Partikel werden durch sterische[48] Abschirmung stabilisiert, die mit der Adsorption von langen Molekülen auf der Partikelaberfläche erreicht wird (Bild 9.6).

---

[48] Die Umhüllung der Partikelkerne mit einer polymeren Substanz verhindert ihre Aggregation indem das Hüllmaterials als mechanischer Abstandshalter wirkt (sterische Stabilisierung).

9.2 Superparamagnetische Kolloide

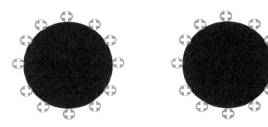

Bild 9.5 Partikel, die mit Oberflächenladungen stabilisiert werden

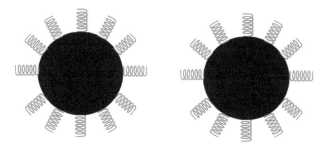

Bild 9.6 Partikel, die mit adsorbierten Makromolekülen an der Oberfläche stabilisiert werden

Unklarheiten in der Terminologie lassen sich vermeiden, wenn man den Begriff „Korn" für den magnetischen Kern der Teilchen reserviert und mit Partikel das gesamte Teilchen aus Kern und Oberflächenüberzug bezeichnet.

Der Aggregationsgrad der Partikel hängt vom Syntheseverfahren des betrachteten Ferrofluids ab. Wir beschränken uns hier auf zwei Klassen nanometrischer Teilchen:

- SPIO (*Small Particles of Iron Oxide*), in denen jeder Partikel mehrere magnetische Körner enthält und
- USPIO (*Ultra Small Particles of Iron Oxide*), hier befindet sich nur ein Korn in jedem Partikel.

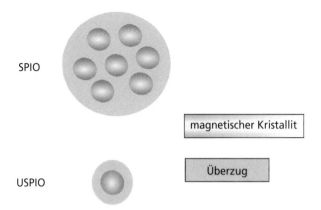

Bild 9.7 Schematische Darstellungen von SPIO- und USPIO-Teilchen

9.2.2 Synthese

Die Synthese nach Molday ist der Ausgangspunkt für die Herstellung der meisten Ferrofluide, die Magnetit als magnetische Partikel verwenden. Hier werden zwei- und dreiwertige Eisenionen in basischem Milieu ausgefällt. Eine andere Methode bringt ein Eisensalz in basischer Lösung mit einem Oxydanten in Kontakt.

Die Verfahren werden dann so verändert, dass sich Ionenüberzüge oder Kunststoffumhüllungen zur Stabilisierung um die Magnetteilchen legen.

Je nach Einsatzgebiet der Ferrofluide werden verschiedene Kunststoffumhüllungen verwendet. In medizinischen Anwendungen sind Biokompatibilität sowie die biologische Abbaubarkeit des Polymers besonders wichtig. Synthetische Polymere wie Polyethylen-Glykol (PEG) werden bei bildgebenden Verfahren in Kontrastmitteln verwendet. Magnetkugeln, die mit synthetischem Kunststoff überzogen sind, werden außerdem zur Trennung von Zellen, bei der Untersuchung von Proteinwechselwirkungen sowie bei der Erforschung von Transportvorgängen von Wirkstoffen eingesetzt. Es wurden auch Magnetpartikel entwickelt, die mit Proteinen, wie etwa dem HSA (*Human Serum Albumin*) überzogen sind, um Medikamente gezielter verabreichen zu können.

Bestimmte Magnetpartikel können auch mit Antikörpern an ihrer Oberfläche versehen werden, die gezielt an einen bestimmten Rezeptor andocken können, der bei einer bestimmten pathologischen Fehlentwicklung auf Zellebene auftritt. So können Magnetpartikel in die krankhaft veränderten Zellen eingeschleust werden. Dies ermöglicht die genaue Lokalisation der befallenen Körpergebiete.

Die meisten Kontrastmittel insbesondere bei der Kernspin-Tomografie enthalten Magnetteilchen, die mit Dextranen überzogen sind, das sind hochmolekulare, neutrale Biopolysaccharide aus D-Glukose. Meist kommen SPIO-Partikel zum Einsatz, wie etwa Endorem® (Guerbet, Aulnays-sous-Bois, Frankreich). Bei diesem Präparat handelt es sich um mit Dextran ummanteltes Magnetit (Größe ca. 200 nm). Die Substanz wird zur Darstellung von Lebertumoren verwendet. Alternativ kann man auch Resovist® einsetzen (Schering AG, Berlin). Hier sind die Partikel kleiner (ca. 60 nm) und der Magnetitkern hat nur einen Durchmesser von 4,2 nm.

Werden die besonders kleinen USPIO-Teilchen benötigt, kann man wieder eine Suspension des Herstellers Guerbet einsetzen (Sinorem®). Hier weisen die ummantelten Partikel nur einen Durchmesser von 20 nm auf.

9.2.3 Magnetoliposome

Ein Liposom ist ein Vesikel, also eine kugelförmige Anordnungen von oberflächenaktiven Molekülen in einer Flüssigkeit, dessen Größe zwischen einigen zehn Nanometern bis zu einigen Mikrometern variieren kann. Die Membran dieser Vesikel besteht aus Phospholipiden, die eine Doppelschicht bilden, ähnlich wie bei lebenden Organismen. Diese Strukturen bieten den Vorteil, dass sie mit Zellmembranen fusionieren können und so den Transport von Wirkstoffen in Zellen ermöglichen. In anderen Bereichen, wie z.B. der Kosmetik, kann der Einsatz von Liposomen die Wirksamkeit von Cremes verbessern, denn mit dieser Methode lässt sich die Abgabe der Wirkstoffe in den Vesikeln gezielt verlangsamen.

Magnetoliposome sind magnetische Körner aus Magnetit, deren Durchmesser nur wenige Nanometer beträgt und die mit einer Doppelschicht aus Phospholipiden überzogen sind. Ihre Eigenschaften werden davon bestimmt, welche Phospholipide die Membran bilden. Diese Systeme eignen sich aufgrund ihrer Oberflächeneigenschaften sehr gut dafür, sich an bestimmte pathologische Veränderungen anzulagern. Die relevanten pathologisch veränderten Stellen können dann mit Hilfe der magnetischen Eigenschaften der Teilchen markiert und so leicht lokalisiert werden.

9.2.4 Charakterisierung von superparamagnetischen Kolloiden

Der Wirkungsgrad von superparamagnetischen Kolloiden als Kontrastmittel (Relaxationsagentien) bei der Kernmagnetischen Resonanz (NMR, MRT) wird über die Beschleunigung der Relaxation der Protonen im Lösungsmittel (häufig Wasser) bestimmt. Als Relaxivität wird die Relaxationszeit verkürzende Wirkung von 1 Millimol des Relaxationsagens Eisen in einem Liter Wasser definiert.

Werden Ferritpartikel in Lösung gebracht, dann wirkt sich dies beschleunigend auf die Relaxation der Spins der Protonen des Wassers in longitudinaler und transversaler Richtung aus. Die Beschleunigung der Relaxation wird von den inneren Eigenschaften der Partikel bestimmt und zwar von der Korngröße, der Zusammensetzung der magnetischen Partikel, deren magnetischen Eigenschaften sowie von der Beschaffenheit der Kernumhüllungen.

Daher ist es sehr wichtig, die Partikel genau zu charakterisieren, damit ihre Wirksamkeit als Kontrastmittel bei der medizinischen Bildgebung klar vorhergesagt werden kann.

Die Kristallstruktur der Partikel lässt sich mit Röntgenstrukturanalyse bestimmen, das magnetische Verhalten durch Aufnahme von Magnetisierungskurven, mit Mößbauer-Spektroskopie und der Aufnahme von NMR-Dispersionsrelationen (*Nuclear magnetic resonance dispersion,* NMRD).

Magnetisierungskurven geben den Zusammenhang zwischen der Magnetisierung einer Probe und dem anliegenden magnetischen Feld wieder. Für superparamagnetische Flüssigkeiten zeigen diese Kurven weder die für Ferromagnete bekannten Remanenzerscheinungen, noch erhöhte Sättigungsmagnetisierungen. Durch Anpassung der Messergebnisse an die Langevin-Funktion kann aber eine spezifische Magnetisierung für die untersuchte Partikel bestimmt werden, die von der mittleren Größe der Partikel abhängt.

Mit Mößbauer-Spektroskopie kann man präzise den Oxidationszustand des Eisens in der magnetischen Verbindung bestimmen und auch die Größenordnung der Néelzeit.

Aus NMDR-Kurven folgt die Geschwindigkeit, mit der Protonen im Wasser longitudinal relaxieren, und zwar aufgelöst nach der Stärke des einwirkenden statischen magnetischen Feldes. Wenn diese Kurven an den modellhaften Verlauf für Profile bei superparamagnetischer Relaxation angepasst werden, können wir die Größe der magnetischen Teilchen ablesen, deren spezifische Magnetisierung und, wie auch aus Mößbauer-Messungen, die Größenordnung der Néelzeitkonstanten.

Mit Transmissions-Elektronen-Spektroskopie (TEM) können weitere unabhängige Bestimmungen der Korngröße vorgenommen werden, insbesondere ist es mit dieser Methode auch möglich, die Größenverteilung der Partikel zu ermitteln, wenn eine ausreichende Zahl von Partikeln vermessen werden kann. Für TEM-Messungen ist aber eine Probenpräparation nötig, die u. U. Agglomerationen der Partikel zur Folge haben kann. TEM-Aufnahmen werden nämlich mit getrockneten Proben durchgeführt und beim Übergang aus der kolloiden in die feste Phase können sich die magnetischen Partikel aneinanderlagern.

Ein weiteres Messverfahren ist die Photonenkorrelationsmesstechnik (PCS, *Photon Correlation Spectroscopie*). Mit diesem Verfahren lassen sich die hydrodynamischen Partikeldurchmesser inklusive Hüllbeitrag bestimmen. Durch Messung der Korrelation in den Intensitätsschwankungen des vom Kolloid gestreuten Laserlichts kann der Diffusionskoeffizient der Partikel ermittelt werden. Aus diesem Koeffizienten kann mit Hilfe der Stokes-Einstein-Beziehung auf den Teilchendurchmesser in der Suspension geschlossen werden.

In der Regel stimmen die Partikelgrößen, die mit den verschiedenen Methoden gefunden werden, sehr gut überein, solange die untersuchte Probe in etwa gleich große Partikel beinhaltet (monodisperse Probe). Die Ergebnisse weichen aber voneinander ab, wenn diese Einschränkung nicht zutrifft.

9.3 Nanomagnete in der Wärmetherapie

Wir haben oben schon beschrieben, dass sich Nanomagnete mit Hilfe von spezifischen Rezeptoren an ihrer Oberfläche als empfindliche Indikatoren für den Nachweis von Krankheiten mit MRT-Bildern nutzen lassen. Die magnetischen Nanopartikel werden hier zur Diagnostik eingesetzt. Man kann diese Teilchen aber auch als Wirkstoffe in einer Therapie einsetzen, um Krankheiten zu heilen. Als neuer Weg zur Tumorbehandlung entwickelt sich ergänzend zu den traditionellen Methoden wie Chirurgie, Strahlen- oder Chemotherapie, die *Wärmetherapie*, die auf dem Einsatz von magnetischen Nanopartikeln beruht.

9.3.1 Thermische Zerstörung von Tumorgewebe

Bei der Wärmetherapie wird der Patient einer nicht ionisierenden Strahlung ausgesetzt, um einen Tumor und dessen Umgebung gezielt zu erwärmen. Tumorgewebe ist nämlich viel empfindlicher gegenüber der Zufuhr externer Wärmeenergie als gesunde Zellen. Es ist daher zu erwarten, dass das Tumorgewebe in den erkrankten Regionen selektiv zerstört wird. Es genügt dabei, im Bereich des Tumors Temperaturen von etwa 43° C zu erreichen, damit ein therapeutischer Nutzen zu beobachten ist. Allerdings ist dieser therapeutische Ansatz dadurch eingeschränkt, dass das Tumorgewebe nicht immer scharf bei der Aufheizung abgegrenzt werden kann. Zwar kann die Thermotherapie Tumore zuverlässig zerstören, allerdings können dabei schwere Schädigungen des gesunden Gewebes nicht ausgeschlossen werden.

> **Warum schädigt die Thermotherapie Tumorzellen stärker als gesundes Gewebe?**
>
> Krebszellen entwickeln sich sehr schnell und haben deshalb einen hohen Bedarf an Sauerstoff und Nährsubstanzen. Um diese Bedürfnisse zu befriedigen, vervielfachen sich die versorgenden Blutgefäße. Diese ungeordnete starke Zunahme führt zum Auftreten von Gefäßschlingen und zur Verstopfung von Venen. Das Ergebnis dieses Wachstumsprozesses ist eine schlechtere Durchblutung des Tumors trotz einer verstärkten Gefäßbildung. Wenn nun elektromagnetischen Wellen ihre Energie an Tumorzellen abgeben, dann können diese Zellen den Energieübertrag nicht ohne weiteres abführen, weil die Durchblutung gestört ist. Im Gegensatz dazu kann intaktes Gewebe leicht die zugeführte Wärmemenge über das Blut ableiten. Die Zerstörung der Krebszellen resultiert aus zwei Effekten: aus der Verflüssigung und der Veränderung der Zellwände und der Schädigung des Zytoplasmas und der Zellkerne. Tumorzellen sind zusätzlich gegen Wärme empfindlicher, weil sie erhöhte Säurespiegel ausweisen. Der niedrigere pH-Wert in den Zellen ist ebenfalls eine Folge der Mangelversorgung. Zur Versauerung kommt es, weil die Zellen Abfallprodukte, die bei dem anaeroben Stoffwechsel entstehen, nicht loswerden können. Im Zusammenspiel zwischen Übersäuerung und Erwärmung werden die Zellproteine des Tumorgewebes irreversibel geschädigt.

> **Mit welchen Mechanismen unterstützt die Hyperthermie die Wirksamkeit der Strahlentherapie?**
>
> Die ionisierenden Strahlen bei der Strahlentherapie zerstören chemische Bindungen in den Makromolekülen der Zellen. So entstehen instabile und reaktionsfreudige Gebilde, die als freie Radikale bezeichnet werden. Diese freien Radikale können die Erbsubstanz in den Zellen schwer schädigen und auf diese Weise werden die Zellen abgetötet. Die Wirksamkeit dieses Prozesses wird um den Faktor 3 herabgesetzt, wenn in den Zellen ein Sauerstoffmangel besteht. Durch die Wärmetherapie wird die Blutzirkulation angeregt und der Sauerstofftransport in die Tumorzellen gefördert. Infolgedessen spricht das Gewebe viel besser auf die Strahlentherapie an.

Zurzeit wird (ohne Nanomagnete) die räumliche Begrenzung der Aufheizung über geeignete Anordnungen von Dipolantennen in der Umgebung des Patienten erreicht, die elektromagnetische Wellen aussenden. Vor der Bestrahlung wird zusätzlich eine kleine Antenne in den Tumorbereich implantiert, was erhebliche Risiken für den Patienten birgt, nicht nur aufgrund der Belastung beim Operieren, sondern auch weil eine Verschleppung von Tumorzellen möglich ist. Andere Therapiekonzepte setzen auf die Implantation von ferromagnetischen Materialien, was genauso riskant ist. Die ferromagnetischen Implantate können die eingestrahlten elektromagnetischen Wellen absorbieren und effizient in Wärme umsetzen, wobei ein analoges Prinzip wie bei der Mikrowelle in der Küche zugrunde liegt. Nach ersten klinischen Untersuchungen kann mit einer Kombination aus konventioneller Strahlentherapie und der thermischen Methode die Zweijahres-Überlebensrate gegenüber der herkömmlichen Bestrahlung fast verdoppelt werden.

Noch bessere Energiewandler zwischen elektromagnetischer Strahlung und thermischer Energie stellen Kolloide aus superparamagnetischen Nanopartikeln dar. Solche Nanomagnete werden heute schon in der Lackierung von Tarnkappen-Kampfflugzeugen zur fast vollständigen Absorption von Radarstrahlung eingesetzt. Solche Flugzeuge erscheinen dann nicht mehr auf dem Radarschirm. Werden solche Nanomagnete mit einer Hülle versehen, die für eine spezifische Veränderung des Gewebes selektiv ist, dann wird es ohne invasive Methoden möglich, die erkrankten Gewebsregionen scharf einzugrenzen und räumlich präzise ganz bestimmte pathologisch veränderte Zellen thermisch zu zerstören.

9.3.2 Absorption von Radiowellen durch Nanomagnete

Zur Wandlung der elektromagnetischen Strahlungsenergie in Wärme wird ein dissipativer Prozess benötigt. Solche Prozesse sind Reibungsvorgängen vergleichbar. Im Fall von magnetischen Kristallen ist der physikalische Parameter, der der Reibungskonstanten entspricht, die Relaxationszeit der Magnetisierung.

Um die Bedeutung der magnetischen Relaxation im Zusammenhang mit der elektromagnetisch-thermischen Energiewandlung besser zu erfassen, betrachten wir eine Probe, die aus einer Anordnung von Nanomagneten besteht, auf die kein äußeres Feld wirkt. Die Magneti-

9.3 Nanomagnete in der Wärmetherapie

sierung der Probe ist folglich Null. Was passiert nun, wenn wir zu einem Zeitpunkt t_0 die Probe in ein Magnetfeld $\boldsymbol{B_0}$ bringen? Wie die Kompassnadel sich in Nordrichtungen dreht, werden sich die magnetischen Momente der Nanomagnete in Feldrichtung orientieren. Durch diese Ausrichtung bildet sich bei der gegebenen Temperatur ein magnetisches Gesamtmoment $\boldsymbol{M_0}$ aus, dessen Größe von den Gesetzen der Thermodynamik bestimmt wird. Die Magnetisierung wird, wenn das Feld relativ klein bleibt, durch die Gleichung 9.1 gegeben, in die die Suszeptibilität des magnetischen Materials eingeht.

Bei der Bestrahlung von Nanomagneten mit magnetischen Wechselfeldern gelten im Allgemeinen die gleichen Bedingungen, die in Gleichung 9.1 angegeben sind. Der Magnetisierungsvorgang der Probe erfolgt nicht instantan, sondern ist durch eine Relaxationszeit τ gekennzeichnet (Bild 9.8). Die zeitliche Entwicklung der Magnetisierung wird von der Gleichung

$$\frac{d(M(t))}{dt} = \frac{-1}{\tau}\left(M_0 - M(t)\right) \tag{9.9}$$

beschrieben. Als Lösung dieser Differentialgleichung erhalten wir:

$$M(t) = M_0 \cdot \left(1 - e^{-\frac{t-t_0}{\tau}}\right) = \chi_0 \cdot H \cdot \left(1 - e^{-\frac{t-t_0}{\tau}}\right). \tag{9.10}$$

Der Magnetisierungsprozess wird von zwei streng verschiedenen Phänomenen gesteuert (Bild 9.9). Als Erstes handelt es sich um eine Rotationsbewegung der gesamten Anordnung von Nanokristallen aufgrund von thermischer Anregung. Die Zeitkonstante ist hier die der Brownschen Bewegung τ_B.

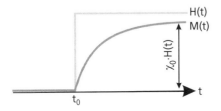

Bild 9.8 Zeitabhängige Darstellung der Magnetisierung M(t) von Nanomagneten in einem äußeren Feld H(t) nach Gleichung 9.10.

Der zweite relevante Mechanismus ist die Néel-Relaxation, die die Entwicklung der Orientierungen der magnetischen Momente relativ zum jeweiligen Nanokristall beschreibt. Im Allgemeinen stellen sich die Momente in Richtung von einer oder mehreren Kristallrichtungen ein, die als leichte Achse(n) bezeichnet werden. Entlang der leichten Achsen sind die Wechselwirkungsenergien zwischen den Bahnorbitalen und den Spinmomenten der magnetischen Atome in den Kristallen minimal.

Die Relaxationsgeschwindigkeiten verhalten sich umgekehrt proportional zu den Relaxationszeiten und sind additiv zu bilden. Die Zeit, die es im Mittel dauert, bis sich die Magnetisierung wieder in die Gleichgewichtsrichtung gedreht hat, nachdem sie durch das Feld ausgelenkt wurde, hängt von der Zeitkonstanten τ ab, die sich wie folgt berechnen lässt:

$$\frac{1}{\tau} = \frac{1}{\tau_N} + \frac{1}{\tau_B}.$$ (9.11)

Der schnellere der beiden aufgeführten Prozesse dominiert offensichtlich. Liegen die Nanokristalle als Puder vor oder sind auf fester Unterlage fixiert, wird die Brownsche Bewegung unterdrückt und das Zeitverhalten der Magnetisierung ist nur von der Néel-Relaxation bestimmt.

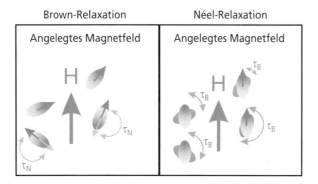

Bild 9.9 Relaxationsprozesse nach Néel und Brown.

In kolloidalen Lösungen kommt die Brownsche Relaxation hinzu. Die Brownsche Relaxationszeit τ_B ist hier durch die Stokes-Einstein-Beziehung gegeben, nach der τ_B linear vom Volumen der magnetisierten Partikel abhängt. Die Néel-Relaxationszeit τ_N zeigt eine Abhängigkeit vom Volumen, die stärker ausgeprägt ist. Wie schon die Gleichung 9.8 zeigt, tritt hier das Volumen V im Exponenten auf. Deshalb wächst die Zeitkonstante der Néel-Relaxation viel schneller mit dem Partikeldurchmesser (Bild 9.10).

Soweit es den bekanntesten Magnetwerkstoff Magnetit betrifft, dominiert die Néel-Relaxation, solange die Kristalle kleiner als 14 nm sind. Bei größeren Teilchen wird das Zeitverhalten von der Brownschen Bewegung bestimmt.

Das Verhalten von Nanomagneten in einer Lösung ist also deutlich anders als das von Partikeln, die fest an der Oberfläche einer Zellmembran haften.

9.3 Nanomagnete in der Wärmetherapie

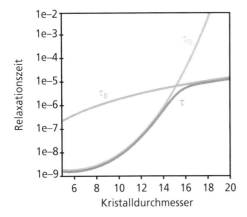

Bild 9.10 Magnetische Relaxationszeit τ in einer wässrigen Magnetit-Suspension, aufgetragen gegen den Kristalldurchmesser. τ setzt sich aus der Néel-Relaxationszeit τ_N und der Brownschen Relaxationszeit τ_B zusammen.

Die magnetische Relaxation spielt eine wesentliche Rolle bei Wandlung von elektromagnetischer Energie in Wärme. Bei der Hyperthermie wird eine Probe mit Nanomagneten einem magnetischen Wechselfeld ausgesetzt. Bei kleinen Frequenzen, also wenn die Schwingungsperiode länger ist als die Relaxationszeit, folgt der Magnetisierungsvektor exakt dem einwirkenden Feld. Die Energiedissipation ist dabei proportional zur Geschwindigkeit, mit der sich das Magnetfeld ändert. Deshalb wird umso mehr Energie aus dem Feld von der Probe absorbiert, je höher die Frequenz des Magnetfelds ist, vorausgesetzt die Bedingung „Periode länger als Relaxationszeit" bleibt erhalten.

Bei hohen Frequenzen, wenn die Schwingungsperiode viel kürzer ist als die Relaxationszeit, kann der Magnetisierungsvektor sich nicht mehr parallel zum Feldvektor einstellen. Die Magnetisierung bleibt blockiert und nur sehr wenig Energie kann vom System aus dem Feld aufgenommen werden. Die Energiedissipation ist folglich maximal, wenn eine Frequenz für das Magnetfeld gewählt wird, bei der die Periode der Oszillation des Magnetfeldes und die magnetische Relaxationszeit die gleiche Größenordnung aufweisen ($\omega\tau = 1$).

Bei einer Frequenz von 100 kHz beträgt die zulässige Relaxationszeit, die zu maximaler Wärmeabsorption führt $1{,}6 \cdot 10^{-6}$ s. Aus Bild 9.10 können wir entnehmen, dass dies einer Kristallitgröße von 14 nm entspricht.

Der Zusammenhang zwischen der Erwärmungsgeschwindigkeit der Probe und der Größe der Magnetitpartikel zeigt ein deutliches Maximum (Bild 9.11). Bei 100 KHz liegt die optimale Größe von Magnetitpartikeln in Suspension ziemlich genau bei den erwarteten 14 nm. Weiterhin erkennt man in der Abbildung, dass der Wirkungsgrad des Energieübertrags aus dem Feld stark abnimmt, wenn die Partikelgröße steigt. Es wird auch beobachtet, dass die Energie schlechter übertragen wird, wenn die Streuung der Partikeldurchmesser zunimmt. Die Verschlechterung mit Zunahme der Polydispersivität der Proben wird auch durch Computersimulationen bestätigt.

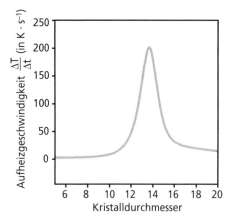

Bild 9.11 Erwärmungsgeschwindigkeit und Größe der Magnetitpartikel in einer Probe, die aus 7,1 Vol. % Magnetitpartikeln in wässriger Suspension besteht in einem Wechselfeld mit einer Amplitude von $2,4 \cdot 10^5$ A/m

Zwei Bedingungen müssen also erfüllt sein, wenn Magnetflüssigkeiten in der Thermotherapie eingesetzt werden sollen: Die Magnetpartikel müssen mit einem wohl definierten Durchmesser produziert werden und dann müssen diese Partikel mit molekularen oder biologischen Überzügen versehen werden, die eine spezifische Affinität zu den Rezeptoren der Krebszellen aufweisen.

9.3.3 Ergebnisse

Die herkömmliche Wärmetherapie, die ohne magnetische Partikel auskommt, arbeitet mit sehr hohen Frequenzen (zwischen 100 MHz und 400 MHz). Bei diesen Frequenzen kommt der Energieübertrag über die elektrischen Komponenten des Feldes, die Ionenströme erzeugen (Wirbelströme), zustande. Die Unterschiede in der Leitfähigkeit der bestrahlten Gewebe verursachen eine sehr unscharfe räumliche Definition des erwärmten Gewebebereichs, auch wenn die relevanten Volumina durch geeignete Antennenanordnungen präzise bestrahlt werden.

Mit der Hilfe von Nanomagneten können die zu erwärmenden Zonen genauer eingegrenzt werden. Die übertragene Wärmemenge ist dabei direkt proportional zur Konzentration der Nanomagnete. Die Größe und die Berandung der erwärmte Zone wird von der Bioselektivität der Nanomagnete bestimmt, die entsprechend der zu behandelnden Krankheit beschichtet sein müssen. Die Schwingungsfrequenz des eingesetzten Magnetfelds liegt zwischen 100 und 300 kHz und ist damit um mehr als drei Größenordnungen kleiner als bei der klassischen Thermotherapie. So wird sichergestellt, dass die Energiedissipation fast ausschließlich durch die Wechselwirkung zwischen Feld und magnetischen Nanokristallen zustande kommt.

Die Idee, ferro- oder ferrimagnetische Partikel zum Auffangen elektromagnetischer Wellen einzusetzen und so die Strahlungsenergie in Wärme zu wandeln, wird bereits seit 1960 verfolgt. 1993 wurde aber erstmalig von Jordan und Mitarbeitern experimentell nachgewiesen, dass der Einsatz von superparamagnetischen Nanokristallen zur Energiewandlung in Wärme deutliche besser funktioniert als mit Ferromagneten. Sechs Jahre später konnte diese Technik erfolgreich bei Mäusen mit implantiertem Brustkrebs angewendet werden. Mit einer Thermotherapie, bei der die Krebszellen mit Magnetpartikeln mit einem mittleren Durchmesser von 13,1 nm in einer Aminosilanhülle in Kontakt gebracht wurden, konnte das Tumorwachstum gestoppt werden. Vorherige Untersuchungen *in vitro* hatten gezeigt, dass Krebszellen sechsmal so viele von den angebotenen Nanomagneten aufnehmen wie gesunde Zellen.

Seit dem Jahr 2000 ist in der Berliner Charité eine Pilotanlage in Entwicklung, und es wurden klinische Studien mit der Hyperthermie bei Hirntumoren begonnen. Diese Anlage ermöglicht es, die zu bestrahlende Stelle des Patienten einem Wechselfeld mit 100 kHz auszusetzen. Wie auch bei den Wärmetherapien mit Hochfrequenzquellen wird die Behandlung wieder mit einer Strahlenbehandlung kombiniert. Die magnetische Flüssigkeit wird im Bereich des Tumors mit einer stereotaktischen Injektion verabreicht. Die Dosis liegt bei 15 mg pro Gramm Tumorgewebe. Ein Einsatz von intelligenten Nanomagneten, die weniger genau injiziert werden müssen und die sich selbst den erkrankten Bereich suchen, ist derzeit noch nicht möglich. Hier sind Weiterentwicklungen bei der molekularen Beschichtung der Hüllen der Nanoteilchen abzuwarten.

Zusammenfassend ist festzustellen, dass die Thermotherapie auf Basis von Magnetflüssigkeiten eine vielversprechende neue Behandlungsmethode darstellt, jedoch sind noch Anstrengungen nötig, die Effizienz und die Bioselektivität der eingesetzten Nanomagneten zu verbessern.

9.4 Der Biomagnetismus

Die praktischen Anwendungen von magnetischen Nanopartikeln sind weit gefächert. Sie reichen von der Informationsspeicherung über die Lackierung von Tarnkappenflugzeugen bis hin zu Kontrastmitteln für die Kernspin-Tomografie. Allerdings ist die Herstellung solcher Partikel mit reproduzierbaren Eigenschaften nicht immer einfach. Es ist deshalb erstaunlich, dass es verschiedene Lebewesen gibt, die schon seit Millionen von Jahren solche Nanomagneten bilden können und deren außergewöhnlichen Eigenschaften nutzen. Selbst im menschlichen Körper gibt es in einigen Organen superparamagnetische Partikel, die zu unerwarteten Problemen bei bestimmten bildgebenden medizinischen Verfahren führen können. Der Magnetismus dieser *in vivo* entstandenen Partikel kann ebenfalls zu diagnostischen Zwecken eingesetzt werden.

9.4.1 Eisen in biologischen Systemen

Eisen ist das zweithäufigste Metall nach Aluminium in der Erdkruste. Viele Lebewesen von der Bakterie bis zum Elefanten nutzen seine chemischen Eigenschaften. Eisen ermöglicht in Hämoglobin den Transport von Sauerstoff, den wir atmen, bindet Stickstoff und ist an fast allen chemischen Prozessen bei der Photosynthese beteiligt. Alle magnetischen Nanoteilchen, die in lebenden Systemen gebildet werden, sind Eisenoxide, mit Ausnahme von Eisensulfat (Fe_3S_4), das verschiedene Bakterien synthetisieren können. Bis jetzt sind folgende (hydrierte) Oxide nachgewiesen worden: das Ferrihydrit ($5Fe_2O_3 9H_2O$), das Goethit (α-FeOOH), das Lepikrokit (γ-FeOOH) und das Magnetit (Fe_3O_4). Die Tabelle 9.1 stellt die Kristalleigenschaften und den magnetischen Ordnungszustand der verschiedenen Verbindungen zusammen.

Tabelle 9.1: Magnetische und kristallografische Eigenschaften

Name	Kristallsystem	Magnetische Ordnung
Ferrihydrit	Hexagonal	ferromagnetisch
Lepikrokit	othorhombisch	ferromagnetisch
Magnetit	kubisch	ferrimagnetisch
Goethit	othorhombisch	ferromagnetisch

Die Weichtiere

Magnetit ist in den kleinen Zähnen enthalten, die die Raspelzunge (*radula*) der Käferschnecken besetzen (Bild 9.12). Mit dieser Zunge weiden die Schnecken Algen von felsigen Unterlagen ab. Der Magnetitüberzug der Zähne hat eine Dicke von bis zu 10 μm und härtet die Zähne gegen Verschleiß. Magnetit ist nämlich das *in vivo* erzeugbare Material mit der größten Härte. Tatsächlich ist die Synthese von Magnetitkörnern für Schneckenzähne ein komplexer Prozess: Zunächst wachsen Ferrihydrit-Kristallchen auf der organischen Unterlage der unbeschichteten Zahnoberflächen. Die Kristallite wandeln sich dann in Magnetit um. So haben die gerade gebildeten noch unfertigen Zähne eine braune Färbung (wie Ferrihydrit) während die reifen gebrauchsbereiten Zähne schwarz wie Magnetit sind. Man findet auch andere Eisenoxidverbindungen an den Zahnoberflächen von Schnecken, wie beispielsweise Lepikrokit oder Goethit. Die letztgenannte Substanz ist im Übrigen der Hauptbestandteil des Zahnüberzugs einer anderen Weichtierart, der Napfschnecken (Patellae). Zusammenfassend lässt sich feststellen, dass bei diesen Wichtieren nicht die magnetischen Eigenschaften der Eisenverbindungen im Vordergrund stehen, sondern die Festigkeit und Beständigkeit der Oxide ausgenutzt wird.

9.4 Der Biomagnetismus

Bild 9.12 Käferschnecke

Magnetfeldempfindliche Bakterien

Die Magnetsensitivität dient diesen Bakterien zur Orientierung und zur Bewegung entlang der Feldlinien eines Magnetfeldes. So bewegen sich diese Bakterien geführt von den Linien des Erdmagnetfelds, um bestimmte Sedimente zu finden, die sie zum Existieren brauchen. Wie von Blakemore 1975 entdeckt, benutzen die Bakterien eingelagerte Magnetit- oder Greigit[49]-Körner, um sich im Magnetfeld der Erde auszurichten. Die kleinen Kriställchen haben Durchmesser zwischen 30 nm und 100 nm und sind in einer phospholipiden Membran eingebettet. Sie bilden ein sog. Magnetosom. Die verschiedenen Magnetosome in einer Bakterie sind in Ketten angeordnet, und so entsteht eine Art Kompassnadel, entlang der sich die Bakterie ausrichten kann (Bild 9.13).

Die Magnetitkriställchen in den Bakterien haben eine Größe, die gerade unterhalb der Abmessungen einer magnetischen Domäne liegt. Folglich weisen sie ein großes magnetisches Moment auf. Jedoch ist ihre Größe zu gering, dass Superparamagnetismus auftreten kann: Die Néel-Relaxationszeit liegt bei 10^{131} Jahren! Also weisen die Magnetosomen eine optimale Größe auf, denn ihr magnetisches Moment ist maximal. Gleichzeitig ist die Partikelgröße so gewählt, dass keine Fluktuationen der Orientierung des magnetischen Moments zwischen verschiedenen leichten Richtungen auftreten, wie man an der langen Néel-Relaxationszeit erkennt. Sie verhalten sich damit wie echte Kompassnadeln. Der Mechanismus, mit dem sich die Bakterien in Feldrichtung drehen und dann entlang der Feldlinien bewegen, ist sehr einfach: Die lineare Kette der Magnetosomen in den Bakterien bildet ein permanentes magnetisches Dipolmoment. Dieser Dipol ist dann entweder nach vorne zur Spitze oder nach hinten ans Ende der Bakterie gerichtet, wo die Geißel sitzt, mit deren Hilfe sich der Einzeller fortbewegt. In der nördlichen Hemisphäre hat das magnetische Feld eine vertikale Komponente,

---

[49] Greigit ist eine Schwefel-Eisen-Verbindung.

die nach unten zeigt. Um zu überleben und zu wachsen, müssen sich die Bakterien am Grund von Gewässern aufhalten, also an der Grenze zwischen dem Bodengestein und Wasser.

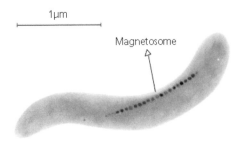

Bild 9.13 Transmissionselektronenmikroskopische Aufnahme einer magnetfeldsensitiven Bakterie (© R. Frankel)

Das Dipolmoment der Bakterien richtet sich entlang der terrestrischen Feldlinien aus, denn so wird die Wechselwirkungsenergie zwischen Moment und Feld minimal ($E_m = - \boldsymbol{\mu}\cdot\boldsymbol{B}$). Wenn die Bakterien ihre Geisel in Betrieb setzen, dann wandern sie automatisch entlang der Feldlinien in die Tiefe. Zeigt das Dipolmoment der Bakterie nach hinten zur Geißel, dann führt ihre Bewegung nach oben und die Bakterie würde sterben. Aus diesem Grund haben auf der Nordhalbkugel die meisten magnetosensitiven Bakterien ein Dipolmoment, das zum vorderen Ende zeigt (*North Seeking Bacteria*, Bild 9.14), während in der südlichen Hemisphäre diese Bakterien in der Regel eine entgegen gesetztes Dipolmoment zeigen, die nach hinten gerichtet ist (*South Seeking Bacteria*). Am Äquator ist die vertikale Komponente des Erdmagnetfelds Null und deshalb sind North-Seeking- und South-Seeking-Bakterien gleich häufig. Wird in einer Versuchsumgebung die Magnetfeldrichtung künstlich invertiert, dann sind die Bakterien in der Lage, sich um 180° zu drehen und sich entlang der neuen Feldrichtung zu orientieren.

Eine einfache Rechnung zeigt, dass das magnetische Moment der Bakterien ($6\cdot10^{-17}$ J/T) ausreicht, um eine Ausrichtung der Bakterie entlang der Feldlinien des Erdfeldes (ca. 50µT) zu bewirken. Bei Raumtemperatur ist die Kopplungsenergie (E_m) von der gleichen Größenordnung wie die thermische Energie (k_BT). Thermische Anregungen reichen damit nicht aus, um die Orientierung der Bakterien an der Feldrichtung größer zu stören ($E_m = 3\cdot10^{-21}$ J und $k_BT = 4\cdot10^{-21}$ J).

9.4 Der Biomagnetismus

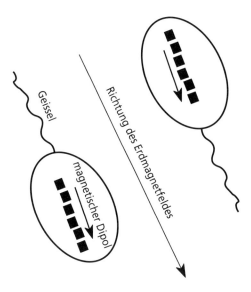

Bild 9.14 Bewegung von magnetosensitiven Bakterien in der nördlichen Hemisphäre.

Die Nutzung der Magnetosomen durch die magnetosensitiven Bakterien kann als „passiv" eingeordnet werden, denn der Mechanismus der Ausrichtung am Feld folgt streng physikalischen Gesetzen. Die Bakterien verhalten sich also genau wie Eisenfeilspäne, die sich auf glatter Unterlage tangential zu den Linien des wirkenden Magnetfelds einstellen. Die Lebewesen verfügen über keine Sinnesorgane, die die Feldrichtung erfassen, und über keine Organe die dann das Bewegungsverhalten der Bakterien aktiv steuern.

Orientierung am Erdmagnetfeld im Tierreich
Kleinere Mengen an Magnetit finden wir in vielen verschiedenen Tieren: in der Biene, der Ameise, der Termite, der Forelle, der Regenbogenforelle, dem Lachs, der Tritonschnecke, der Brieftaube ... und im Menschen! Die magnetischen Partikel, die zuweilen auch zusammengelagert auftreten, haben Abmessungen von bis zu 200 nm. In einigen Fällen liegt damit auch Superparamagnetismus vor. Die passive Orientierung am Erdmagnetfeld, wie bei den magnetosensitiven Bakterien, kann bei höheren Tieren ausgeschlossen werden, denn dafür wären erhebliche Mengen an Magnetit nötig. Um die im Feld enthaltene Richtungsinformation auszuwerten, werden magnetfeldempfindliche Sinnesorgane benötigt, die die Stärke und/oder die Richtung des Feldes erfassen können. Diese Sinnesorgane verwandeln die Informationen über das Feld in Nervenerregungen, die vom Gehirn ausgewertet werden können. Diese Fähigkeit erlaubt es den Zugvögeln, sich in der Nacht gezielt zu bewegen oder auch unter einem bewölkten Himmel weiterzuziehen. In beiden Fällen können sich die Tiere nicht am Sonnenstand orientieren. Ein Magnetorezeptor ist bei der Regenbogenforelle im Epithel des Riechorgans gefunden worden. Bei anderen Tieren und auch beim Menschen konnte das magnetische Sinnesorgan bisher noch nicht lokalisiert werden. Solange der genaue Mechanismus der Magnetfeldrezeptoren noch nicht vollständig enträtselt worden ist,

bleibt es sehr schwierig nachzuweisen, wie die Magnetitkristalle bei den Tieren zur Orientierung genutzt werden.

Das Ferritine

Im menschlichen Körper sind 70% des Eisens im Hämoglobin des Blutes konzentriert. Weitere 20% sind für andere Zwecke gespeichert, um z.B. neues Hämoglobin zu bilden. Für Transport und Speicherung in nicht-toxischer kristalliner Form werden Transferrine bzw. Ferritin und Hämosiderin gebildet. Als wichtiger Eisenspeicher kann Ferritin in vielen Lebewesen (Tieren und Pflanzen) in verschiedenen Strukturvarianten nachgewiesen werden. Im Menschen findet man es bevorzugt in der Leber, der Milz, der Bauchspeicheldrüse sowie im extrapyramidalen Kern des Gehirns. Das Molekül hat die Form einer Hohlkugel mit einem Innenradius von 8 nm und einem Außenradius von 15 nm. In der Kugel befindet sich ein Ferrihydritkristall, also ein Eisenoxid mit Wassereinlagerung. Ungefähr 4500 Eisenatome können in dem Protein gespeichert werden. Das Protein ohne Eisen heißt Apoferritin und besteht aus 24 Unterproteinen, die in zwei Gruppen eingeteilt werden können: H-Proteine und L-Proteine. Die beiden Gruppen (*H* für *heavy* und *L* für *light*) unterscheiden sich in ihrer Größe und ihrer Zusammensetzung.

Wenn das Apoferritin in der Leber produziert wird, dann bestehen die Moleküle aus 21 Einheiten *H* und 3 Einheiten *L*. Falls es sich um Apoferritin aus roten Blutkörperchen handelt, dann ist die Zusammensetzung 20 Einheiten *H* und 4 Einheiten *L*, etc. An den Schnittstellen zwischen den verschiedenen molekularen Baugruppen bilden sich Kanäle, die den Zugang ins Innere des Moleküls öffnen. 8 hydrophile Kanäle bilden sich an der Grenze von 3 Einheiten und 6 hydrophobe Kanäle dort, wo 4 Einheiten zusammentreffen.

Ferritin wird mit verschiedenen Krankheiten in Zusammenhang gebracht. Patienten mit Hämochromatose und Thalassemie haben einen Ferritinüberschuss in Milz und Leber, Erstere, weil sie zu viel Eisen aus der Nahrung aufnehmen und speichern, Letztere, weil sie mit Tranfusionen behandelt wurden. Bei Parkinsonkranken wird ein geringfügiger Ferritinmangel im Gewebe des Gehirns beobachtet, der das Auftreten freier Radikale begünstigt, die dort Nerven schädigen könnten.

Der magnetische Kern des Feritins besteht aus antiferromagnetischem Ferrihydrit, das hier aufgrund der geringen Größe als Superparamagnet vorliegt. Die Néel-Relaxationszeit liegt bei einem Kristall aus Ferrihydrit mit 7 nm Durchmesser ungefähr 0,1 ns. Die magnetischen Eigenschaften des Ferritins haben unerwartete Auswirkungen auf den Kontrast bei Kernspinuntersuchungen: Organe, die größere Konzentrationen dieses Stoffs enthalten, wie Leber oder der extrapyramidale Kern des Gehirns, erscheinen verdunkelt in Kernspinbildern, die T_2-gewichtet sind (Bild 9.15). Das Protein ist folglich als *endogenes Kontrastmittel* geeignet. Ein anderes Kontrastmittel, das 1994 entwickelt wurde, besteht aus einer Apoferritin-Kugel, die mit einem Magnetitkristall gefüllt ist. Verschiedene Gruppen von Forschern haben versucht, aus der ferritin-bedingten Kontrastveränderung auf nicht invasivem Wege den Eisengehalt in den relevanten Organen zu bestimmen. Aber alle untersuchten Techniken haben nicht die Genauigkeit liefern können, die mit einer Punktion des zu untersuchenden Organs erreicht werden kann.

9.4 Der Biomagnetismus

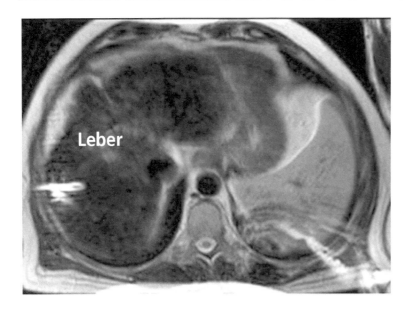

Bild 9.15 Kernspinbild mit T_2-Wichtung eines Patienten mit zu viel Eisen in der Leber: Dieses Organ erscheint sehr dunkel.

Es soll abschließend darauf hingewiesen werden, dass die magnetischen Eigenschaften des Ferritins auch genutzt werden, um mit anderen rein magnetometrischen Messtechniken die Eisenkonzentration zu bestimmen. Geeignete Messverfahren sind z.B. Suszeptibilitätsmessungen mit einem SQUID-Magnetometer (*Superconducting Interference Device*).

10 Die Nanotechnologie im Ausblick

Obwohl noch viele grundlegende Aspekte der Nanotechnologie wissenschaftlich zu untersuchen sind, hat die Anwendung der Technologie bereits begonnen. Dies wurde in den verschiedenen Kapiteln dieses Buches deutlich.

Tabelle 10.1 Nano-Produkte Stand 2006 aufgeschlüsselt nach Kategorie und Herkunftsland

Kategorie	Anzahl der Produkte	USA	Europa	Andere Länder
Kosmetik, Nahrungsmittel, Gesundheitsartikel	58	28	UK: 8 Frankreich: 5	Israel: 1 Taiwan: 4 Korea: 7 Japan: 2 Australien: 3
Elektronik	20	16		Korea: 1 Japan: 3
Reinigungsmittel, Desinfektionsmittel Deodorants	30	16	UK: 1	Taiwan: 3 Korea: 6 Japan: 2
Verbundwerkstoffe, Oberflächenbehandlung.	57	41	Deutschland: 4 Frankreich: 2 Finnland: 2 Schweden: 1 UK: 2	Israel: 1 Mexiko: 1 China: 2 Neuseeland: 1
Textilien	25	18	Deutschland: 7	

Im Jahr 2004 haben weltweit ca. 1500 Firmen Forschung und Entwicklung im Bereich der Nanotechnologie betrieben, die meisten Firmen waren Neugründungen. Zur gleichen Zeit haben 300 Unternehmen, meistens kleinere, Nanomaterialien hergestellt. Einige Firmen verwerteten dabei sogar ihre gesamte Produktion selbst. Anfang 2006 hat das Woodrow-Wilson-Zentrum in Washington USA eine Liste von 190 Produkten veröffentlicht, die entweder Nanoverfahren zur Herstellung verwenden oder Nanowerkstoffe beinhalten. Einige dieser Produkte sind echte Innovationen (wie etwa die durch Kohlenstoff-Nanoröhren verstärke Kunststoffe), während andere eigentlich eher zu den Problemen der modernen Gesellschaft beitragen und weniger zu deren Lösung (Nahrungsmittel, Kosmetik, Gesundheitsartikel). Die Produkte mit Attribut „Nano" lassen sich in folgende Kategorien einteilen (siehe Tabelle 10.1): Kosmetik, Nahrungsmittel, Gesundheitsartikel; Reinigungsmittel, Desinfektionsmittel, Deodorants; Textilien; Elektronik; Verbundwerkstoffe, Stoffe zur Oberflächenveredlung.

Wie wir im ersten Kapitel gesehen haben, sind die Anwendungsmöglichkeiten der Nanotechnologie keinesfalls auf diese genannten Sektoren beschränkt. Die ökonomischen Möglichkeiten im Ganzen sind gigantisch. Es gibt kaum einen Wirtschaftszweig, in dem die Nanotechnologie nicht früher oder später eine Rolle spielen wird.

Die potentiellen Auswirkungen der Nanotechnologie auf das Marktgeschehen wurden in zahlreichen Studien untersucht. Eine Paralleldebatte wird in der Wissenschaft und in den Medien geführt, denn neben den potentiellen Vorteilen der Nanotechnologie gibt es auch Risiken. Einige Beispiele sind in Tabelle 10.2 aufgelistet.

Tabelle 10.1 Nano-Produkte Stand 2006 aufgeschlüsselt nach Kategorie und Herkunftsland

Anwendungsgebiet	Erwartete Vorteile	Mögliche Risiken
Technologien der Verbundwerkstoffe und der Oberflächenbehandlung.	Miniaturisierung, verbesserte Leistungsdaten, neue und intelligente Materialien. Steuerung von biologischen Abbauvorgängen, Solarenergie, Effizienzverbesserungen bei Material- und Energieeinsatz.	Nanopartikel und Nanoröhren können die Gesundheit und die Arbeitssicherheit gefährden.
Selbstreproduzierende Strukturen	Universelles Verfahren zum Aufbau spezifischer molekularer Strukturen. Einsatz von Nanorobotern, die je nach Programmierung bestimmte molekulare Strukturen herstellen.	Unkontrollierte Freisetzung von reproduktionsfähigen Nanorobotern in die Umwelt.
Bioelektronische Implantate in menschlichen Organismen	Implantate mit elektronischer Intelligenz, die sich an Umgebungsbedingungen anpassen und mit der Außenwelt Informationen austauschen können, verbessern die Situation von behinderten Patienten	Schutz der Privatsphäre, soziale Kontrolle, Manipulationen, Diskriminierung wegen Behinderungen. Abstoßungsprobleme zwischen dem lebenden und künstlichen Gewebe.
Medizinische Nanotechnik (DNA-Markierung, Nanopharmazie, Biosensorik)	Maßgeschneiderte Wirkstoffe, vorsorgende Diagnostik, personalisierte Therapiemöglichkeiten.	Dauermedikationen, Möglichkeiten zur genetischen Selektion, Ausschluss aus dem Gesundheitssystem
Militärtechnik	Herstellung unbezwingbarer Waffen oder Cybersoldaten voll mit Implantaten. Fernkontrolle von Soldaten aus dem Schlachtfeld	Ankurbelung des Rüstungswettlaufs, Risiko der unkontrollierten Weitergabe solcher Waffen, Transformation der Soldaten in Tötungsroboter

Verschiedene Berichte sind kürzlich erschienen, die sich mit dem Einsatz von Nanotechnologien im Gesundheitswesen, in der Umwelttechnik und den ethischen Herausforderungen

10.1 Gesundheitsrisiken und Umweltfragen

dieser neuen Entwicklungen auseinandersetzen. Sogar die Versicherungswirtschaft hat sich mit dem Problem befasst. Einige Autoren schrecken nicht davor zurück, vor dem Run auf die Nanotechnologie nachhaltig zu warnen und weisen auf die ungeklärten und unvorhersagbaren Risiken hin.

Angesichts der immer wieder aufflackernden Differenzen in der Einschätzung der Nanotechnologien werden die meisten aktuellen (Forschungs-)Programme in der Nanotechnologie bereits von Untersuchungen über die sozialen, ethischen und ökologischen Auswirkungen begleitet. Der Grund dafür sind die Erfahrungen, die in letzter Zeit mit anderen neuen Technologien gemacht wurden (Kernenergie, Gentechnik). Hier hat man die Risiken erst nach dem großtechnischen Einsatz (Kernenergie) oder nach dem Beginn der kommerziellen Nutzung (Gentechnik) berücksichtigt. Bei den neuen nanotechnischen Systemen sollen sich die Erfahrungen aus der Gentechnik nicht wiederholen. Es soll vermieden werden, dass es zu einer breiten Ablehnung in der Öffentlichkeit kommt und Jahre der Forschung und die eingesetzten Finanzmittel verloren sind. Es sind aber vor allem lediglich Vorsichtsmaßnahmen, die hier getroffen werden.

Ein weiterer Grund für die Einbeziehung sozialer Aspekte liegt in der extremen Vielfalt der Anwendungsgebiete. Dies bietet viele Angriffspunkte, weil diejenigen, die bestimmte Anwendungen der Nanotechnologie verhindern wollen, die Risiken aller Technologiefelder vermischen können. Die Befürworter der Nanotechnologie erwarten, dass sie unser tägliches Leben als Ganzes (Körper, Geist) und nicht nur unsere Umwelt verändern wird. Die Fragen, die die besorgten Bürger stellen, sind also umfassend und beziehen sich auf die kritischen Themen Gesundheit, Umwelt, Militär und sogar auf die Manipulierbarkeiten von Lebewesen.

Es soll auch nicht verschwiegen werden, dass in der Öffentlichkeit bereits bestimmte Horrorszenarien diskutiert werden, die mit den wie „Science-Fiction" klingenden Heilserwartungen von bestimmten Nanotechnologieenthusiasten zusammenhängen. Diese Befürchtungen werden außerdem von der aktuellen Unterhaltungsliteratur sowie von Schriften über Philosophie und Wissenschaft befördert. Schauen wir uns ein typisches Werk aus der Unterhaltungsliteratur an: *Die Beute* von Michael Crichton. In diesem Roman geht es um Nanoroboter, die mit Hilfe von genmanipulierten Bakterien hergestellt wurden und die als fliegender Schwarm ein großes virtuelles Überwachungssystem bilden sollen. Die Erfinder verlieren dann die Kontrolle über ihre technische Schöpfung mit schlimmen Konsequenzen.

Eine andere Veröffentlichung, die Befürchtungen und Ängste in Bezug auf die Nanotechnologie schürt, ist eine Studie aus dem Jahr 2003, die von einer Gruppe kanadischer Aktivisten, ETC (ETC, französisch für Erosion, Technologie und Konzentration), herausgegeben wurde und den Titel „Der große Zusammenbruch" trägt. Hier werden die Entwicklungsschritte der Nanotechnologie, die Herstellung von Nanomaterialien, ihr Einfluss auf das Leben, die Giftigkeit von Nanopartikeln usw. behandelt und das Ganze bewusst irreführend als „Atomtechnologie" bezeichnet.

Im gleichen Jahr hat sich auch Prinz Charles des Themas angenommen und britische Wissenschaftler aufgefordert, sich mit den Risiken der Nanotechnologie zu befassen und deren Auswirkungen auf die Gesellschaft und die Umwelt genauer zu untersuchen. Insbesondere wies er auf die Risiken des sog. „grauen Schleims" (engl. *gray goo*) hin. Darunter wird in der

Szene der Nanokritiker der Verbrauch und damit die Vernichtung unseres Ökosystems durch Myriaden von sich selbst vermehrenden Nanosystemen verstanden, die nur noch unbrauchbare graue Reste übriglassen. Der Begriff ist aus dem Terminus *green goo* entstanden, die Ursuppe, aus der das Leben hervorgegangen ist. Die Ausrottung des Menschen und die Zerstörung seiner Lebensbedingungen durch unkontrollierbare künstliche Wesen, die von der Industrie selbst hervorgebracht wurden, ist die Grundbefürchtung, die hinter diesen Diskussionen steht.

Diese Befürchtungen mögen die Experten, Wissenschaftler und Ingenieure, die aktiv in der Nanotechnologie tätig sind, belächeln. Aber unsere Zeiten lassen keinen Raum für Herablassung. Die besorgten Bürger haben einen Anspruch darauf, dass Politiker, Techniker und alle, die in der Industrie Verantwortung tragen, ihre Befürchtungen ernst nehmen. Einige Aspekte, wie Umweltthemen oder militärische Fragen, haben dabei weniger weit reichende Konsequenzen, andere hingegen tragen weit in die Zukunft.

10.1 Gesundheitsrisiken und Umweltfragen

Die ökonomischen Möglichkeiten und Fragestellungen der Nanotechnologie sind gigantisch. Die öffentliche Unruhe entzündet sich primär an Frage, inwieweit die Toxizität der Stoffe eine Gefährdung darstellt. In den Medien wird die Nanotechnologie meist undifferenziert und global als Ganzes abgehandelt. Dementsprechend werden alle Gefährdungen, die bei einzelnen Untergebieten der Technologie sehr wohl gegeben sein können, auf alle Anwendungsmöglichkeiten verallgemeinert. Tatsächlich sind im Wesentlichen nur die Produktion und der Einsatz von Nanopartikeln gefährlich.

Es steht fest, dass hier bereits alle Risiken einer vollausgebildeten Technologie einbezogen werden müssen, auch wenn die Verfahren und die Nutzung noch ganz in den Anfängen stecken. Heute gibt es aufgrund der Neuartigkeit des Problemfeldes nur sehr wenige Studien, die die Auswirkungen der Nanomaterialien direkt am Menschen untersucht haben. Nichtsdestoweniger scheint es aber schon nach dem jetzigen Kenntnisstand nötig zu sein, in bestimmten Fällen Vorsichtsmaßnahmen zu ergreifen.

Nanopartikeln können, in bestimmten Anwendungsbereichen, auf Grund ihrer kleinen Ausmaße die Membranen von Zellen überwinden und zeigen aufgrund ihrer großen spezifischen Oberfläche eine sehr hohe Reaktionsfähigkeit. Da sie über die Haut, die Atemwege und über den Magen-Darm-Trakt in den Körper aufgenommen werden können, ist eine schädliche Auswirkung auf die Gesundheit nicht auszuschließen. Vorab soll aber darauf hingewiesen werden, dass die meisten Nanotechnologien keine besonderen Risiken bei der Anwendung aufweisen. Nur sehr wenige Nanomaterialien verursachen Probleme. Häufig werden bspw. die toxischen Wirkungen von bestimmten Nanomaterialien auf die Gehirne von Fischen angeführt. Auch Spezialisten befürchten zudem, dass ähnliche Effekte wie beim Asbest auftreten können, denn Kohlenstoff-Nanoröhren sind doch nichts anderes als ganz feine Kohlefasern. Wenn diese Substanzen aber ähnliche Eigenschaften wie Asbest aufweisen, dann gibt es eine Grenze bei der Anwendung, die nicht voreilig und leichtfertig überschritten werden

10.1 Gesundheitsrisiken und Umweltfragen

darf. Alle Auwirkungen der Technik müssen gut verstanden sein, bevor man mit der kommerziellen Anwendung beginnt. Viele Anwendungen der Nanoröhren verwenden diese Partikel allerdings eingebaut und fixiert in einer festen Matrix. Außerdem ist unklar, ob sich die Partikel ebenso leicht in der Luft verteilen wie Asbest oder nicht.

Neben den Nanoröhren gibt es viele verschiedene Nanopartikeltypen, und diese werden nicht nur in festem Verbünden eingeschlossen, sondern sind auch Bestandteil von Gels, Kosmetik, Farben usw. Gerade im Fall von Kosmetik ist nicht jeder Effekt geklärt, der mit der Diffusion der Teilchen durch die intakte Haut oder durch Verletzungen oder Narben in den Körper zusammenhängt. Es ist gesichert, dass bestimmte Nanopartikel giftiger wirken als die gleichen Substanzen in größeren Dosen. Es wäre schön, hier schon Genaueres zu wissen.

Bei der Herstellung von Nanopartikeln besteht grundsätzlich die Gefahr der Exposition von Menschen an ihrem Arbeitsplatz in abgeschlossenen Räumen. Daher müssen Verhaltensregeln aufgestellt werden, wie man sich nach einer Kontaminierung mit diesen Partikeln verhalten soll. Es werden auch zuverlässige Grenzwerte benötigt, die bei der Fabrikation eingehalten werden müssen.

Gerade die Definition dieser Grenzwerte und die Überprüfung ihrer Einhaltung sind keine trivialen Aufgaben. Grenzwerte werden für die Herstellung in der Fabrik, für die Verarbeitung der Nanopartikel, ihren Transport und auch für ihre Vernichtung gebraucht, sei dies geplant, wie bei der Entsorgung, oder zufällig, wie bei einem Brand oder Unfall. Derzeit scheinen sich nur zwei Institutionen mit dieser Angelegenheit von herausragender Bedeutung zu beschäftigen: Die American Society for Testing and Materials (ASTM) und die Arbeitsgruppe WG166 im Komitee für Normung der Europäischen Union (CEN).

Wegen der berechtigten Befürchtung werden die Untersuchungen über gesundheitliche Auswirkungen der Nanotechnologie von der öffentlichen Hand koordiniert. Obwohl die bereitgestellten finanziellen Mittel klein zu sein scheinen (3% bis 5% der gesamten Kosten), sind diese Gelder nicht zu vernachlässigen und zeigen nach außen hin deutlich, dass die Politik diese Beziehungen zwischen Wissenschaft, Wirtschaft und Gesellschaft nicht vernachlässigt.

Eine stark verbreitete Einschätzung in den Medien im Zusammen mit Nanopartikeln besteht darin, dass Nano mit klein und klein mit gefährlich gleich gesetzt werden. Diese Verallgemeinerung ist sicher nicht angemessen. Bestimmte geringe Mengen von solchen Partikeln in der Luft sind keinesfalls gesundheitsgefährdlich. Offensichtlich fehlen noch Studien, die sich mit den tatsächlichen Risiken der Nanomaterialien auseinandersetzen.

Solche Studien sollten in Zusammenarbeit von Industriekonzernen und den Beschäftigten in Pharmazie und Biomedizin durchgeführt werden, wie von der *Royal Society* Großbritanniens vorgeschlagen.

Die ökologischen Fragen, die sich im Zusammenhang mit den Folgen des Einsatzes von Nanomaterialien stellen, haben viele gemeinsame Aspekte mit den bereits diskutierten Gesundheitsfragen. Als neue Problematik stellt sich die Frage nach den Folgen einer unkontrollierten Verbreitung von Nanoteilchen in der Biosphäre, zu der es in der Produktion selbst oder bei der Abfallbeseitigung von Nanomaterialien kommen könnte. Dies ist ein schwerwiegendes Problem, das die entsprechenden Verantwortlichen in der Industrie sehr genau im Auge behalten sollten.

Es ist also offensichtlich, dass bestimmte Gefährdungspotentiale bestehen, die bedeutende Investitionen in die Anlagensicherheit nach sich ziehen müssen. Nur wenn sich die Industrie der Themen Gesundheit und Umwelt schon im Vorfeld annimmt, wird eine größere sozial verträgliche industrielle Nutzung der Nanotechnologie möglich sein.

10.2 Militärische Aspekte

Der Rüstungssektor ist stets an neuen wissenschaftlichen Entwicklungen und Technologien interessiert. Es ist klar, dass die Militärs sich genauer für die Nanotechnologie interessieren. Wenn man die spezifischen Budgets für Nanotechnologie studiert, stellt man fest, dass der militärische Bereich der drittgrößte Finanzier der Nanotechnologie ist. In den USA wurden im Jahr 2003 774 Millionen Dollar für die National Nanotechnology Initiative (NNI) bereitgestellt. 243 Millionen Dollar kamen direkt vom Verteidigungsministerium. In Europa sind die entsprechenden Zahlen weniger leicht zu ermitteln, aber der militärische Anteil an den Nanotechnologie-Budgets dürfte ebenfalls nicht zu vernachlässigen sein. Warum interessieren sich die Militärs für die Nanotechnologie? Bestehen Risiken im Zusammenhang mit der militärischen Forschung und späteren Nutzung?

Heute ist nicht vorherzusehen, wie sich die Nanotechnologie in völlig neuen Waffensystemen wiederfinden könnte. Kurzfristig trägt die Nanotechnologie zu konventionellen Waffensystemen dadurch bei, dass Materialeigenschaften optimiert werden (verbesserte und leichtere Panzerungen von militärischem Gerät) oder dass Wartungskosten durch den Einsatz von Nanotechnologie minimiert werden. In geringem Umfang kann die Kinetik von Waffensystemen im Hinblick auf höhere Durchschlagskraft verbessert werden. Im Elektronikbereich profitiert die Rüstung wie jedes andere Geschäftsfeld von der zunehmenden Miniaturisierung der Bauelemente, die zu geringerem Stromverbrauch führt. Dies ermöglicht langfristigere Einsätze von Kommunikations- und Erfassungssystemen, weil dann die Batterielaufzeiten zunehmen.

Die Überlebensfähigkeit der Truppe kann außerdem durch Integration von Sensoren in die Uniformen gesteigert werden, denn diese Systeme können in Echtzeit den Gesundheitszustand der Soldaten erfassen, insbesondere wenn biologische oder chemische Waffen eingesetzt werden. Mittelfristig wird versucht die Leistungsfähigkeit der Soldaten auf dem Schlachtfeld durch Außenskelette zu verbessern. Die US-Armee erwartet, dass der Einsatz von Soldaten mit künstlich verbesserter Kampfkraft zu Panik und Schwäche im gegnerischen Lager führt und so den Sieg der eigenen Kräfte sichern könnte. Die Nanotechnologie kann selbstverständlich auch im Zusammenhang mit biologischen oder chemischen Waffen genutzt werden.

Bei der Bewertung der Risiken von Rüstungsforschung wollen wir uns hier auf die Projekte konzentrieren, die explizit das Attribut „Nano" tragen. Diese Risiken sind sehr weitläufiger

Natur und können in militärische, geostrategische und wissenschaftliche Risiken eingeteilt werden.

Die rein militärischen Aspekte hängen mit der Komplexität der Abläufe bei kriegerischen Auseinandersetzungen zusammen. Der Einsatz von immer leistungsfähigeren Waffensystemen, die immer schneller arbeiten und miteinander kommunizieren, kann dazu führen, dass Soldaten das Schlachtfeld gar nicht mehr betreten können oder müssen. Das mögliche Risiko besteht nun darin, dass man versucht sein könnte, ohne den Einsatz eigener Soldaten noch tödlichere Waffensysteme einzusetzen mit unabsehbaren Folgen für das Ökosystem.

Geostrategisch betrachtet können die Rüstungsaktivitäten, die in den Entwicklungs- und Schwellenländern zu beobachten sind, Probleme verursachen. Andere Länder, denen bedeutende wissenschaftliche Möglichkeiten zur Verfügung stehen, werden nicht passiv zusehen, wie sich die geostrategische Lage ändert. China und Indien haben ihre Budgets für die militärische Erforschung der Nanotechnologie schon stark aufgestockt. Das wird unseren Militärs wiederum Argumente liefern, auch hierzulande die Anstrengungen auf diesem Gebiet zu verstärken.

Die Nanotechnologie birgt auch das Potential, bestehende Verträge auszuhebeln. Denn die Verbindung von Bio- und Nanotechnologie ermöglicht neue militärische Methoden und neue Waffensysteme, die von den gültigen Abkommen zur Rüstungsbegrenzung gar nicht erfasst sind.

Was die wissenschaftlichen Risiken angeht, so sind diese im Miltärbereich nicht spezifisch für die Nanotechnologie. Militärforschung behindert immer den freien Informationsaustausch über wissenschaftliche Ergebnisse. Die zusätzlichen Gefährdungspotentiale für Gesundheit und Umwelt sind aber nicht zu vernachlässigen. Unter Militärs werden Risiken nicht offiziell bewertet. Außerdem sind alle finanziellen Mittel und Personalressourcen begrenzt. Was im Militärbereich gebunden ist, fehlt für die zivile Forschung.

10.3 Medienethik

Eine der großen Befürchtungen im Zusammenhang mit der Erforschung der Nanotechnologie sind Übertreibungen in den Medien, die über kurz oder lang zu einem antiwissenschaftlichen öffentlichen Klima beitragen können. Die polemischen und unzulässigen Verquickungen und Verallgemeinerungen werden in ihrer Wirkung vom allgemeinen Verfall der wissenschaftlichen Kultur und Bildung in der Bevölkerung verstärkt.

Im Jahr 1986, als Binning und Rohrer den Nobelpreis für Physik für die Entdeckung des Rastertunnelmikroskops erhielten, hat in den Vereinigten Staaten ein Wissenschaftler am Massachusetts Institute of Technology, Eric Drexler, ein umstrittenes Buch veröffentlicht, das sich mit der Geschichte der Nanotechnologie beschäftigt. Der Titel ist *Engines of Creation* (Maschinen der Schöpfung). Die wissenschaftlichen Erkenntnisse des zwanzigsten Jahrhunderts hatten bereits von 20 Jahren gezeigt und theoretisch untermauert, dass man die Materie auf atomarem Niveau untersuchen und vor allem auch manipulieren kann. Also muss es nach Drexler Studie auch möglich sein, als nächsten Schritt das Leben auf molekularem Niveau nachzubilden. In seiner rein mechanistischen Sicht ist es früher oder später möglich, durch synergistische Nutzung von Biologie, Physik und Chemie Nanomaschinen zu konstruieren, die sich selbst replizieren können und sich so in einem geeigneten Milieu, wie andere Lebewesen auch, unkontrolliert vermehren können.

Das Leben selbst wird hier als Vorlage und gleichzeitig als Durchführbarkeitsargument benutzt. Da jedes Leben mit Bewusstsein ausgestattet ist, ist Drexler der Ansicht, dass es die Ingenieure schaffen, tatsächlich Geist und Bewusstseinsbildung in den sich selbst reproduzierenden Nanoroboter hervorzurufen. Diese neuen Biotechnologien, in denen sich die Physik, die Chemie und auch die Informationstechnologie wiederfinden, werden sich nach Drexlers Meinung aller Lebensaspekte bemächtigen. Dadurch werden unsere bisherigen Vorstellungen vom Leben selbst, unsere Auffassung von der natürlichen Ordnung und die bisher mögliche Unterscheidung von Künstlichkeit und Natürlichkeit aufgehoben. Nach Drexler werden wir also in Zukunft nicht mehr zwischen Prothesen und echten Organen unterscheiden können.

Wenn auch die meisten Wissenschaftler bezweifeln, dass eine solche Technologie überhaupt möglich ist, und an Drexlers Ideen nicht glauben, gehen andere weiter und sehen im Zusammenwachsen von Biotechnologie, Physik, Chemie, Erkenntnistheorie und der Informationstechnologie eine große Chance, einen neuen technologisch-wissenschaftlichen Trend, ein neues Paradigma, das unter dem Akronym NBIC (Nano, Bio, Info, Cogno) bekannt geworden ist.

10.4   NBIC

Das Fördern des Zusammenwachsens von vier wichtigen Wissensdisziplinen (Nanowissenschaft, Informationstechnik, Biotechnologie und Erkenntnistheorie) ist ein ehrgeiziges Programm, das an das alte Ideal der Philosophen von einer einheitlichen Wissenschaft anknüpft. Nach Mihail Roco, einem führenden Kopf des NBIC, ist festzustellen: „Vor 500 Jahren haben die führenden Geister der Renaissance mehrere Bereiche der damaligen Wissenschaft gleichzeitig beherrscht. Heute hingegen hat die Spezialisierung dazu geführt, dass Kunst und Technik getrennt sind und nichts außer kleinen Bruchstücken der menschlichen Kreativität genutzt werden kann. Die Wissenschaften haben einen Wendepunkt erreicht. Sie müssen von der Spezialisierung zur Vereinigung finden, damit der wissenschaftliche Fortschritt zügig weitergehen kann. Dieses Zusammenwachsen kann eine neue Renaissance auslösen, in der eine holistische Sicht der Technologie im Vordergrund steht. Diese Technologie stützt sich auf die Mathematik komplexer Systeme sowie auf die kausale Analyse der physikalischen Welt von der Nanometerskala bis zu planetarischen Maßstäben hin."

Bei NBIC geht es auch darum, den Prozess der gegenseitigen Befruchtung der einzelnen wissenschaftlichen Teilgebiete zu beschleunigen. Mit dieser Synergie werden sich neue Erkenntnisse gewinnen und Produkte entwickeln lassen, bei denen das Ganze mehr ist als die

Summe der Teile. Die Menschheit wird davon in verschiedener Hinsicht profitieren. Wir geben im Folgenden einige Beispiele von dem, was sich die Förderer von NBIC erwarten:

- Die Entwicklung von fast unsichtbaren Prothesen und Körperersatzteilen, durch Verschmelzung von Körper und Maschine. So können auch die Sinne des Menschen erweitert werden (*augmented reality*, engl. für erweiterte Wahrnehmung): Die Erweiterung der Realitätswahrnehmung kann durch einen erweiterten Informationsaustausch zwischen Umwelt und Gehirn, aber auch durch Verbesserung der Gedächtnisleistung oder im Zusammenspiel mit elektronischen Komponenten erfolgen.
- Nanoroboter müssen unsere Fabrikarbeiter, unsere Abfallentsorger, Energielieferanten und unsere Heilmittel werden. Durch Hybridisierung mit unserem Ökosystem könnten sie eine menschenfreundlichere, weniger feindliche Natur ohne Krankheiten schaffen, die stets am Wohlergehen des Menschen interessiert ist.
- Einige NBIC-Befürworter erwarten, dass es gelingt, Nanoroboter zu konstruieren, die Schädigungen des Körpers aufgrund von Krankheiten oder Alterungsprozessen reparieren können. Dies würde quasi zur Unsterblichkeit führen, ein Argument, dem sich diejenigen nicht entziehen, die sich einfrieren (Kryonik) und in der Zukunft unter günstigeren Bedingungen wiederbeleben lassen wollen.
- Nach der Philosophie des Transhumanismus hat die menschliche Gattung noch nicht ihren Endzustand erreicht und es ist von nun an der Technik vorbehalten, die natürliche Evolution zu verlängern. Im Rahmen dieser evolutionären Entwicklung wird dem Körper durch die Technik die notwendigen Flexibilität gegeben, um sich weiterentwickeln zu können, um andere Räume bewohnen zu können, mit anderen chemischen Gegebenheiten zurecht zu kommen – kurz, sich einer erweiterten Realität zu stellen.

Dies wird alles nicht ohne Risiken möglich sein. Viele fürchten Nachteile aufgrund von Risiken, die mit der Toxizität von Nanomaterialien zusammenhängen, die unsere Umwelt und uns selbst gefährdet. Es wird befürchtet, dass das hybride Ökosystem, das wir uns mit den von uns produzierten und in die Umwelt entlassenen oder auch entkommenen Nanorobotern teilen, sich irgendwann verändern könnte, weil es die Nanoroboter nach ihren Bedürfnissen umgestalten. Dieses Szenario ist oben schon besprochen worden. Der dort verwendete Begriff „Grauer Schleim" grenzt sich gegen den „Grünen Ur-Schleim" ab, der nach dem Entstehen der Pflanzen auf der Erde zur Anreicherung der Atmosphäre mit Sauerstoff geführt hat. Michael Crichton hat darüber einen bekannten Roman geschrieben.

Nach Bernsaud-Vincent sind die Risiken, die das NBIC-Projekt generieren könnte, vielfältig und gehen über reine Umweltprobleme oder Gesundheitsgefährdungen hinaus. Es handelt sich um folgende Punkte:

- Die menschliche Freiheit: Nanotechnologie ist eine Technik, die im unsichtbaren Bereich arbeitet. Deshalb ist es naheliegend, Sensoren zu entwickeln, die preiswert und so klein sind, dass sie sich zum unbemerkten Implantieren und damit zum flächendeckenden Ausspionieren von Personen eignen. Dies trägt Merkmale einer vollständig von Computern kontrollierten Welt. Solche Implantate unter der Haut haben die gleichen Auswirkungen wie die Ausweitung von biometrischen Verfahren, DNA-Tests und RFID-Erfassungssystemen auf jeden einzelnen Bürger. Auch wenn nicht davon auszugehen ist, dass solche

Maßnahmen das erste Ziel von NBIC darstellen, so ist doch zu befürchten, dass die technischen Möglichkeiten zu einer fortschreitenden, heimlichen Aushöhlung der Bürgerrechte führen können.
- Die Menschenwürde: Im Zusammenspiel von Nano-Sensorik und Aktorik könnte u.U. der menschliche Wille und das Verhalten über die Nanoimplantate gesteuert werden.
- Die Privatsphäre: Nanoroboter bieten die Möglichkeit, unbemerkt in die Privatsphäre einzudringen. Damit schaffen diese Strukturen die Begriffe „Privatsphäre" und „informationelle Selbstbestimmung" ab.
- Die Wirtschaftbeziehungen und die Politik: Das Risiko der unerwünschten Weitergabe dieser Technologie darf nicht unterschätzt werden, denn Nanotechnologie kann in bestimmten Teilbereichen ohne große Kosten und aufwendige Verfahren ins Werk gesetzt werden.
- Der Frieden in der Welt: Autonome miniaturisierte Kampfmaschinen und die Verbreitung von giftigen Nanopartikeln als Staub machen die Abschreckungspolitik und die Abkommen zur Verhinderung der Weiterverbreitung von Massenvernichtungswaffen wirkungslos, die im Zusammenhang mit den Kernwaffen geschlossen wurden.

Diese grundlegenden Problematiken können nur durch eine vorausschauende Politik überwunden werden. Allerdings gilt es berechtigte Zweifel, ob sich ein Projekt wie NBIC überhaupt umsetzen lässt. Bevor dies überhaupt möglich wird, müssen einige Vorbedingungen erfüllt sein:

- Unterschiedlichste Wissenschaftler aus so verschiedenen Disziplinen, wie der Mathematik, der Biologie, der Chemie, der Informatik, dazu Ärzte, Erkenntnistheoretiker und Kommunikationswissenschaftler müssen dazu gebracht werden, sich in einem gemeinsamen Forschungsprogramm zu engagieren, und dies bei den zu erwartenden Mentalitätsunterschieden. Dies ist eine große Herausforderung.
- Die unterschiedlichen Disziplinen verwenden verschiedene Fachdialekte, aus denen eine einheitliche Kommunikationssprache herausgebildet werden muss.
- Die verschiedenen Aktivitäten in dieser inhomogenen Gruppe werden nur schwer auf eine gemeinsame Anstrengung hin zu synchronisieren sein.
- Bevor wir selbstreproduzierende und autonom handelnde Strukturen realisieren können, müssen wir zunächst die Natur des Lebens und der Intelligenz selbst verstehen. Heute ist noch weitgehend ungeklärt, wie sich das Leben aus dem molekularen Zustand heraus gebildet hat. Es wird von einigen Forschern vermutet, dass das intelligente Leben durch Manipulation von Atomen und Molekülen nachgebildet werden kann, weil sich lebende Zellen nur aus Atomen und Molekülen zusammensetzen. Der Verstand und die Intelligenz ist nach deren Meinung nichts anderes als die Kommunikation von vernetzten Nervenzellen, die digitale Information (Bits) austauschen. Ob diese Betrachtungsweise der Komplexität des Lebens gerecht wird, sei dahingestellt.
- In einer Zeit, in der das Interesse der Jugend an wissenschaftlichen Themen ständig nachlässt, beobachten wir paradoxerweise eine exponentielle Zunahme an interessanten und vielversprechenden wissenschaftlichen Themen. Deshalb ist auch fraglich, ob sich überhaupt genügend ehrgeizige und motivierte (junge) Wissenschaftler finden lassen werden, um das ambitionierte NBIC-Programm zu starten.

10.5 Bildung und Ausbildung

Wie dem auch sei, die Vermarktung von NBIC und der Nanotechnologie in den Medien hat begonnen. Die Wissenschaftler können sich streiten, ob die Phantasien, die in den Medien diskutiert werden, realisierbar sind oder nicht, es bleibt zu befürchten, dass die Thematisierung in den Medien entweder unbegründete Ängste schürt oder enttäuschte Hoffnungen verursacht, weil bestimmte Heilserwartungen sich nicht umsetzen lassen. Das Medienbild der Nanotechnologie leidet und die Weiterentwicklung dieser Technologie ist durch die fehlende Zustimmung der Bürger oder sogar durch deren feindselige Einstellung belastet.

Was die Debatte über die Nanotechnologie angeht, so ist es wünschenswert, dass sich die Öffentlichkeit sehr früh einbringt, also vor oder gleichzeitig mit dem Beginn der industriellen Anwendung. Der Aufbruch in der Industrie, der von der Nanotechnologie ausgelöst wird, fördert den Aufbau neuen Wissens, führt allerdings auch manchmal zu Enttäuschungen. Wie alles menschliche Handeln, geht es auch hier nicht ohne verbindliche Wertmaßstäbe. Es ist zu hoffen, dass diese neue Ethik nicht nur als ein Mittel zum Verbieten und Behindern wissenschaftlicher Forschung herhalten muss, sondern eine Richtschnur darstellt, wie der Nutzen der Forschungsanstrengungen für alle gemehrt werden kann. Ansonsten läuft die Entwicklung auf einen fruchtlosen Interessenskonflikt hinaus, der sogar gefährlich ist, weil er uns daran hindern würde, die Entscheidungen zu treffen, die nötig sind.

Die Debatte in den Medien birgt sicher das Risiko, vorzeitig Ängste in der Öffentlichkeit zu schüren, die sich als hinderlich erweisen werden, indem mit unzulässigen Verallgemeinerungen und Verknüpfungen gegen die Entwicklung der Nanotechnologie gearbeitet wird. Dabei können die Ängste vielfältig sein und auch weit weg von den Ideen Drexlers liegen. Ein gewisses Risiko muss aber in jedem Fall von der Gesellschaft getragen werden. Diese Aufgabe erfordert eine adäquate Bildung der Bürger und der Wissenschaftler.

Das Thema Bildung wird in der Welt der Wissenschaft häufig vernachlässigt. Zwischen Ingenieuren und Forschern auf der einen Seite und den Bürgern auf der anderen fehlt häufig ein verbindendes Glied, das die Rolle des Übersetzers oder des Vereinfachers übernimmt. Im Bereich der Nanotechnologie wird es mit Übersetzen und Trivailisierung nicht so einfach getan sein. Die Nanotechnologie arbeitet nämlich mit Konzepten und Theorien, die wenig intuitiv erfassbar sind und deshalb nur schwer von der Öffentlichkeit nachvollzogen werden können.

Ein weiterer manchmal vernachlässigter Aspekt im Zusammenhang mit Bildung ist die Förderung des wissenschaftlichen Nachwuchses. Um die theoretischen Entwicklungen in der Nanotechnologie und allen anderen aktuellen Forschungsgebieten in die Praxis umzusetzen, werden zukünftig immer mehr Wissenschaftler und Ingenieure gebraucht werden, und zwar aus allen Disziplinen. Dies gilt auch für alle anderen technischen Herausforderungen, seien diese alt oder neu, wie Energieversorgung, Transportwesen, Wohnverhältnisse, Kernspaltung und Fusion etc. Nun haben wir aber leider schon festgestellt, dass das Interesse der jungen Leute an Wissenschaft und Technik in allen entwickelten Ländern auf einem Tiefpunkt ist. Wo soll dies hinführen, wenn wir nicht eine engagiertere Bildungspolitik im naturwissenschaftlichen Bereich und zusätzliche Motivationen entwickeln? Wie soll hierfür der Zeithorizont aussehen? Außerdem soll nicht vergessen werden, dass technologische Schwellenländer wie China und Indien schon längst Interesse an der Nanotechnologie gefunden haben. Dort gibt es genügend (unterbeschäftigte) Intelligenz! Wird Europa zu einem schnellen Umdenken und einem zügigen Aufbruch in der Lage sein?

A Anhang

A.1 Elektronenmikroskopie

In diesem Anhang wollen wir ausführlicher auf die Transmissionselektronenmikroskopie (TEM) eingehen. Diese Form der Mikroskopie ist besonders geeignet, wenn es darum geht, Nanomaterialien zu untersuchen. Das Verfahren liefert „unmittelbare" Bilder aus dem Inneren der untersuchten Probe. Dazu müssen vorher Schnitte der Probe angefertigt und entsprechend dünn präpariert werden, bevor sie mit Elektronen durchstrahlt werden können. Strukturinformationen über Form, Größe und Verteilung von Präzipitaten (Fremdstoffausscheidungen) mit Nano-Abmessungen lassen sich ebenfalls gewinnen. In diesem Anhang wird erläutert, wie sich mit dem Aufkommen von hoch auflösenden Verfahren auch Möglichkeiten ergeben haben, Proben bis hinunter auf atomare Größen zu untersuchen. Daraus resultieren präzise Vorstellungen von der Nanostruktur der Materie.

Anders als bei der Lichtmikroskopie mit optischen Geräten werden bei der TEM keine Photonen, sondern Elektronen verwendet, die eine viel kürzere Wellenlänge λ haben. Diese Wellenlänge kann über die Energie der Teilchen bestimmt werden ($E = h \cdot c / \lambda$). Die Energien, die im Allgemeinen verwendet werden, liegen im Bereich zwischen 100 keV bis 300 keV. Damit liegt die theoretisch verfügbare Auflösung bei etwa 0,2 nm. Dies ist ein Wert, der etwa den interatomaren Abständen in der Materie entspricht. Die Elektronenmikroskopie ist folglich bestens geeignet, um Nanopartikel zu untersuchen. TEM-Aufnahmen sind aber nur bei dünnen Proben mit Dicken unterhalb von 120 nm möglich, denn dickere Schnitte werden nicht mehr von den Elektronen durchstrahlt. Es ist daher notwendig, die Proben mit verschiedenen Techniken so vorzubereiten (z.B. Dünnschliff), dass die geforderten dünnen Schnitte zu Verfügung stehen. Welches Verfahren gewählt wird richtet sich dabei nach dem Probenmaterial.

Mikroskopische Bilder können von fast allen Materialien gewonnen werden, von Metallen über Keramiken, bis zu Polymeren und Halbleitern. Wir haben im Buchtext bereits auf TEM-Untersuchungen von Kohlenstoff (bei den Nanoröhren), bei Polymer-Silikaten (Kapitel 8) und bei der Behandlung der elektronischen Eigenschaften von Silizium Bezug genommen. Biologische Materialien (Zellen, DNA-Ketten) können ebenfalls elektronenmikroskopisch studiert werden, wenn die Proben vorab eingefroren werden, um sie zu verfestigen.

Die Abbildung A1.1 zeigt als Beispiel der Möglichkeiten von TEM-Aufnahmen, die Kavitäten, die mit der Implantation von energiereichen Heliumionen in Siliziumeinkristalle erzeugt wurden. Mit dieser Methode wird Silizium gereinigt, denn an die durch die chemisch passiven Edelgasatome geschaffenen Störstellen lagern sich Verunreinigungen an, die dann mit der gestörten Kristallschicht abgetragen werden (*Getteringmethode*, engl. gettering = aufsammeln).

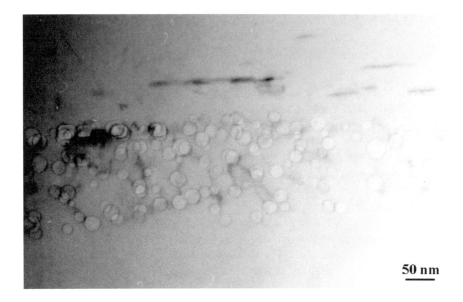

Bild A1.1 Konglomerat von Kavitäten, die mit der Implantation von Heliumionen in Silizium erzeugt wurden (500° C, $5 \cdot 10^{16}$ cm^{-2}, 50 keV) nach Erwärmung auf 800 °C für 30 min. (© Laboratoire de Métallurgie Physique der Poitiers, M.-L. David, M.-F. Barbot).

Elektronenstreuung ist eine andere wichtige Untersuchungstechnik für Nanopartikel, die es ermöglicht, die kristallografische Orientierungen von ausgewählten Bereichen von Nanomaterialien zu erfassen. Wachstumsrichtungen von dünnen Filmen können so bestimmt werden. Orientierungen von verschiedenen epitaktischen Schichten können ermittelt werden und unterschiedliche chemische Zusammensetzungen lassen sich sichtbar machen. In Bild A1.2 ist das Untersuchungsergebnis für die Elektronenstreuung (oben rechts) zusammen mit einem TEM-Bild einer dünnen Schicht aus Eisen gezeigt. Wir erkennen leicht die verschiedenen Eisenkörner in dieser polykristallinen Struktur. Im Diagramm für die Elektronenstreuung gehören die Reflexe in den einzelnen Ringen zu verschiedenen Streuebenen, deren Orientierung mit Millerindizes angegeben ist.

A.1 Elektronenmikroskopie 225

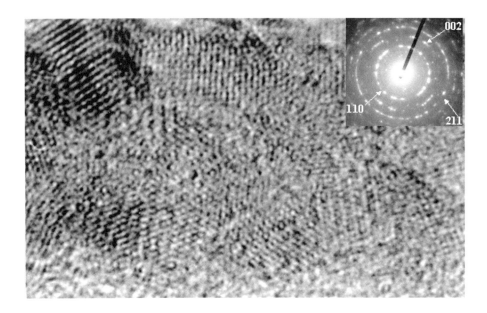

Bild A1.2 TEM-Bild von Eisenkörnern und die zugehörige Elektronenstreuung. R. Monteverde, A. Michel, J.P. Emery (private Mitteilung).

Ein weiterer Vorteil der Elektronenmikroskopie bei der Untersuchung von Nanomaterialien ist die Möglichkeit, kleinste Ausscheidungen (Präzipitate) festzustellen und in ihrer chemischen Zusammensetzung qualitativ wie quantitativ zu analysieren. Es ist auch möglich, Nanopartikel über die Wirkung von Elektronenstrahlen mit Spitzen zu versehen, die auf natürlichem Weg nicht gebildet werden können. Man kann räumliche Verteilungen von bestimmten Elementen in einem vorgegebenen Bereich eines Partikels aufnehmen, oder auch die chemische Zusammensetzung in bestimmten Teilbereichen erfassen.

Zusammenfassend lässt sich feststellen, dass die Elektronenmikroskopie und verwandte Techniken revolutionäre Auswirkungen auf die Entwicklung der Nanotechnologien gehabt haben. Durch diese Techniken wurden experimentellen Möglichkeiten geschaffen, die den Zusammenhang zwischen Herstellung, Struktur und Eigenschaften der Nanomaterialien erschlossen haben, und dies bis auf atomare Dimensionen.

A.2 XPS und Tof SIMMS

Die Phänomene und Effekte, die in unserer Alltagswelt dominieren, wie die Gravitation, werden unwichtig, wenn wir uns in Mikrometerskalen bewegen. In den Größenbereichen, die für Nanosysteme interessant sind, spielen molekulare Anziehungskräfte und Oberflächeneffekte die wichtigste Rolle. Deshalb ist es sehr wichtig, die chemischen Oberflächeneigenschaften von kleinen Partikeln genauer zu studieren. Für diesen Zweck eignen sich zwei Analyseverfahren, die Photonenemissionsspektroskopie (XPS) und die flugzeitaufgelöste (*Time of Flight*, Tof) Sekundärionenmassenspektroskopie (Tof SIMMS). Beide Methoden ermöglichen Oberflächenanalysen, nicht nur massiver Proben oder dünner Filme, sondern auch kleinster Teilchen. Sie werden bei vielen Materialklassen angewandt: Metalle, Oxide, Stickstoff- und Kohlenstoffverbindungen, organische Materialien usw.

A.2.1 XPS

Dieses Verfahren nutzt die Tatsache aus, dass alle Stoffe aus Atomen bestehen, in denen ein Atomkern von einer Elektronenhülle umgeben ist. Die Elektronen in dieser Hülle haben spezifische Bindungsenergien (E_B), die vom Element und vom betrachteten Elektron abhängen. Wenn diese Atome in Verbindungen vorliegen oder anderweitige Bestandteile von Materie sind, dann hat die chemische Umgebung der Atome Einfluss auf die elektronischen Bindungsenergien. Wenn nun die Oberfläche einer Probe weicher, monochromatischer Röntgenstrahlung ausgesetzt wird (Al Kα oder Mg Kα), deren Energie $h \cdot \nu$ beträgt, dann wird die Energie der Photonen an die Atome der untersuchten Probe abgegeben. Die Atome geraten so in einen angeregten Zustand und können Elektronen emittieren (Photoelektronen), die eine bestimmte kinetische Energie aufweisen (E_{kin}). Aufgrund der Energieerhaltung besteht folgender Zusammenhang:

$$E_{kin} = h \cdot \nu - E_B .$$

Die Photonenemissionsspektroskopie (XPS) beruht auf den Unterschieden in den kinetischen Energien der emittierten Elektronen. Diese Photoelektronen stammen aus einer sehr dünnen Oberflächenschicht, die nur wenige Nanometer (ca. 6 nm) in das Partikelinnere hineinreicht. In der energieaufgelösten Intensitätsverteilung der detektierten Elektronen lässt sich anhand der Lage und Höhe der Maxima die Art und der Zustand der an der Partikeloberfläche vorhandenen Elemente ablesen (Bild A2.1) und außerdem der atomare prozentuale Anteil der verschiedenen Elemente bestimmen.

A.2 XPS und Tof SIMMS

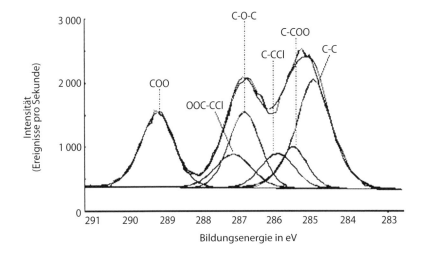

Bild A2.1 Kohlenstoffsignal aufgenommen mit XPS über 1 s für einen dünnen Film aus Poly(2-Chlorproprionat-Ethyl-Acrylat), der mit elektrochemischen Methoden auf einer Stahloberfläche erzeugt wurde. (© M. Claes et al. eingereicht zur Veröffentlichung in „Macromolecule").

Mit dem Verfahren ist es auch möglich, eine räumliche Verteilung der einzelnen chemischen Komponenten an einer Oberfläche sichtbar zu machen (Bild A2.2), sozusagen eine chemische Landkarte zu erstellen. Kombiniert man die XPS-Analyse mit zyklischen Ionenätzschritten, dann können auch Tiefenprofile der Stoffverteilung in dünnen Filmen aufgenommen werden (Bild A2.3).

Bild A2.2 Verteilung von metallischem Kupfer auf der Oberfläche einer Gitterelektrode.

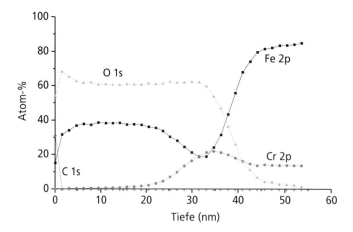

Bild A2.3 Konzentrationsprofil von Stahl, nachdem er Sauerstoff-Plasma ausgesetzt wurde und O^+-, O_2^+-Ionen einer Energie von 27 keV eingebaut hat. (© Lacoste, S. Béchu, Y. Arnal, J. Pelletier, R. Gouttebaron, Surf. Coat. Technol., 156 (2002), S. 225-228)

A.2.2 Flugzeitaufgelöste Sekundärionenmassenspektroskopie

Bei diesem Verfahren wird die Materialoberfläche der Probe (*Target*, das Ziel) einem monoenergetischen Ionenstrahl ausgesetzt. Die Ionenenergie liegt bei einigen 10 keV. Ein Teil dieser Primärionen wird an der Oberfläche reflektiert. Dabei finden verschiedene elastische wie inelastische Streuprozesse statt. Der andere Teil der Ionen dringt in das bestrahlte Material ein und gibt seine Energie in einer Stoßkaskade an die Gitteratome ab. Die Teilchen kommen dann im Gitter zur Ruhe, werden also implantiert. In Folge der Kollisionen werden die Atome des Gitters von ihren Plätzen abgelöst. Wurde vorab eine dünne Schicht auf dem kristallinen Substrat aufgebracht, dann werden die Atome dieser Schicht aus dem Target herausgeschleudert. Dieser Ablöseprozess findet statt, wenn die übertragene Energie größer ist als die Bindungsenergie der Atome in der Oberflächenschicht[1]. Das abgetragene Schichtmaterial setzt sich aus verschiedenen Komponenten zusammen: elektrisch neutrale Atome oder Agglomerate, angeregte und geladene Atome oder Atomgruppen (sog. Sekundärionen, deren Anteil zwischen 10% und 1 ppm liegen kann) und aus Elektronen.

---

[1] Dieser Abtragemechanismus wird als physikalisches Ätzen bezeichnet, weil hier im Gegensatz zum reaktiven Ionenstrahlätzen keine chemischen Prozesse eine Rolle spielen.

A.2 XPS und Tof SIMMS

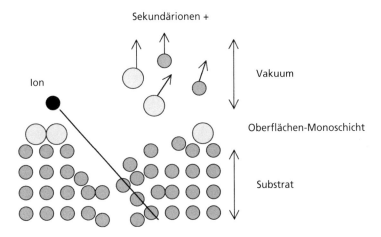

Bild A2.4 Physikalisches Ätzen

Bei der flugzeitaufgelösten Sekundärionenmassenspektroskopie werden die rückgestreuten ionisierten Teilchen mit einem Massenspektrometer analysiert. Gleichzeitig wird die Zeit gemessen, die die Teilchen benötigen, das Spektrometer zu passieren und zum Detektor zu gelangen. Aus dieser Zeit kann auf die Geschwindigkeit geschlossen werden. Kennt man die Geschwindigkeit, dann kann über Massenspektrometrie, die die spezifische Ladung liefert, präzise die Masse der ionisierten Teilchen ermittelt werden. Bei den nachgewiesenen sekundären Ionen kann es sich um einzelne Atome oder Moleküle handeln (bei organischen Schichten sind sogar Teilchen nachweisbar, die aus zehn bis zu einigen hundert Atomen zusammengesetzt sind). Aus den Messdaten kann auf die chemische Zusammensetzung und die Natur der Bindung der abgetragenen Schicht geschlossen werden (Bild A2.5). Das Verfahren ist sehr sensitiv (1 ppm Messfehler). Dies hängt damit zusammen, dass die chemische Umgebung eines Atoms in der Schicht großen Einfluss auf das Streuverhalten und die Ausbeute beim Abtrag von den verschiedenen charakteristischen geladenen Teilchen hat (Matrixeffekt). Zur quantitativen Analyse ist die Methode jedoch kaum geeignet.

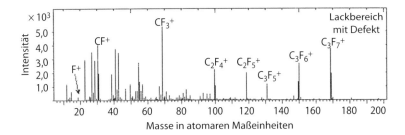

Bild A2.5: SIMS-Spektrum, aufgenommen an einem Karosserieblech in der Mitte eines Lackschadens: Es kann die Verunreinigung mit einem Schmiermittel aus der Produktionslinie als Ursache nachgewiesen werden. (Diese Aufnahme wurde uns dankenswerterweise von der Ion-tof GmbH überlassen.)

Nachdem die Ionen identifiziert wurden, ist es mit dem Verfahren ebenfalls möglich, eine räumliche Verteilung der einzelnen chemischen Komponenten an der Oberfläche mit mikrometergenauer lateraler Auflösung sichtbar zu machen (Bild A2.6). Für die Erstellung solcher chemischer Landkarten werden die Sekundärionen ausgewählt, die dargestellt werden sollen. Dann speichert man die Peakhöhe des jeweiligen spektralen Beitrags Bildpunkt für Bildpunkt ab. Die räumliche Auflösung gibt dabei der Durchmesser des primären Ionenstrahls vor (ca. 0,15 µm), der Zeile für Zeile, wie bei einem Fernsehbild, die Oberfläche abtastet. Die Analyseeinrichtung und die Strahlenoptik bleiben ortsfest. Das Bild kann durch Synchronisation der Messergebnisse mit dem abtastenden Primärstrahl aufgebaut werden (Bild A2.6).

Bild A2.6 Nickelpartikel in PET-Hülle: a) Verteilung der charakteristischen Sekundärionen in der PET-Hülle; b) Verteilung der Ni^+-Ionen. (© M. Ferring, R. Végis, D. Cornélissen)

Wie bei der XPS-Analyse können mit Tof-SIMS auch Tiefenprofile der Stoffverteilung aufgenommen werden. Dazu wird ein zweiter Primärstrahl mit hoher Ionendichte (10^{16} cm^{-2}) zyklisch zum Schichtabtrag aktiviert. So können zwischen den einzelnen Analysen rasch einige Moleküllagen abgetragen werden (Bild A2.7).

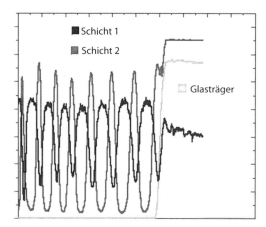

Bild A2.7 SIMS-Profil einer mehrlagigen Schicht aus zwei abwechselnd aufgebrachten Materialien auf einem Glassubstrat. (Diese Aufnahme wurde uns dankenswerterweise von der Ion-tof GmbH überlassen.)

A.3 Kernspintomografie

Die wichtigste Anwendung der kernmagnetischen Resonanz (NMR, *nuclear magnetic resonance*) liegt in der medizinischen Diagnostik (Kernspintomografie). Dieses Verfahren wurde 1973 von P. C. Lauterbur entwickelt, um ein System von wassergefüllten Kapillaren bildlich darzustellen, und wird seit mehr als fünfzehn Jahren im großen Stil in der Medizin eingesetzt. Die Kernspintomografie erstellt kontrastreiche Bilder der menschlichen Anatomie auf Basis des NMR-Signals der Protonen im Körper. Der Kontrast hängt dabei von der Protonendichte in den verschiedenen Gewebeschichten ab. Außerdem spielen die longitudinalen (T_1) und transversalen (T_2) Relaxationszeiten der Protonen sowie bestimmte Parameter, die bei der Bildergenerierung eingestellt werden können, eine Rolle.

A.3.1 Relaxationszeiten

Diese Zeiten haben bestimmenden Einfluss auf den Kontrast, anhand dessen sich verschiedene Gewebeschichten unterscheiden lassen. Unter einer Relaxationszeit versteht man die mittlere Zeitdauer zwischen einer Anregung und der Rückkehr ins thermodynamische Gleichgewicht. Die hier relevanten Anregungen sind Auslenkungen der Magnetisierung der Probe relativ zum Gleichgewichtswert.[1] Die Rückkehr wird von Fluktuationen des lokalen magnetischen Feldes, dem jedes Proton ausgesetzt ist, ausgelöst. Unter Anregung ist hier die Auslenkung des Magnetisierungsvektors aus seiner bevorzugten Richtung zu verstehen, die durch das anliegende, externe statische Feld vorgegeben ist. Die longitudinale Relaxationszeit (T_1) bezieht sich auf die Rückkehr der parallel zum Feld gerichteten Magnetisierungskomponente. Die Zeit (T_2) hingegen bezieht sich auf das Verschwinden der durch die Anregung entstandenen, senkrecht zum Feld stehenden Magnetisierungskomponente. Im Allgemeinen hängt T_1 nicht von den relativ schnellen Fluktuationen des lokalen Felds ab, während T_2 von allen Fluktuationen, den langsamen wie den schnellen, bestimmt wird. Kontrastmittel verkürzen die Relaxationszeiten. Deshalb erscheinen die Kontrastmittel im strengen Sinn nicht selbst im Bild, sondern wirken nur indirekt. Deshalb wäre die Bezeichnung Kontrastagenzien besser gerechtfertigt. Es gibt so genannte positive Agenzien, die im Wesentlichen auf die longitudinale Zeit T_1 Einfluss nehmen, und negative Agenzien, die T_2 verkürzen. Wird die longitudinale Relaxation beschleunigt, dann hat dies zur Folge, dass die Ausgangsmagnetisierung zunimmt, weil effektiv die Kernspins im zeitlichen Mittel enger an der Vorzugsrichtung ausgerichtet bleiben. Folglich wird das Signal, das von der parallelen Komponente abgeleitet wird, kleiner. Mit einer Verkürzung der transversalen Relaxationszeit (T_2) wird das beobachtete Signal ebenfalls schwächer. Es ist in der Kernspintomografie meist die transversale Magnetisierungskomponente, aus der das Bild aufgebaut wird.

---

[1] Dazu wird ein zweites Feld (Transversalfeld) angelegt, welches senkrecht zum ersten steht. Dann beginnt der Kern zu präzedieren (d.h. der Magnetisierungsvektor umkreist die durch das statische Feld festgelegte Vorzugsrichtung). Um die Kerne dauerhaft anzuregen, ist das zweite Feld ein hochfrequentes Wechselfeld und rotiert in der Ebene senkrecht zu der durch das statische Feld definierten Vorzugsrichtung.

Im Vergleich zur Röntgentomografie weist die Kernspintomografie zwei Vorteile auf: Sie bietet einen besseren Kontrast und die Magnetfelder (das statische wie das Wechselfeld) die zur Bildgebung benutzt werden, sind völlig unschädlich für den Menschen, was für Röntgenstrahlen nicht zutrifft.

A.3.2 Wahl der Schnittebene für die Tomografie und der Begriff des Volumenelements (Voxel)

Um ein anatomisches Kernspin-Bild zu erzeugen, das einen bestimmten Bereich des Rumpfes wiedergeben soll, ist es wichtig, wahlfrei Schnittebenen für die Auswertung vorgeben zu können. Um diese Ortsauflösung zu erreichen, arbeitet man mit räumlich veränderlichen Feldern, genauer mit Feldgradienten, mit denen das statische Feld B_0 überlagert wird. Wird ein solches Gradientenfeld mit konstanter Veränderungsrate in z-Richtung angelegt (Bild A3.1), dann sind die Protonen einem Feld ausgesetzt, das linear mit ihrer z-Koordinate wächst. Folglich präzidieren die Protonenmomente an den Füßen des Patienten mit einer anderen Lamor-Frequenz ($\nu = \gamma \cdot B / 2\pi$) als im Kopf. Die Lamor-Frequenz ist die Resonanzfrequenz der Protonen: Wir können ihre Drehbewegung um die Vorzugsachse nur dann anregen, wenn wir ein Wechselfeld mit der geeigneten Frequenz ν einstrahlen. Diese scharfe Resonanzbedingung ermöglicht es erst, die Einschränkungen in der räumlichen Auflösung von Radiowellen zu umgehen. Deren Wellenlänge und damit nach dem Rayleigh-Kriterium das räumliche Auflösungsvermögen liegen bei einigen Metern!

Wird der untersuchte Körper mit einem Wechselfeld in einem schmalen Frequenzband zwischen $\left[\nu - \dfrac{\delta}{2}, \nu + \dfrac{\delta}{2}\right]$ bestrahlt, dann reagieren nur die Protonen auf das Feld, deren Lamor-Frequenz in diesem Frequenzbereich liegt, d. h. die Protonen, die in einem dünnen (axialen) Schnitt senkrecht zur z-Richtung liegen. Nur diese Protonen tragen zum gemessenen Signal bei (Bild A3.2). Wird ein anderer Frequenzbereich gewählt, entspricht dies einem anderen Schnitt.

A.3 Kernspintomografie

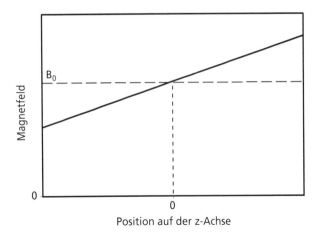

Bild A3.1 Gradientenfeld in z-Richtung

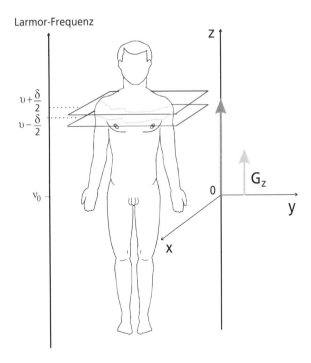

Bild A3.2 Prinzipdarstellung für die Wahl von tomografischen Schnitten

Wird ein Gradientenfeld in y-Richtung angelegt, dann entspricht die Einstrahlung eines schmalbandigen Wechselfeldes einem sagittalen tomografischen Schnitt. Es ist darauf hinzuweisen, dass die in der Praxis verwendeten Wechselfelder eine hinreichend ausgearbeitete Form haben müssen, um optimale Ergebnisse für eine wohl definierte Bildebene zu erreichen.

Zur Bildgebung müssen aber die Signale, die aus den verschiedenen Volumenelementen des Schnitts stammen, als VOXEL (*volumetric pixel*) zugeordnet werden können. Es sind nämlich die Amplitudenunterschiede in den Signalen aus benachbarten Volumenelementen, die den Kontrast im Kernspinbild ausmachen. Um diese Ortsauflösung auch innerhalb des Schnitts zu erreichen, sind weitere Gradientenfelder in x- und y-Richtung nötig. Mit digitaler Signalverarbeitung (zweidimensionale Fouriertransformation) wird das Bild aus den aufgenommenen Signalen extrahiert.

Literatur

Allgemeine Werke

BUSHAN B. – Springer Handbook of Nanotechnology, Springer-Verlag, Berlin, 2004.

CURRIU R., NOUIERES P. UND WEISBUCH C. – Nanosciences, Nanotechnologies, Tec & Doc, Paris, 2004.

LAHMANI M., DUPAS C. UND HOUDY P. – Les Nanoscience. Nanotechnologies and Nanophysics, Springer-Verlag, Berlin, 2006.

Kapitel 1

ELWENSPOEK M. und WIEGERINK R. – Mechanical Microsensors, Springer-Verlag, Berlin, 2001.

PAUTRAT J.-L. – Demain de nanomonde, Fayard, Paris, 2002.

SARGENT T. – Bienvenue dans la nanomonde, Dunod, Paris, 2006.

TIMP G. Ed. – Nanotechnology, Springer-Verlag, Berlin, 2000.

Kapitel 2

DESJONQUÈRES M.C. und SPANJAARD D. – Concepts in Surface Physics, Springer-Verlag, Berlin, 1993.

KENDALL K. – Science **263**, 1994, p. 1720.

LUCAS A.A., MOREAU F. und LAMBIN P. – Revs. in Mod. Phys., **74**, 2002, p. 1.

MORIARTY P. – Repts. Progr. Phys., **64**, 2001, p. 297.

SUGANO S. – Microcluster Physics, Springer-Verlag, Berlin, 1991.

TIMP G. Ed. – Nanotechnology, Springer-Verlag, Berlin, 2000.

YACAMAN M.J.– J. Vac, Sci. Technol., **B 19**, 2001, p. 1091.

Kapitel 3

GAPONENKO S.V. – Optical Properties of Semiconductor Nanocrystals, Cambridge University Press, Cambridge, 1998.

JACAK L., HAWRYLAK P. und WOJS A. – Quantum Dots, Springer-Verlag, Berlin, 1998

KITTEL C. – Einführung in die Festkörperphysik, Oldenbourg Wissenschaftsverlag, München, 2006

TIMP G. Ed. – Nanotechnology, Springer-Verlag, Berlin, 2000.

Kapitel 4
COLLINS P.G. und AVOURIS P. – Nanotubes for Electronics, *Scientific American*, Dezember 2000, S.38 ff.

JACOBY M. – Nanoscale Electronics, *Chemical & Engineering News,* September 2002, S. 38.

RATNER M.A. – Introducing Molecular Electronics, *Materials Today*, Februar 2000, S. 20

REED M.A. und TOUR J.M. – Computing with Molecules, *Scientific American,* Juni 2000, S. 68.

Kapitel 7
Manipulation von Atomen:

http://www.almaden.ibm.com/vsi/stm/gallery.html

Herstellung von Nanostrukturen

BRITTAIN S., PAUL K. ZHAO X.M. und WHITESIDES G.M. – Soft Lithography and Microfabrication, *Physics World* 11, 1998, p. 31-36

Xia Y. und WHITESIDES G.M. – Soft Lithography, *Annu. Rev. Mater. Sci.*, 1998, p. 153-184

Millipede:

http://www.domino.research.ibm.com/Comm/bios.nsf/pages/millipede.html

Kapitel 8
ALEXANDRE M. und DUBOIS, P. – *Materials Science and Engineering Reports*, R28 Nr. 1-2, Elsevier Science, New York, 2000.

JANOT C und ILSCHNER B. – Máteriaux émergents, *Traité des matériaux* Vol. 19 – Presses polytechniques et universitaires romandes, Lausanne, 2001.

PINNAVAIA T.J. und BEALL G.W. – Polymer-clay nanocomposites, John Wiley and Sons Ltd., Chichester, 2000.

Kapitel 9

BLUNDELL S. – Magnetism in Condensed Matter, Oxford University Press, Oxford, 2001.

DE KUYPER M und JONIAU J. – Magnetoliposomes: Formation and structural characterization, *Eur. Biophysics. J.* **15**, 1988, S. 311-319.

FRANKEL R. B. und BLAKEMORE R.P. – Magnetite and Magnetotaxis in bacteria, *Bioelectromagnetics* **10**, 1989, S. 223-237.

GELMANN N., GORELL J.M., BARKER P.B., SAVAGE R.M., SPICKLER E.M., WINDHAM J.-P. und KNIGHT R.A. – MR imaging of the human brain at 3.0 T: preliminary report on transverse relaxation rates and relation to estimated iron content, *Radiology* **210**, 1999, S. 759-767.

HALBREICH A., ROGER J., PONS J.N., GELDWERTH D., DA SILVA M.F., ROUDIER M. und BACRI J. C. – Biomedical applications of magnetite ferrofluids, *Biochemie* **80**, 1998, S. 379-390.

KIRSCHVINK J.L., WALKER M.M. und DIEBEL C.E. – Magnetite based magnetoreception, *Current Opinions in Neurobiology* **11**, 2001, S. 462-467.

JORDAN A., WUST P., FAKHLING H. et. al. – *Int. J. Of Hyperthermia* **9**, 1993, S. 51.

JORDAN A., SCHOLZ R., MAIER-HAUFF K., JOHANNSEN M., WUST P., NABODNY J., SCHIRRA H., SCHMIDT H., DEGER S., LOENING S., LANKSCH W., FELIX R. – *Journal of Magnetism and Magnetic Materials* **225**, 2001, S. 118-126.

MERBACH A.-E., TOTH E. – The chemistry of contrast agents in medical magnetic resonance imaging, John Wiley and sons Ltd., Chichester, 2001.

MOLDAY R.S. – Magnetic Iron-Dextran Microspheres. US Patent, Int. Patent Number: 4452773, 1984.

NAGATSUKA K. – Trends in magnetic fluid applications in Japan, *Journal of Magnetism and Magnetic Materials* **122**, 1993, S. 387-394.

NEEL L. – Théorie des propriétés magnétiques des grains fins antiferromagnétiques. In: de-Witt C. éd., Conférence à l'École Physique Théorique, Les Houches, CNRS, Paris, 1961.

ROSENZWEIG R.E. – *Journal of Magnetism and Magnetic Materials* **252**, 2002, S. 370-374.

WEBB J., MACEY D.J., CHAU-ANUSORM W., SR. PIERRE T.G., BROOKER L.R., RAHMAN I., NOLLER B. – Iron biominerals in medicine and the environment, *Biochim. Biophys. Acta* **190-192**, 1999, S. 1199-1215.

Kapitel 10

BENSAUTE-VINCENT B. – *Se libérer dela matière? Phantasmes autour des nouvelles technologies,* INRA Paris, 2004.

BENSAUTE-VINCENT B. – The two cultures of Nanotechnology? HYLE – *Int. J. Phil. Chem.* **10**, 2004, S. 67-84.

BROOKER R. UND BOYSEN E. – Nanotechnologie for Dummies, Wiley, Indianapolis, 2005.

DREXLER E. – Engines of Creation. The coming era of Nanotechnology, Anchor Books, New York, 1986.

Anhang
VLAARDINGERBROEK M.T., DEN BOER J.A. – Magnetic Resonance Imaging, Springer-Verlag, Berlin-Heidelberg, 1996.

Stichwortverzeichnis

Adhäsion, 11, 34
Adhäsionsarbeit, 30, 36
Anregungen, 116
Antiferromagnetismus, 190
Assembler, 145
Austauschwechselwirkung, 186

Bändermodell, 113
Bandlücke, 69
Benetzung, 33
   - kontrollierte, 159
Benetzungskoeffizient, 33
Bioelektronik, 99
Biomagnetismus, 203
Biomedizin, 23
Bionik, 23
Biotechnologie, 22
Blauverschiebung, 77
Blochsches Theorem, 67
Boltzmann-Faktor, 46
bottom-up, 6, 28
Brennweite, 18
Brownsche Relaxation, 200

Casimir-Effekt, 36
Charakteristische Länge, 8
Chemitronik, 149
Cluster, 49, 57
Coulomb-Blockade, 78, 88

Debye-Temperatur, 39
Detektoren, 24
Diamagnetismus, 185
Diode, molekulare, 94
DNA, 22, 103, 140
DNA-Computer, 105

Effektive-Massen-Näherung, 74
Elektroluminszenz, 120
Elektronen, 62
   - freie, 68
   - supramolekulare, 151
Elektronenmikroskopie, 223
Elektronenstrahl-Projektionstechnik, 155
Elektron-Loch-Paar, 76
Elektron-Phonon-Kopplung, 110
Energiespektrum, 68
Entropie, 43
epitaktische Schichtabscheidung, 47
Etching, 156
Extinktionsquerschnitt, 78
Exziton, 71, 74, 118, 122, 127

Feldeffekttransistor, 130
   - organischer, 141
Fermifunktion, 85
Ferrite, 192
Ferritine, 208
Ferroflüssigkeiten, 192
Ferromagnetismus, 187
Festkörper, 73
FETs, organische, 131, 134
Feuerbeständigkeit, 180
Flugzeitmessung, 112
Fluktuation, 59
Freie Energie, 40
   - Gibbssche, 43
Fullerene, 52

γ-Darstellung, 30
Gate-Elektrode, 91
Gesundheitsrisiken, 214
Gibbssche Freie Energie, 43
Gleichrichtung, molekulare, 89

Gradientenfeld, 233
Gravitationskräfte, 5
Grenzfläche, 29

Hamakersche Konstante, 35
Heisenbergmodell, 186
HOMO-Niveau, 89, 111
Hopping-Mechanismus, 114

Kabelisolation, 183
Kapazität, 15
Kapillarität, 56
Kernspintomografie, 231
Kohäsion, 59
Kohäsionsarbeit, 30
Kohlenstoff-Nanoröhre, 92, 179
Kolloide, 192
- superparamagnetische, 195
Kondensator, 15
Kristallimpuls, 68, 70
Kristallstruktur, 30
Kunststofftransistor, 129

Ladungstransport, 78, 111
Langevin-Funktion, 186
Leitfähigkeitsquantum, 79
Leitungsband, 69
Lennard-Jones-Potential, 49
Leuchtdiode, organische, 123
Lihtografie, 3
Liposom, 195
Loch, 70
lokale Temperatur, 38
Lokalisierung
- schwache, 75
- starke, 76
Lumineszenz, 137
LUMO-Niveau, 89, 111

magische Zahlen, 52
Magnetfeld, 16
Magnetismus, 185
Magnetoliposome, 195
Masse, effektive, 68
MEMS, 4
Mikroelektronik, 3

Mikrokontakt-Stempeldruck-Technologie, 156
Milliepede, 164
MIMIC-Technik, 160
Montmorilloniten, 169
Mooresches Gesetz, 3

Nanobänder, 149, 154
Nanocomputer, 98
Nanoelektronik, 21
Nanopartikel, 27, 168
Nano-Produkte, 211
Nanoröhren, 169
- gefüllte, 56
- Kohlenstoff-, 179
- mehrwandige, 54
Nanoverbundwerkstoffe, 168, 171
- geschichtete, 177
NBIC, 218
Néel-Relaxation, 193
Neuroelektronik, 99
Neuronen, 100
Neuroprothese, 102
NMDR-Kurven, 196,
Nylon-6, 183

Oberflächensegregation, 46
Oberflächenspannung, 29
OLED-Technologie, 125
Oligomere, 120
organische Leuchtdioden, 123

Paramagnetismus, 185
Phasendiagramm, 43
Phasengleichgewicht, 44
Phasenübergang, 40
Phononen, 39
Photolithografie, 3, 18, 81
Photonenemissionsspektroskopie, 226
Photonenkorrelationsmesstechnik, 196
Polarisation, 39
Polymere
- dotierte konjugierte, 142
- fotolumineszente konjugierte, 136
- konjugierte, 107
Polymermatrix, 173

Polymersynthese, 174
Polyolefine, 174
Polyprrol-Ketten, 143
Polythiophen, 139
Potential, periodisches, 66
Potentialtopf, 62
Potenzgesetze, 19

Quantendraht, 72
Quantenelektronik, 98
Quantenpunkt, 22
Quantenrechner, 22
Quantentopf, 72
Quasi-Schmelzen, 59
Quasi-Teilchen, 70

Raster-Tunnel-Elektronenmikroskop, 84
Raumfahrttechnik, 24
Rekombination, 70
Relaxationszeit, 231
Resonante Tunneldiode, 94
Resonanzen, 13
RFID, 129
Ribosomen, 145
Rydberg-Konstante, 66

SAMIM-Verfahren, 160
Schaltungen, 164
Schichtabscheidung, epitaktische, 47
Schichtwachstum, 33
Schmelzen, 41
Schmelztemperatur, 51
Sekundärionenmassensoektroskopie, 228
Sensoren
- biochemische, 135
- biologische, 139
- chemische, 138
Skalengesetz, 14
Smektit, 183
SNOM, 161
Solarzellen, 125
Spin-Coating, 109, 123
Spule, 16

Stromfluss, 85
Strom-Spannungskennlinien, 141
Superparamagnetismus, 190, 192
supramolekular, 147
Supramolekulare Elektronik, 151

Temperatur, 38
Temperaturfluktuation, 38
Thermodynamik, 37
Thermotherapie, 197
Tintenstrahldruck, 158
Tof SIMMS, 226
top down, 5, 37
Toxizität, 214
Transistor, 91, 100
- Feldeffekt-, 130, 141
- Kunststoff-, 129
Transmissionselektronenmikroskopie, 177, 223
Transmissionselektronenspektroskopie, 196

Umweltfragen, 214

Valenzband, 69
Van-der-Waals-Kraft, 9, 35
Verbindungen, mechanische, 82
Verbundwerkstoffe, 167
Viskosität, 14
Volumenelement, 232
Voxel, 232
Wärmetherapie, 197
Wasserstoffatom, 66
Weisssche Bezirke, 187
Wellenlänge, 64
Wellenvektor, 39
Wulff-Konstruktion, 31

XPS, 226

Young-Gleichung, 32

Zustandsdichte, 72